国家出版基金项目
NATIONAL PUBLICATION FOUNDATION

风电场建设与管理创新研究丛书

风电场建设项目计划与控制

欧阳红祥　简迎辉　叶长杰 等　编著

中国水利水电出版社
www.waterpub.com.cn
·北京·

内 容 提 要

本书是《风电场建设与管理创新研究》丛书之一，系统地介绍了风电场建设项目计划与控制的基本原理、主要内容和方法工具。全书共分7章，包括绪论、风电场项目进度计划与控制、风电场项目资源计划与优化、风电场项目投资计划与控制、风电场项目质量计划与控制、风电场项目安全生产计划与控制、风电场项目风险计划与控制。本书的主要特点是将计划与控制的基本原理、工具方法和工程案例相结合，从而加深读者对相关知识的理解和认识。

本书图文并茂，案例丰富，可读性强，既可供风电场建设管理人员使用，还可供相关专业的院校师生学习参考。

图书在版编目（CIP）数据

风电场建设项目计划与控制 / 欧阳红祥等编著. --
北京：中国水利水电出版社，2021.8
（风电场建设与管理创新研究丛书）
ISBN 978-7-5170-9331-2

Ⅰ．①风… Ⅱ．①欧… Ⅲ．①风力发电－发电厂－项目管理－研究 Ⅳ．①TM62

中国版本图书馆CIP数据核字（2020）第269142号

书　名	风电场建设与管理创新研究丛书 **风电场建设项目计划与控制** FENGDIANCHANG JIANSHE XIANGMU JIHUA YU KONGZHI
作　者	欧阳红祥　简迎辉　叶长杰 等　编著
出版发行	中国水利水电出版社 （北京市海淀区玉渊潭南路1号D座　100038） 网址：www.waterpub.com.cn E-mail：sales@waterpub.com.cn 电话：(010) 68367658（营销中心）
经　售	北京科水图书销售中心（零售） 电话：(010) 88383994、63202643、68545874 全国各地新华书店和相关出版物销售网点
排　版	中国水利水电出版社微机排版中心
印　刷	天津嘉恒印务有限公司
规　格	184mm×260mm　16开本　16印张　332千字
版　次	2021年8月第1版　2021年8月第1次印刷
印　数	0001—3000册
定　价	**78.00**元

《风电场建设与管理创新研究》丛书
编 委 会

《风电场建设与管理创新研究》丛书

主 要 参 编 单 位

（排名不分先后）

河海大学

哈尔滨工程大学

扬州大学

南京工程学院

中国三峡新能源（集团）股份有限公司

中广核研究院有限公司

国家电投集团山东电力工程咨询院有限公司

国家电投集团五凌电力有限公司

华能江苏能源开发有限公司

中国电建集团水电水利规划设计总院

中国电建集团西北勘测设计研究院有限公司

中国电建集团北京勘测设计研究院有限公司

中国电建集团成都勘测设计研究院有限公司

中国电建集团昆明勘测设计研究院有限公司

中国电建集团贵阳勘测设计研究院有限公司

中国电建集团中南勘测设计研究院有限公司

中国电建集团华东勘测设计研究院有限公司

中国长江三峡集团公司上海勘测设计研究院有限公司

中国能源建设集团江苏省电力设计研究院有限公司

中国能源建设集团广东省电力设计研究院有限公司

中国能源建设集团湖南省电力设计院有限公司

广东科诺勘测工程有限公司

内蒙古电力（集团）有限责任公司

内蒙古电力经济技术研究院分公司

内蒙古电力勘测设计院有限责任公司

中国船舶重工集团海装风电股份有限公司

中建材南京新能源研究院

中国华能集团清洁能源技术研究院有限公司

北控清洁能源集团有限公司

国华（江苏）风电有限公司

西北水利水电工程有限责任公司

广东粤电阳江海上风电有限公司

江苏省风电机组结构工程研究中心

中国水利水电科学研究院

丛书前言

随着世界性能源危机日益加剧和全球环境污染日趋严重，大力发展可再生能源产业，走低碳经济发展道路，已成为国际社会推动能源转型发展、应对全球气候变化的普遍共识和一致行动。

在第七十五届联合国大会上，中国承诺"将提高国家自主贡献力度，采取更加有力的政策和措施，二氧化碳排放力争于 2030 年前达到峰值，努力争取 2060 年前实现碳中和。"这一重大宣示标志着中国将进入一个全面的碳约束时代。2020 年 12 月 12 日我国在"继往开来，开启全球应对气候变化新征程"气候雄心峰会上指出：到 2030 年，风电、太阳能发电总装机容量将达到 12 亿 kW 以上。进一步对我国可再生能源高质量快速发展提出了明确要求。

我国风电经过 20 多年的发展取得了举世瞩目的成就，累计和新增装机容量位居全球首位，是最大的风电市场。风电现已完成由补充能源向替代能源的转变，并向支柱能源过渡，在我国经济发展中起重要作用。依托"碳达峰、碳中和"国家发展战略，风电将迎来与之相适应的更大发展空间，风电产业进入"倍速阶段"。

我国风电开发建设起步较晚，技术水平与风电发达国家相比存在一定差距，风电开发和建设管理的标准化和规范化水平有待进一步提高，迫切需要对现有开发建设管理模式进行梳理总结，创新风电场建设与管理标准，建立风电场建设规范化流程，科学推进风电开发与建设发展。

在此背景下，《风电场建设与管理创新研究》丛书应运而生。丛书在总结归纳目前风电场工程建设管理成功经验的基础上，提出适合我国风电场建设发展与优化管理的理论和方法，为促进风电行业科技进步与产业发展，确保工程建设和运维管理进一步科学化、制度化、规范化、标准化，保障工程建设的工期、质量、安全和投资效益，提供技术支撑和解决方案。

《风电场建设与管理创新研究》丛书主要内容包括：风电场项目建设标准化管理，风电场安全生产管理，风电场项目采购与合同管理，陆上风电场工程施工与管理，风电场项目投资管理，风电场建设环境评价与管理，风电场建设项目计划与控制，海上风电场工程勘测技术，风电场工程后评估与风电机组状态评价，海上风电场运行与维护，海上风电场全生命周期降本增效途径与实践，大型风电机组设计、制造及安装，智慧海上风电场，风电机组支撑系统设计与施工，风电机组混凝土基础结构检测评估和修复加固等多个方面。丛书由数十家风电企业和高校院所的专家共同编写。参编单位承担了我国大部分风电场的规划论证、开发建设、技术攻关与标准制定工作，在风电领域经验丰富、成果显著，是引领我国风电规模化建设发展的排头兵，基本展示了我国风电行业建设与管理方面的现状水平。丛书力求反映国内风电场建设与管理的实用新技术，创建与推广风电中国模式和标准，并借助"一带一路"倡议走出国门，拓展中国风电全球路径。

丛书注重理论联系实际与工程应用，案例丰富，参考性、指导性强。希望丛书的出版，能够助推风电行业总结建设与管理经验，创新建设与管理理念，培养建设与管理人才，促进中国风电行业高质量快速发展！

2020 年 6 月

本书前言

随着我国可再生能源的蓬勃发展，风电场项目开发建设也在迅猛发展。为提高风电场项目的建设效率，越来越多的项目开发单位运用项目计划与控制的原理来确保风电场建设项目能走向成功。基于此，本书聚焦项目管理过程中的计划与控制两个环节，以风电场建设项目为例，详细介绍项目计划与控制的基本原理、基本内容和方法工具。

本书包括绪论、风电场项目进度计划与控制、风电场项目资源计划与优化、风电场项目投资计划与控制、风电场项目质量计划与控制、风电场项目安全生产计划与控制和风电场项目风险计划与控制等 7 部分内容。第 1 章和第 2 章由河海大学欧阳红祥编写，第 3 章由河海大学欧阳红祥、高辉编写，第 4 章由中国三峡新能源（集团）股份有限公司贾式科、河海大学简迎辉编写，第 5 章由安徽省长江河道管理局叶长杰编写，第 6 章由河海大学欧阳红祥、安徽省驷马山引江工程管理处李华庆编写，第 7 章由金肯职业技术学院胡颖编写。在本书编写过程中，还得到了张云宁、谈飞、杨志勇等专家的大力帮助。全书由欧阳红祥统稿，简迎辉审核。

本书在编写过程中，参考了国内外许多专家学者所著的文献，在此，谨对相关专家表示深深的谢意。由于作者水平有限，书中难免存在一些缺点和错误，殷切期望广大读者批评指正。

编者
2021 年 2 月于南京

目 录

第1章　绪　　论

项目计划与控制是项目管理的两个最重要的职能。项目计划是项目组织为实现项目既定目标对项目实施过程进行的谋划和安排。项目控制是项目组织对项目的执行状况进行连续的跟踪观测，并将实际结果与计划数据进行比较，如有偏差，应分析偏差原因并加以纠正。项目计划与控制的目的就是确保项目目标能顺利实现。

1.1　风电场项目及特点

1.1.1　项目的内涵

项目（Project）一词已被广泛应用于经济社会的各个方面。许多项目管理专家或组织机构都试图用简明扼要的语言对项目进行概括和描述，但由于视角的不同，使得这些定义不可能完全一致。项目管理协会（美国）认为：项目是为创造独特的产品、服务或成果而进行的临时性工作。项目的例子包括（但不限于）：

（1）为市场开发新的复方药。

（2）扩展导游服务。

（3）合并两家组织。

（4）改进组织内的业务流程。

（5）为组织采购和安装新的计算机硬件系统。

（6）一个地区的石油勘探。

（7）修改组织内使用的计算机软件。

（8）开展研究以开发新的制造过程。

（9）建造一座大楼。

项目的"临时性"是指项目有明确的起点和终点。"临时性"并不一定意味着项目的持续时间短。在以下一种或多种情况下，项目即宣告结束：

（1）达成项目目标。

（2）不会或不能达到目标。

（3）项目资金缺乏或没有可分配的资金。

(4) 项目需求不复存在。

(5) 无法获得所需的人力或物力资源。

(6) 出于法律或其他原因而终止项目。

项目能够为相关方带来效益。项目带来的效益可以是有形的、无形的或两者兼有之。有形效益包括货币资产、股东权益、公共事业、固定设施等;无形效益包括商誉、品牌认知度、公共利益、商标等。

1.1.2 风电场项目及特点

风电场项目是指将风能转换成电能并由若干个单项工程组成的系统,通常包括以下部分:

(1) 风电机组及其基础。风电机组及其基础是风电场的风能采集及发电装置。

(2) 道路。道路包括风电场内外道路及其附属设施。

(3) 集电线路。集电线路是分散布置的风电机组所发电能的汇集、传送通道。

(4) 变电站。变电站是风电场的电能配送中心。

(5) 风电场集控中心。风电场集控中心是集成了现代信息与网络技术的风电场监控中心。

风电场项目与其他项目一样,通常具有以下主要特点:

(1) 单件性。就项目实施过程和最终成果而言,世界上没有两个相同的风电场项目,这就是项目的单件性。项目的单件性意味着每个项目的管理都有其独特性,不能完全照搬另一个项目管理的经验。

(2) 约束性。风电场项目的建设需满足质量、工期和预算的要求。风电场项目只有满足上述三个约束条件才算成功。限定的质量、工期和预算,通常也称为项目管理的三大目标。

(3) 风险性。风电场项目投资额大、建设周期长、消耗资源多、利益相关方多,项目实施受到各种外部因素及环境的影响和制约,这些都增加了项目实施和管理的难度,因此风险较大。

1.2 风电场项目建设程序

企业开发建设风电场涉及建设规划、项目前期工作、项目核准、竣工验收、生产运行等各个环节,均需按照相关法律法规及规范性文件的规定完成相应的工作内容。

(1) 签订项目开发协议。依据行业惯例,企业一般在风电场宏观选址后、开展前期工作前,根据风电场开发范围,与市(县、区、镇)级人民政府签订风电场项目开发协议。

（2）开展项目前期工作。项目前期工作包括选址测风、风能资源评价、建设条件论证、风电场工程规划、预可行性研究、项目开发申请、可行性研究和项目核准前的各项准备工作。风电场工程可行性研究是政府核准风电场项目建设的依据。风电场项目前期工作流程如图1-1所示。

（3）办理项目核准手续。企业应按相关规定编制风电场项目申请报告并办理项目核准手续，项目申请报告应附下列文件：

1）项目列入全国或所在省（自治区、直辖市）风电场工程建设规划及年度开发计划的依据文件。

2）项目开发前期工作批复文件、项目特许权协议，或特许权项目中标通知书。

3）项目可行性研究报告及其技术审查意见。

4）土地管理部门出具的关于项目用地预审意见。

5）环境保护管理部门出具的环境影响评价批复意见。

6）安全生产监督管理部门出具的风电场工程安全预评价报告备案函。

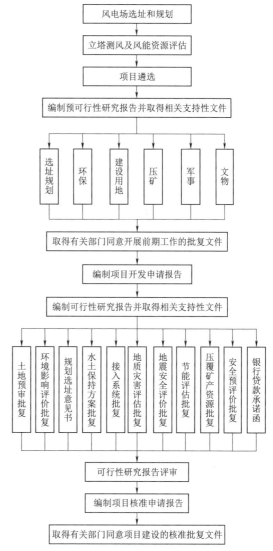

图1-1 风电场项目前期工作流程

7）电网企业出具的关于风电场接入电网运行的意见，或省级以上政府能源主管部门关于项目接入电网的协调意见。

8）金融机构同意给予项目融资贷款的文件。

9）根据有关法律法规应提交的其他文件。

（4）办理项目开工手续。风电场项目须经过核准后方可开工建设。项目核准后2年内不开工建设的，项目原核准机构可按照规定收回项目。风电场项目开工以第一台风电机组基础施工为标志。风电场项目开工前，建设单位还应办理农用地转用审批手续（如涉及农用地），查询核实项目是否位于地质灾害易发区、是否压覆重要矿产资源，是否取得建设用地规划许可证、建设工程规划许可证、建设工程施工许可证、水土保持批复等。

（5）施工。风电场项目的施工主要包括场内外道路施工、场内外输电线路施工、风电机组及箱式变压器基础施工、风电机组吊装、升压站土建工程及电气安装调试等内容。

（6）竣工验收。风电场项目建成并通过用地、环保、消防、安全、并网、节能、档案等专项验收后，还应当按照规定进行项目的竣工验收。通过竣工验收的风电场项目还要进行竣工验收备案。

1.3 风电场项目计划程序及要求

1.3.1 项目计划的定义

项目计划是项目组织根据项目目标，对项目实施过程作出周密安排的管理活动，包括确定任务、明确任务质量要求、安排任务起止时间、配置相关资源及安排预算等。项目计划的结果是通过计划文件这一载体来呈现的。

项目计划通常需要明确以下基本问题：

（1）做什么，即要根据项目的总体目标和阶段目标，确定需要完成哪些任务。

（2）如何做，即确定完成各项任务的方法、手段和步骤。

（3）谁来做，即明确由哪个部门和哪些人去负责完成相应的任务。

（4）何时做，即明晰任务之间的先后关系，确定每一项任务在何时实施，需要多长时间完成。

（5）花费多少，即计算各项任务所需资源数量和成本，计算项目总费用。

1.3.2 项目计划的程序

项目计划的基本程序如图1-2所示。

（1）资料收集。制定项目计划需要收集各种信息资料，包括项目建议书、可研报告、各种合同文件以及政策、标准、规范等。

（2）确认项目控制目标。项目控制目标包括项目的总体目标和阶段性目标。总体目标通常表现为项目的总工期、总投资、总的质量要求等。阶段性目标可以是项目的里程碑事件要达到的目标，也可以是通过分解项目总体目标而得到的各种分目标。

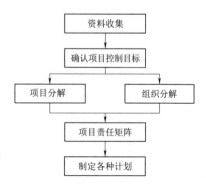

图 1-2 项目计划的基本程序

（3）项目分解。项目分解指把项目按一定方式分解成较小的工作单元（任务）。项目可以按结构、功能、地理位置、长度、施工顺序等方式进行分解。项目分解的结果可以用工作分解结构图来表达。

（4）组织分解。组织分解指把项目组织按一定原则分解成较小的组织单元（部门或人员）。项目组织可以按职能、人数、时间、服务对象等进行分解。

（5）项目责任矩阵。项目责任矩阵是以表格形式说明每一项任务由谁负责。通常责任矩阵的第一列列出项目中的各项工作，第一行列出项目的相关部门或人员名称，表格中间交叉格内表明相关部门或人员在各项任务中的职责，如表1-1所示。

表 1-1 项 目 责 任 矩 阵

任务	部门			
	部门一	部门二	部门三	部门四
任务1	P		S	R
任务2	R	P	S	
任务3	R	S		P

注：P表示负责；S表示参与；R表示审核。

（6）制定各种计划。项目组织要编制项目的进度计划、质量计划、成本计划、采购计划、风险计划等。在计划的编制过程中，可以借助一些计划管理的工具软件，如P3软件、Microsoft Project、Word、Excel等。

1.3.3 项目计划的分类

1. 按计划的深度分类

按计划的深度可分为总体计划和详细计划。

（1）总体计划。通常与较粗的工作分解结构相结合，描述项目的整体形象及战略，例如总的质量要求、总工期、总预算等。总体计划不能用于指导具体的生产活动，但它可以作为制定进度计划、资金计划、劳动力计划等详细计划的指南。

（2）详细计划。通常与详细的工作结构分解相结合，详细地描述项目的范围、具体的工作任务、人财物的具体安排等。例如年度进度计划、年度资金计划、劳动力需要量计划、材料需要量计划等。

2. 按计划的时间分类

按计划的时间可分为年、月、周计划等。通常采用步步逼近的方法，将项目总体计划按时间逐步分解为更为详细的年、月或周计划。分解时，要注意计划之间的平衡问题，尽量使资源的使用趋向均衡。

3. 按计划的性质分类

按计划的性质可分为工作实施计划、人员组织计划、文件管理计划、应急计划与支持计划等。

（1）工作实施计划。工作实施计划是为保证项目顺利开展、围绕项目目标的最终实现而制定的实施方案。工作实施计划主要说明采取什么方法组织实施项目，研究如何用尽可能少的资源获取最佳效益。

（2）人员组织计划。人员组织计划主要是表明工作分解结构中的各项任务应该由谁来承担以及各职能部门之间的关系等信息。

（3）文件管理计划。文件管理计划需要阐明文件管理的方式及使用细则。文件管理人员应按国家有关规定，负责收集、整理、编目和存储项目实施过程中产生的各种文件，以供有关人员在项目实施期间使用。

（4）应急计划。应急计划是为应对可能发生的突发事件而事先制定的方案。应急计划应包括应急的组织、程序、应急预案等。

（5）支持计划。支持计划包括软件支持、培训支持和资金支持等计划。

4. 按计划的内容划分

按计划的内容可分为进度计划、投资计划、质量计划、沟通计划、风险应对计划、采购计划、变更控制计划等。

（1）进度计划。进度计划是表达项目中各项工作的开展顺序、开始及完成时间及相互衔接关系的计划。通过进度计划的编制，使项目实施过程成为一个有序的过程。进度计划是进度控制的依据，按时间跨度可将进度计划分为年、季、月、周进度计划；按编制深度不同，可将进度计划分为总进度计划、单项工程进度计划、单位工程进度计划、分部分项工程进度计划等。这些不同类别的进度计划构成了项目的进度计划系统。

（2）投资计划。项目投资计划包括资源计划、投资估算和资金使用计划等。资源计划就是要决定在每一项任务中要用什么样的资源以及在各个时间段用多少资源。资源计划必然和进度计划联系在一起，同时，资源计划是投资估算的基础。投资估算指的是完成项目各项任务所需资源成本的近似值。将投资估算按时间进行分解，就可得到资金使用计划。

（3）质量计划。项目质量计划是针对项目的具体要求，以及应重点控制的环节所编制的对设计、采购、项目实施、检验等环节的质量控制方案。质量计划的目的主要是确保项目的质量目标能够得以满意的实现。

（4）沟通计划。沟通计划就是确定利益相关者如何及时、有效地交流和沟通信息。简单地说，就是明确谁需要信息、需要哪类信息、何时需要以及信息如何传递等问题。虽然所有的项目都需要交流项目信息，但信息的需求和分发方法不大相同。识别利益相关者的信息需求，并确定满足这些需求的合适途径、手段，是获得项目成功的重要保证。

（5）风险应对计划。风险应对计划是根据项目风险识别和评价的结果，为降低甚至消除项目风险而制定的风险应对策略和技术手段。常用的风险应对措施包括风险回避、风险转移、风险自留和风险控制等。

（6）采购计划。在项目实施过程中，多数的项目都会涉及材料与设备的采购、订货。有的非标准设备还包括制造环节。如果是进口设备，存在选货、订货和运货等环节。因此，预先安排一个切实可行的物资采购计划，将会直接关系到项目的工期和成本。

（7）变更控制计划。在项目实施过程中，由于干扰因素的存在，计划与实际不符的情况经常发生。为保证项目能够顺利进行下去，有时对项目进行变更是必要的。变更控制计划主要是规定处理变更的原则、程序、方法以及变更后的估价等问题。

1.3.4　项目计划的要求

（1）符合实际。项目计划要可行，能符合实际的要求，不能"纸上谈兵"。符合实际主要体现在符合项目内外部环境条件、符合项目本身的客观规律性、能反映项目各参与方利益诉求等。

（2）弹性要求。项目计划是建立在一定的环境状况以及对未来合理预测基础之上的，考虑到未来项目实施过程中存在许多不确定性因素，或者环境状况有可能发生改变，因此，项目计划必须留有余地，要有一定的弹性，以适应新的情况。

（3）全面性要求。项目计划应该包括项目中的方方面面。例如，应编制进度、财务、人事、机械、物资、技术、质量、安全、应急措施等方面的计划。

（4）经济性要求。项目计划一定要遵循利益最大化原则，力争用较短的时间、最低的成本实现项目的目标。

（5）协调性要求。一个科学可行的计划系统，不仅内容要完整、周密，而且要相互协调。

1）不同层次的协调。不同层次的计划形成一个自上而下的计划系统，下一级计划要服从上一级计划，上一级计划的制订应考虑下一级的约束条件及落实的可能性。

2）不同部门、专业之间的协调。各部门、各专业应按照总体计划的要求编制各自的计划，编制过程中还应注意相互之间的协调。例如，施工的进度计划应与材料采购计划协调。

3）利益相关者之间的协调。例如，分包商的计划要与总包商的计划相协调，设计单位的供图计划应与施工单位的施工计划相协调。

（6）动态性要求。在项目的实施过程中，项目的外部环境和内部条件经常会发生变化，因此，项目计划必须随之作出调整，或者增加资源、预算，或者调整任务时间安排，以适应变化了的新情况。

1.4 风电场项目控制程序及分类

1.4.1 项目控制的定义

项目在实施过程中常常面临多种因素的干扰，因此项目必然会偏离预期轨道，例如成本超支、工期拖延等。如果不进行项目控制，偏离程度将会越来越大，最终导致项目的失败。所谓项目控制，是指项目组织将项目的实际情况与原计划进行对比，找出偏差，分析成因，研究纠偏措施，并实施纠偏措施的管理活动。

一个好的控制系统可以保证项目按预期轨道运行，相反一个不完善的控制系统有可能导致项目的不稳定，甚至失败，如图 1-3 所示。图 1-3 (a) 中项目实际值与计划值的偏离随着项目的进展而越来越小，说明项目处于良好的控制状态。图 1-3 (b) 中项目实际值与计划值的偏离随着项目的进展越来越大，说明项目已经处于失去控制的状态。

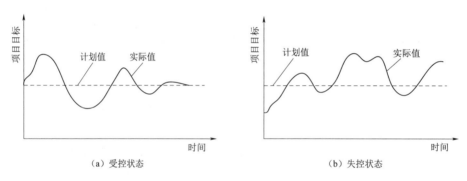

（a）受控状态　　　　　　　　　　　（b）失控状态

图 1-3　项目受控与失控状态

1.4.2 项目控制的程序

项目控制的基本程序如图 1-4 所示。

1. 按计划实施

项目计划编制好后，项目组织要投入人、材、机等资源，按照既定计划实施项目。

2. 收集实际数据

项目组织要在项目的实施过程中，收集进度、投资、质量、安全等方面的数据。

3. 实际与计划比较

通过将项目执行过程中的各种绩效报告、统

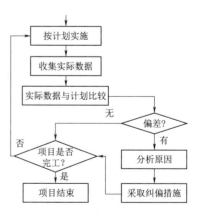

图 1-4　项目控制的基本程序

计资料等文件与项目合同、计划、技术规范等文件对比，及时发现项目执行结果和预期结果的差异，以获取项目偏差信息。

项目偏差信息可以用两种形式表达，具体如下：

(1) 表格形式，表格分成若干行和列，行表示要进行偏差分析的对象，列显示实际值、计划值和偏差。在偏差报告中要跟踪的典型变量是工期和成本信息，如表 1-2 所示。

表 1-2 偏 差 分 析 表

序号	分析对象	计划值	实际值	偏差
1	工期/天	300	312	12
2	成本/万元	4680	4500	−180

(2) 图形形式，图中有两条曲线，一条代表计划曲线，另一条代表实际曲线。在任何时间点上两条曲线在垂直方向上的距离称为偏差，如图 1-5 所示。图形形式的优点是它可以同时显示不同时间点上的偏差，而表格形式只能显示当前时间点上的偏差。

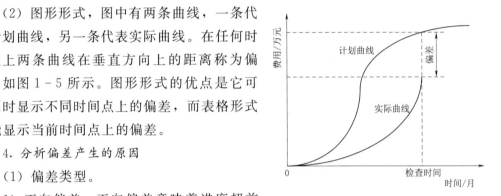

图 1-5 计划与实际的偏差

4. 分析偏差产生的原因

(1) 偏差类型。

1) 正向偏差。正向偏差意味着进度超前和（或）实际的投资小于计划投资。一般来说，正向偏差对项目而言是一件好事。例如：进度产生正向偏差后，可以允许对进度进行重新安排，以尽早地完成项目；资源可以从进度超前的任务中调配给进度延迟的任务，从而解决潜在的资源冲突问题等。但不是所有的正向偏差都能产生正面的效应。例如：投资的正向偏差（节约投资）很可能是由于报告周期内计划完成的工作没有完成而造成的；面对进度超前，项目经理不得不重新修改进度和资源计划，这将打乱既定的施工节奏和材料、设备的进场计划。

2) 负向偏差。负向偏差意味着进度延迟或（和）实际投资超出预算。进度延迟或超出预算都不是项目经理及项目管理层所愿意见到的。但正如正向偏差不一定是好事一样，负向偏差也不一定是坏事。例如：项目在某一阶段超出预算了，有一种可能的原因是在报告周期内比计划完成了更多的工作。因此，为了准确分析进度和投资偏差，需要将两者结合起来分析才能得出正确的偏差信息。

在项目的实施过程中，正向偏差和负向偏差有时会交替发生，总体而言，偏差的大小会随着时间的推移而逐步减小，如图 1-6 所示。

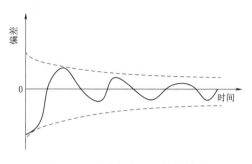

图 1-6 偏差大小与时间的关系

（2）偏差原因分析。进度、成本等出现偏差，从项目参与者的角度分析，一般原因如下：

1）甲方的原因。如甲方没有按合同规定提供相关资料，或应由甲方提供的材料在时间和质量上不符合合同要求致使工期延误，或在项目执行过程中甲方提出变更要求使得工程量大增而导致成本增加等。由于甲方的原因造成的偏差应由甲方承担损失。为了避免这类风险，应在项目合同中对甲、乙双方的责任和义务作出明确的规定和说明。

2）乙方的原因。如由乙方负责的设计出现错误、乙方采用的项目实施方案不符合实际等。由乙方责任造成的偏差应由乙方承担责任，乙方有责任纠正偏差并承担损失。

3）第三方的原因。第三方是指除甲方与乙方以外的相关方。例如，政府对项目的不恰当干预、当地民众阻碍项目的实施等。第三方的原因造成的项目偏差，应由甲方负责向第三方追究责任。

4）供应商的原因。供应商是指与项目乙方签订资源供应合同的单位，包括分包商、原材料供应商和提供加工服务的单位等。供应商造成项目偏差的原因包括未按时提供原材料、材料质量不合格、分包的任务没有按期完成等。由供应商原因造成的项目偏差应先由乙方承担纠偏的责任和由此带来的损失，然后乙方可以依据其与供应商签订的交易合同向供应商提出损失补偿要求。为了避免这类风险，乙方应在与供应商的合同中对供应商的责任和义务作出明确规定和说明。

5）不可抗力。所谓不可抗力，是指合同订立时不能预见、不能避免并不能克服的客观情况，如台风、洪水、冰雹、罢工、骚乱、战争等。不可抗力事件造成的偏差应由甲方和乙方共同承担责任。

项目组织除了要找到引起偏差的原因外，还应分析各种原因对偏差的影响程度，对影响程度大的原因要重点防范。项目组织可借助因果分析图找出全部偏差原因，然后通过专家打分法给出各种原因对偏差的影响程度，如表 1-3 所示。

5. 常用纠偏措施

掌握了项目的偏差信息，了解了项目偏差的根源，就可以有针对性地采取适当的纠偏措施。

（1）组织措施。分析由于组织的原因而影响项目目标实现的问题，并采取相应的措施，如调整项目组织结构、任务分工、管理职能分工、工作流程和项目管理班子成员等。

表 1-3 成本偏差原因及影响权重

偏差类型	原因类型	具体原因	权重
成本偏差	设计原因	设计错误	0.15
	实施方案原因	任务衔接出现问题	0.1
		工艺难以满足规范要求	0.1
		缺乏必要的仪器设备	0.1
	宏观经济原因	材料价格上涨	0.2
		相关税率调整	0.15
	其他原因	突发特大暴雨	0.1
		意外交通事故	0.1

（2）管理措施。分析由于管理的原因而影响项目目标实现的问题，并采取相应的措施，如调整进度管理的方法和手段，改变施工计划和强化合同管理等。

（3）经济措施。分析由于经济的原因而影响项目目标实现的问题，并采取相应的措施，如落实加快工程施工进度所需的资金等。

（4）技术措施。分析由于技术（包括设计和施工的技术）的原因而影响项目目标实现的问题，并采取相应的措施，如调整设计、改进施工方法和改变施工机具等。

当项目目标失控时，人们往往首先思考的是采取什么技术措施，而忽略可能或应当采取的组织措施和管理措施。组织论的一个重要结论是：组织是目标能否实现的决定性因素，应充分重视组织措施对项目目标的作用。

1.4.3 项目控制的分类

1. 按照控制过程分类

按照控制过程可分为事前控制、事中控制和事后控制三种。

（1）事前控制。在项目（任务）开工前，项目组织根据历史数据、经验对项目（任务）实施过程中可能产生的偏差进行预测和估计，制造并采取相应的防范措施。这是一种防患于未然的控制方法。例如，任务实施前的技术交底、对拟进场工人进行安全教育培训等属于事前控制。

（2）事中控制。在项目（任务）实施过程中，项目组织对计划的执行情况及效果进行现场检查、监督、纠偏等称为事中控制。例如，对拟使用的进场材料进行抽样检查、检查特殊工种的持证上岗情况等属于事中控制。

（3）事后控制。项目的阶段性任务或全部任务完成后，项目组织对其进行的评估验收属于事后控制。例如，项目的竣工验收、工程质量的评定等属于事后控制。

项目控制的重点应放在事前控制上，这样比较经济有效，但需要丰富的经验。

2. 按照控制内容分类

项目控制的目的是确保项目的实施能满足项目目标的要求。项目目标通常包括工期、投资、质量三项指标，因此项目控制就包括进度控制、投资控制和质量控制三项内容，俗称三大控制。

（1）进度控制。项目实施过程中，项目组织必须不断地监控项目的进程以确保每项任务都能按进度计划执行。同时，必须不断收集实际数据，并将实际数据与计划进行对比分析，必要时应采取有效的措施，确保项目按预定的进度目标完成，避免工期的拖延。

（2）投资控制。投资控制就是要保证各项任务在其各自的预算范围内完成。投资控制的基本思路是：各部门定期上报其投资报告，再由控制部门对其进行投资审核，以保证各种支出的合理性，然后再将已经发生的投资与预算相比较，分析其是否超支，并采取相应的措施加以弥补。

（3）质量控制。质量控制的目标是确保项目质量能满足有关方面所提出的质量要求。质量控制的范围涉及项目质量形成全过程的各个环节。

上述三大控制目标通常是相互矛盾和冲突的。如加快进度往往会导致成本上升和质量下降；降低成本也会影响进度和质量；同样过于强调质量也会影响工期和成本。因此，在项目的进度、成本和质量的控制过程中，还要注意对三者的协调。

3. 按照控制方式分类

按照控制方式可分为主动控制与被动控制。

（1）主动控制。预先确定影响项目目标的风险因素，分析目标偏离的可能性，拟定和采取各项预防性措施，使目标得以顺利实现。这是一种面对未来的控制，要尽力消除不利风险因素，使被动局面不易出现。

（2）被动控制。对项目的实施进行检查跟踪，发现偏差后，立即采取纠正措施，使目标一旦出现偏差就能得以纠正。

1.5　风电场项目计划与控制的常用方法

1.5.1　PDCA 循环

1. PDCA 循环的定义

PDCA 是英语单词 Plan、Do、Check 和 Action 的第一个字母，PDCA 循环又叫戴明环，是美国质量管理专家戴明博士提出的，它是全面质量管理所应遵循的工作方法。这一工作方法，既是质量管理的基本方法，也是项目管理各项工作的一般规律。PDCA 循环包括 4 个阶段 8 个步骤，具体如下：

（1）计划阶段（Plan）。计划阶段主要是在调查问题的基础上制定计划。计划的内容包括确立目标、活动等，制定完成任务的具体方法。这个阶段包括 4 个步骤：

①查找问题；②进行排列；③分析问题产生的原因；④制定对策和措施。

（2）实施阶段（Do）。实施阶段就是按照制定的计划和措施去实施，即执行计划。这个阶段包括1个步骤：⑤执行措施。

（3）检查阶段（Check）。检查阶段就是检查生产（设计或施工）是否按计划执行，其效果如何。这个阶段包括1个步骤：⑥检查采取措施后的效果。

（4）处理阶段（Action）。处理阶段就是总结经验和清理遗留问题。这个阶段包括2个步骤：⑦建立巩固措施，即把检查结果中成功的做法和经验加以标准化、制度化，并使之巩固下来；⑧确定遗留问题，并将其转入下一个循环，即将本次循环中没有解决的问题或不完善之处列出来，作为下一次循环中应处理的内容。

上述4个阶段工作形成循环，不断重复，使工作不断改进，工作质量不断提高，如图1-7（a）所示。同时还应该看到，各个阶段都有一个PDCA循环，形成一个大环套小环，一环扣一环，互相制约，互为补充的有机整体，如图1-7（b）所示。一般来说，上一级循环是下一级循环的依据；下一级循环是上一级循环的落实和具体化。

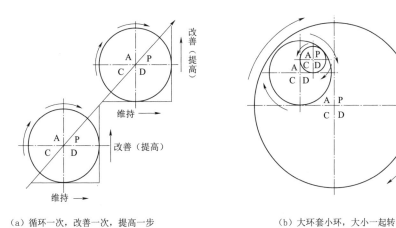

（a）循环一次，改善一次，提高一步　　　　　　（b）大环套小环，大小一起转

图1-7　PDCA循环

2. PDCA循环的特点

（1）大环套小环，小环保大环，互相促进，推动大循环。

（2）PDCA循环是爬楼梯上升式的循环，每转动一周，质量就提高一步。

（3）PDCA循环是综合性循环，4个阶段是相对的，它们之间不是截然分开的。

（4）推动PDCA循环的关键是处理阶段。

1.5.2　因果分析图

因果分析图是通过图形表现出事物之间的因果关系，是一种知因测果或倒果查因的分析方法。因果分析图的形状像鱼刺，故也叫鱼刺图。图1-8显示了原因和结果

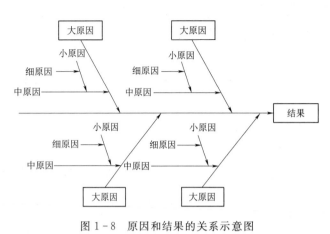

图 1-8 原因和结果的关系示意图

的关系示意图。

1. 绘制步骤

（1）确定要分析的某个特定问题，例如安全事故，写在图 1-8 的右边，画出主干，箭头指向右端。

（2）确定造成事故的大类原因（以下简称大原因），如安全管理、操作者、材料、方法、环境等，画大枝。

（3）对上述大原因进一步剖析，找出中原因，以中枝表示，一个原因画出一个枝，文字记在中枝线的上下。

（4）将上述中原因层层展开，找出小原因、细原因，一直到不能再分为止。

（5）确定因果鱼刺图中的主要原因，并标上符号，作为重点控制对象。

（6）制定对策措施。

上述绘图步骤可归纳为：针对结果，分析原因；先主后次，层层深入。

2. 注意事项

（1）确定的特定问题要具体，针对性要强。

（2）在寻找原因时，防止只停留在罗列表面现象，而不深入分析因果关系。

（3）原因表达要简练明确。

3. 案例

某风电场项目风电机组基础施工中出现混凝土强度不足现象，借助因果分析图找出主要原因。

（1）决定特性。特性就是需要解决的质量问题，放在主干箭头的前面。本例的特性是混凝土强度不足。

（2）确定影响质量特性的大原因（大枝）。影响混凝土强度的大原因主要是人、材料、工艺、设备和环境等五个方面。

（3）进一步确定中、小原因（中、小枝）。围绕着大原因进行层层分析，确定影响混凝土强度的中、小原因，如图 1-9 所示。

（4）补充遗漏的因素。发扬民主，反复讨论，补充遗漏的因素。

（5）制定对策。针对影响质量的因素，有的放矢地制定对策措施，如表 1-4 所示。

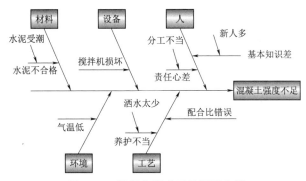

图 1-9 混凝土强度不足原因分析

表 1-4 混凝土强度不足的对策措施

序号	大原因	中原因	对　策
1	人	基本知识差	对工人进行教育培训
2		责任心差	建立工作岗位责任制
3	材料	水泥受潮	密封保管
4	设备	搅拌机损坏	定期更换零部件
5	工艺	配合比错误	重新设计并试配
		养护不当	定期洒水养护
6	环境	气温低	采取保温措施

1.5.3 项目分解

项目分解指把项目按一定原则逐层分解成较小的、更易于管理的工作单元，形成层次清晰的结构。项目分解结构是制定进度计划、资源需求、成本预算、风险管理计划和采购计划等的重要依据。

1. 项目分解的要求

(1) 唯一性。任一工作单元只应该在项目分解结构中出现一次。

(2) 集合性。任一工作单元的内容是其下所有子单元的总和。

2. 项目分解的方式

项目的分解可以采用多种方式进行，包括但不限于：

(1) 按照项目的功能分解。

(2) 按照项目的实施过程分解。

(3) 按照项目的地域分布分解。

(4) 按照项目的各个目标分解。

(5) 按照部门分解。

(6) 按照合同分解。

(7) 按照职能分解。

3. 项目分解的表示方法

项目分解结构可以由树形的结构图或者表格表示。在实际应用中，表格形式比较普遍,如表1-5所示。树形结构图层次清晰,结构性强,非常直观,但出现错误后不容易修改,对于大的、复杂的项目也很难表示出项目的全景,如图1-10所示。

表1-5 表格形式的项目分解结构

编 号	工作名称	工 程 量	预 算	备 注
1	土建			
1.1	A			
1.2	B			
2	电气			
2.1	C			
2.2	D			
...				

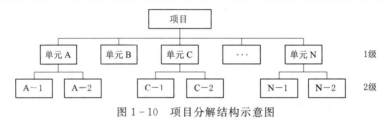

图1-10 项目分解结构示意图

【案例1-1】 某风电场项目,装机容量为49.5MW,安装33台单机容量为1500kW的风电机组。工程建设总工期为12个月,工程筹建期为3个月。风电机组的项目划分如表1-6所示。

表1-6 风电机组项目划分表

单位工程	分部工程	子分部工程	分 项 工 程
风电机组工程	风电设备基础	基坑开挖与回填	定位放线、开挖、锚杆、土方回填等
		地基处理	地基注浆
		混凝土基础	模板、钢筋、混凝土、预埋件安装等
	机组安装	机舱安装	机舱安装
		叶轮安装	叶轮安装
		变流系统安装	变流系统安装
	监控系统	监控系统调试	机组监控设备调试
	塔架	塔架安装	下段塔筒组装、上段塔筒组装等
	电缆	电缆连接	电缆及附件安装,导电轨安装
	箱式变电站	基坑开挖与回填	定位放线、开挖、锚杆、土方回填等
		混凝土基础	模板、钢筋、混凝土、预埋件安装等
		箱式变压器安装	绕组、套管和绝缘油试验,压力释放阀、负荷开关、接地开关、低压配电装置、冷却装置等性能测试,一次回路设备绝缘测试等
	防雷接地	接地装置	单个风电机组防雷接地网安装,场区防雷接地网安装,接地网接地电阻测试

1.5.4　德尔菲法

德尔菲法于 20 世纪 40 年代由戈登（Gordon）和赫尔默（Helmer）首创，后经美国兰德公司进一步发展而来，德尔菲法实施步骤如图 1-11 所示。

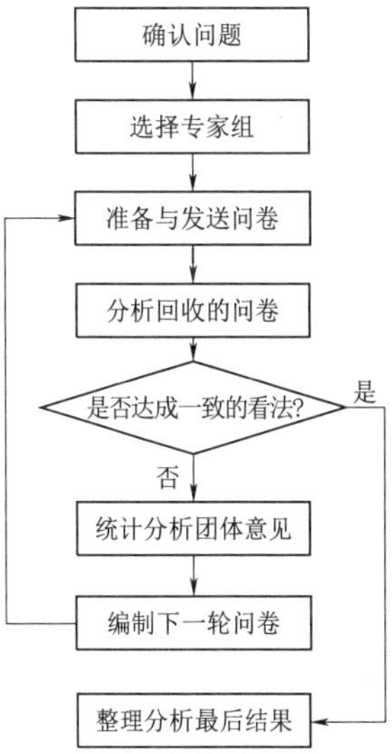

1. 组建工作小组

工作小组负责整个技术活动过程，包括拟订调查主题，选择专家，制定、发放、回收调查问卷，依据专家反馈意见进行整理、统计、分析等工作。

2. 选择专家

一般而言，所选择的专家应具有相关专业背景和敬业精神。从专家数量看，人数不能太少，考虑到有些专家可能中途退出，一般选择 20~50 人为宜。从专家来源看，尽可能选择来自政府、企业、高校、研究机构等方面的专家。

3. 问卷设计

问卷中要有相应的背景介绍材料，以说明本次研究的目的、意义和方法；要有根据研究主题设计出的具体问题；要有具体的填表说明，最好有一个范例供专家参考。为了最大限度地提高德尔菲问卷调查的质量，设计的问题必须清晰简练、形式要简单明确，让专家容易理解和判断；问题数也不宜过多。

图 1-11　德尔菲法实施步骤

4. 调查实施

问卷调查一般需要经过两轮甚至更多轮。首轮问卷一般包括专家信、背景资料、问卷等内容。第一轮问卷回收后，由工作小组对收回的问卷进行汇总、整理和分析。根据第一轮调查的结果有针对性地进行第二轮调查：将第一轮问卷的专家判断意见与第二轮问卷一起再次寄给专家，征询每一位专家在看完第一轮的结果之后是否有异议，如果某一位专家的意见与其他专家相比有较大的出入并坚持己见，则要请他给出理由。

整理第二轮调查材料并对前两轮调查结果进行综合分析，决定是否需要做第三轮问卷调查以获得更大的一致性，若专家的意见仍分歧很大，则有必要做第四轮甚至第五轮问卷调查，以获得较一致的结果。

5. 整理分析最后结果

经过多轮的问卷调查和分析，若专家意见出现较大的一致性，则停止问卷调查工作，工作小组整理分析最终的结果，并出具最终报告。

第 2 章　风电场项目进度计划与控制

项目进度计划就是对项目中的每个工作作出时间上的安排，而项目进度控制就是将实际进度与计划进度进行比较，发现偏差并加以纠正。项目组织应采用科学的方法和手段来控制项目进度，确保项目按预定的时间交付使用，及时发挥投资效益。

2.1　概　　述

2.1.1　相关概念

1. 项目进度

项目进度是指项目进行的速度。在项目实施期间，每月的进度可能是不一样的。一般来说，进度慢将导致项目不能按期发挥效益；加快进度，则会增加成本，质量也容易出现问题。因此，进度应控制在一定范围内，并与成本和质量协调一致。

2. 项目工期

项目工期指项目从正式开始到全部完成所经历的时间。项目工期可用日历天表示，或者用明确的起止时间表示，例如项目工期为 100 天，或者项目工期为 2018 年 9 月 1 日至 2019 年 4 月 30 日。

3. 工期定额

工期定额是指在平均的管理水平、机械装备水平及正常的实施条件下，项目从正式开工到全部完成所需的额定时间。工期定额按月（或天）数计算。工期定额是计算和确定项目工期的参考标准，对编制进度计划具有指导作用。

4. 工作的持续时间

项目可以逐级分解成很多个工作。工作的持续时间（Duration，D）是指完成该项工作所需的时间。工作的持续时间会随着投入到该项工作上的资源数量的增减而发生变化。例如，某项工作派 1 个人去做需要 2h，若增加 1 个人则仅需要 1h，由此可见，增加资源后，该项工作的持续时间变短了。

5. 紧前工作和后续工作

假如工作 A 和工作 C 是先后关系，则把工作 A 称为工作 C 的紧前工作，反之，将工作 C 称为工作 A 的后续工作。一个工作可能没有紧前工作，也可能存在好几个紧前工作，同样的，一个工作可能没有后续工作，也可能存在好几个后续工作。

6. 工作的最早时间

项目中的每个工作都有最早时间，包括最早开始时间（earliest start time，ES）和最早完成时间（earliest finish time，EF）。最早开始时间是指其紧前工作全部完成后，本工作有可能开始的最早时刻。工作的最早开始时间加上其持续时间就是该工作的最早完成时间，即 EF＝ES＋D。

7. 工作的最迟时间

项目中的每个工作都有最迟时间，包括最迟开始时间（latest start time，LS）和最迟完成时间（latest finish time，LF）。工作的最迟完成时间是指在不影响项目按期完成的前提下，本工作必须完成的最迟时刻。工作的最迟开始时间等于工作的最迟完成时间减去其持续时间，即 LS＝LF－D。

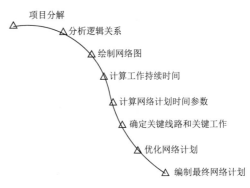

图 2-1　项目进度计划编制程序

2.1.2　风电场项目进度计划编制程序

当采用网络计划技术编制项目进度计划时，其编制程序一般包括 8 个步骤，如图 2-1 所示，这里重点对前 7 个步骤进行说明。

1. 项目分解

将项目由粗到细进行分解，是编制进度计划的前提。对于总进度计划，其工作划分应粗一些，而对于实施性进度计划，工作划分应细一些。工作划分的粗细程度，应根据实际需要来确定。

2. 分析逻辑关系

工作之间的逻辑关系可安排为平行关系、先后关系或搭接关系。平行关系指两个工作同时开始，但不一定要同时完成，如图 2-2（a）所示。先后关系指一个工作完成后，另一个工作才能开始，如图 2-2（b）所示。

搭接关系有四种基本形式：开始到开始（start to start，STS）、开始到完成（start to finish，STF）、完成到开始（finish to start，FTS）、完成到完成（finish to finish，FTF）。图 2-3（a）表示工作 A 开始一段时间后，其紧后工作 B 才能开始；图 2-3（b）表示工作 A 开始一段时间后，其紧后工作 B 才能完成；图 2-3（c）表示工作 A 完成一段时间后，其紧后

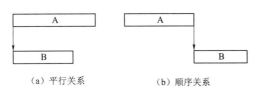

(a) 平行关系　　　　(b) 顺序关系

图 2-2　平行关系与先后关系

工作 B 才能开始；图 2 - 3 （d）表示工作 A 完成一段时间后，其紧后工作 B 才能完成。

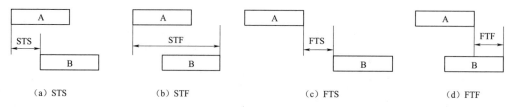

| （a）STS | （b）STF | （c）FTS | （d）FTF |

图 2 - 3　搭接关系

确定各项工作之间的逻辑关系时，既要考虑工艺过程，又要考虑组织安排或资源调配需要。

3. 绘制网络图

确定逻辑关系后，便可按绘图规则绘制网络图。既可以绘制单代号网络图，也可以绘制双代号网络图，还可根据需要，绘制双代号时标网络图。

4. 计算工作持续时间

在工程量一定的情况下，工作的持续时间与安排在工作上的人员与机械数量有关。工作持续时间的计算方法主要如下：

（1）按工程量和定额计算。可根据工程量、人机产量定额和人机数量计算持续时间，即

$$t = \frac{w}{Rmn}$$

式中　t——工作的持续时间；

　　　w——工作的工程量；

　　　R——产量定额；

　　　m——施工人数（或机械台数）；

　　　n——每天工作班数，一般情况下，$n=1$。

【案例 2 - 1】　某土方开挖工作，工程量为 $1500 \mathrm{m}^3$，拟投入 1 台 $1 \mathrm{m}^3$ 挖掘机挖土，挖掘机的产量定额为 $112 \mathrm{m}^3 / \mathrm{h}$。则土方开挖的持续时间为

$$t = \frac{1500}{112 \times 1 \times 1} = 13.4 (\mathrm{h})$$

（2）套用工期定额。对于单位工程的持续时间，可根据国家制订的各类工期定额进行适当修改后套用。例如，水利水电工程可参照《水利水电枢纽工程项目建设工期定额》来确定工作的持续时间。

（3）三时估计法。有些工作既没有确定的工程量，又没有颁布的工期定额可套用，则可以采用三时估计法来计算其持续时间的期望值，即

$$t = \frac{a + 4 \times m + b}{6}$$

式中　a——乐观时间；

　　　m——最可能时间；

　　　b——悲观时间。

上述三种时间是在经验基础上，根据实际情况估计出来的。

【案例 2－2】　某工作在正常情况下的持续时间是 15 天，在最有利的情况下持续时间是 9 天，在最不利的情况下持续时间是 18 天，那么该工作持续时间的期望值为

$$t = \frac{9 + 4 \times 15 + 18}{6} = 14.5（天）$$

5. 计算网络计划时间参数

网络计划时间参数一般包括工作最早开始时间、工作最早完成时间、工作最迟开始时间、工作最迟完成时间、工作总时差、工作自由时差、计算工期等。网络计划时间参数的计算方法有图上计算法、表上计算法等。

6. 确定关键线路和关键工作

根据上述时间参数计算结果，结合有关判断准则可确定网络计划中的关键线路和关键工作。

7. 优化网络计划

当初始网络计划的工期、资源需求量、成本不满足要求时则需要对初始网络计划进行优化。网络计划的优化包括工期优化、费用优化和资源优化三种。

2.1.3　风电场项目进度计划的表达形式

项目进度计划的表达形式主要有计划表、横道图和网络图等形式。由于表达形式不同，它们所发挥的作用也就各具特点。

1. 计划表

项目进度计划可用表格形式展现出来，如表 2－1 所示，表中给出了每个工作的持续时间、开始时间及完成时间。

计划表的优点是简单、直观、易懂，缺点是不能全面地反映出各个工作之间的逻辑关系，也不便进行各种时间参数计算，不容易找出影响项目工期的关键工作。

表 2－1　项 目 进 度 计 划 表

序号	工作名称	持续时间/天	开始时间	完成时间
1	A	2	7 月 1 日	7 月 2 日
2	B	3	7 月 3 日	7 月 5 日
3	C	2	7 月 7 日	7 月 8 日

续表

序号	工作名称	持续时间/天	开始时间	完成时间
4	D	2	7月3日	7月4日
5	E	3	7月6日	7月8日
6	F	2	7月9日	7月10日
7	G	1	7月5日	7月5日
8	H	1	7月9日	7月9日
9	I	1	7月11日	7月11日

2. 横道图

横道图又称甘特图，它以图形和文字的混合方式形象地表示工作的持续时间、开始时间和完成时间以及项目的工期，如图 2-4 所示。水平线左右端点对应的时间刻度分别代表工作的开始时间和完成时间，水平线的长度表示工作的持续时间。

横道图的优点是简单、直观、易懂，能方便地进行资源需要量的计算，缺点是不能全面地反映出各个工作之间的逻辑关系，也不便进行各种时间参数的计算，不容易找出影响项目工期的关键工作。

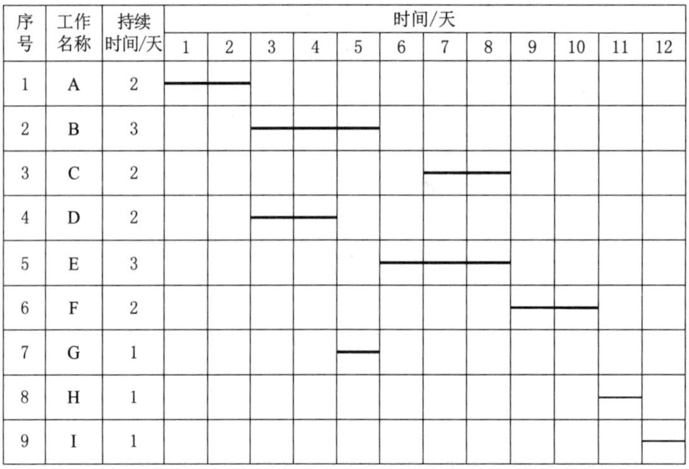

序号	工作名称	持续时间/天	时间/天											
			1	2	3	4	5	6	7	8	9	10	11	12
1	A	2												
2	B	3												
3	C	2												
4	D	2												
5	E	3												
6	F	2												
7	G	1												
8	H	1												
9	I	1												

图 2-4　横道图

3. 网络图

网络图有两种基本形式，即双代号网络图和单代号网络图。

（1）双代号网络图。双代号网络图由若干箭线和圆圈组成，一条箭线表示一个工作，圆圈称为节点，如图 2-5 所示。

箭线上方的文字表示工作名称，下方的数字表示该工作的持续时间。双代号网络图由工作、节点、线路三个基本要素组成。

1）工作。工作分为两种类型，消耗时间和（或）消耗资源的工作，称为实工作，

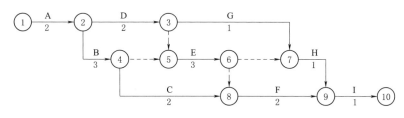

图 2-5 双代号网络图

一般用带箭头的实线表示，例如，图 2-5 中的②—④代表实工作。虚工作既不消耗时间也不消耗资源，一般用带箭头的虚线表示，没有工作名称和持续时间，例如，图 2-5 中的④—⑤代表虚工作。

2）节点。箭线两端标有编号的圆圈就是节点。通常把节点①称为网络图的起点节点，节点⑩称为网络图的终点节点；把节点②称为工作 D 的开始节点，节点③称为工作 D 的完成节点。每个节点都有唯一的编号，对节点进行编号既可采用连续方式也可采用间断方式，例如将节点依次编号为①、②、③、…或者①、⑤、⑩、…

3）线路。从起点节点开始，沿着箭线方向顺序通过一系列箭线和节点，最后到达终点节点的通路称为线路。每一条线路的工期等于该线路上各个工作持续时间的总和。例如，线路①—②—③—⑦—⑨—⑩的工期为 7 天，线路①—②—④—⑧—⑨—⑩的工期为 10 天。

工期最长的线路称为关键线路，其余线路为非关键线路。在一个双代号网络图中，至少应有一条关键线路，位于关键线路上的工作称为关键工作，除此以外的其他工作都称为非关键工作。

（2）单代号网络图。单代号网络图中，节点表示工作，箭线表示工作之间的逻辑关系，如图 2-6 所示。

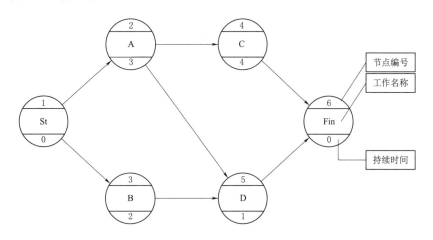

图 2-6 单代号网络图

单代号网络图一般由节点、箭线及线路三个基本要素构成。

1）节点。节点一般用圆圈表示，代表一个工作，节点编号、工作名称及持续时间标注在圆圈内。节点必须编号，其编号方法及规则与双代号网络图相同。

2）箭线。箭线仅表示相邻工作间的逻辑关系，表达逻辑关系时无需使用虚箭线。图 2-6 中，工作 A 与工作 D 之间存在一条箭线，表示工作 A 与工作 D 是先后关系。

3）线路。单代号网络图的线路与双代号网络图中线路的含义一致，也分为关键线路和非关键线路。

网络图的优点是把各个工作组成了一个有机的整体，因而能全面反映各工作之间的相互制约和相互依赖关系。它可以进行各种时间参数计算，找出影响项目进度的关键工作。此外，它还可以利用计算机和相关软件，对复杂的关系进行计算、调整与优化。

2.1.4　风电场项目进度控制的特点

风电场项目由于建设周期短、投资大、建设的一次性等特点，无论是进度计划编制，还是进度控制，均有其特殊性，主要表现在以下方面：

（1）风电场项目进度计划和控制是一项复杂的系统工程。进度计划按实施主体可分为建设单位的进度计划、设计单位的进度计划、施工单位的进度计划、设备供应单位的进度计划等。进度计划按详细程度又可分为整个项目的总进度计划、单位工程进度计划、分部分项工程进度计划等。因此进度计划的编制十分复杂。由于各种进度计划之间相互关联甚至制约，因而进度的控制也十分复杂，它既要控制单个计划的执行情况，还要考虑单个计划执行情况对整体计划执行情况的影响。

（2）风电场项目进度控制是一个动态的过程。一个装机容量 50MW 以下的风电场项目（含配套升压站和送出线路）基本上可实现年初开工、年内建设、年底完工投产，建设周期虽短，但工程的建设环境在不断发生变化（地质条件的变化、物价的变化、设备供货时间和地点的变化等），此外项目的实施进度和计划进度也会发生偏差。因此，在进度控制中要根据进度目标和实际进度不断调整进度计划，并采取一些必要的进度控制措施，排除影响进度的障碍，推进和确保进度目标的实现。

（3）风电场项目进度计划具有不均衡性。对于风电场项目来说，由于外界自然环境的干扰、工作环境的变化及施工内容和难度上的差别，年、季、月间很难做到均衡施工，这样便无形中增加了进度管理和控制的难度。

2.1.5　风电场项目各方进度控制的任务

1. 建设单位进度控制的任务

建设单位进度控制的任务是控制整个风电场项目实施阶段的进度，包括控制设计准备阶段的工作进度、设计工作进度、施工进度、设备采购工作进度、工程投产试运行进度以及工程竣工决算和竣工验收进度。

2. 设计单位进度控制的任务

设计单位进度控制的任务是依据设计任务委托书的要求控制设计工作进度。另外，设计单位应确保设计工作的进度与设备招标、施工招标等工作进度相协调。设计进度计划主要是明确设计图纸供应计划（出图计划）。在出图计划中应标明每张图纸的名称、负责人和出图日期等信息。出图计划是设计方进度控制的依据，也是施工进度控制和设备供应进度控制的前提。

3. 施工单位进度控制的任务

施工单位进度控制的任务是依据施工合同的要求控制施工进度。在进度计划编制方面，施工单位应视风电场项目的工程特点和施工进度控制的需要，编制深度不同的控制性、指导性和实施性的进度计划，以及按不同时间段编制的施工计划（年度、季度、月度等计划）。

4. 设备供应单位进度控制的任务

设备供应单位进度控制的任务是依据供货合同控制供货进度。设备供应进度计划应包括供货的所有环节，如采购、加工制造、运输等。设备供应进度计划应与设备安装进度相匹配，尽量避免因供货不及时而出现施工暂停的情况发生。

2.2　风电场项目进度计划技术

2.2.1　关键线路法

2.2.1.1　双代号网络图

1. 双代号网络图的绘制

绘制双代号网络图必须遵守一定的规则，才能准确表达出各个工作之间的逻辑关系，使绘制出来的网络图易于识读和操作。

（1）网络图必须正确表达各个工作之间的逻辑关系。工作之间常见的逻辑关系及其表示方法，如表2-2所示。

（2）双代号网络图中严禁出现循环回路。图2-7中出现了闭合循环回路，这表明网络图在逻辑关系上是错误的，在工艺关系上是矛盾的。

（3）双代号网络图中不允许出现双向箭线和无箭头箭线，如图2-8所示。

（4）双代号网络图中不允许出现无箭头节点或无箭尾节点的箭线，如图2-9所示。

（5）双代号网络图只允许有一个起点节点和一个终点节点。

表 2－2　工作之间常见的逻辑关系及其表示方法

序号	工作之间的逻辑关系	网络图中的表示方法	序号	工作之间的逻辑关系	网络图中的表示方法
1	A、B 顺序进行	①—A→②—B→③	6	A、B 结束后，C、D 才能开始	①—A→③，②—B→③，③—C→④，③—D→⑤
2	A、B、C 同时开始	①—A→②，①—B→③，①—C→④	7	A 完成后，C 才能开始，A、B 完成后，D 才能开始	①—A→③—C→⑤，②—B→④—D→⑥，③⇢④
3	A、B、C 同时结束	②—A→⑤，③—B→⑤，④—C→⑤	8	A、B、C 完成后，D 才能开始，B、C 完成后，E 才能开始	①—A→⑤—D→⑦，②—B→④—E→⑥，③—C→④，④⇢⑤
4	A 结束后，B、C 才能开始	①—A→②—B→③，②—C→④	9	A、B 完成后，C 才能开始，B、D 完成后，E 才能开始	①—A→⑤—C→⑧，②—B→④—E→⑥ 等
5	A、B 结束后，C 才能开始	①—A→③，②—B→③，③—C→④	10	A 完成后，B、C 才能开始，B 完成后 E 才能开始，C 完成后 D 才能开始	①—A→②，②—C→④—D→⑤，②—B→③—E→⑤

（6）双代号网络图中，每个工作都只有唯一的一条箭线及其相应的一对节点编号，且箭尾节点的编号应小于箭头节点的编号，如图 2－10 所示。

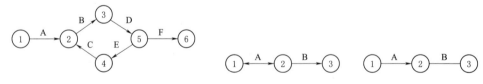

图 2－7　循环回路示意图　　　　　　图 2－8　双向箭线和无箭头箭线示意图

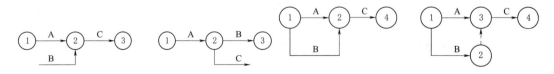

图 2－9　无箭头节点和无箭尾节点示意图　　　图 2－10　工作节点编号唯一性示意图

图 2-10（a）中的 A、B 两个工作，它们的节点编号都是①—②，那么工作①—②究竟指 A 还是 B，容易引起混淆。此时可增加一个节点和一条虚线来解决此问题，图 2-10（b）才是正确的画法。

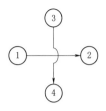

图 2-11 过桥法

（7）绘制网络图时，应避免箭线交叉。若交叉不可避免，则应使用过桥法，如图 2-11 所示。

【案例 2-3】 某项目包含 8 个工作，其基本信息如表 2-3 所示，试绘制双代号网络图。

表 2-3 工作的基本信息

序号	工作名称	紧前工作	持续时间/天	序号	工作名称	紧前工作	持续时间/天
1	A	—	4	5	E	A、C	5
2	B	—	2	6	F	A、C	6
3	C	B	3	7	G	D、E、F	3
4	D	B	3	8	H	D、F	5

双代号网络图绘制过程如下：

第一步，画出没有紧前工作的 A 和 B，再画出紧前工作都是 B 的各个工作，如图 2-12 所示。

第二步，画出紧前工作都是 A、C 的各个工作，如图 2-13 所示。

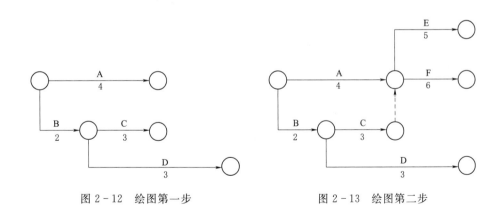

图 2-12 绘图第一步　　　　　　　图 2-13 绘图第二步

第三步，画出紧前工作是 D、E、F 的工作 G，如图 2-14 所示。

第四步，画出紧前工作是 D、F 的工作 H，如图 2-15 所示。

第五步，去掉多余的虚工作，并保证网络图只有一个终点节点，最后为各个节点编号，最终的网络图如图 2-16 所示。

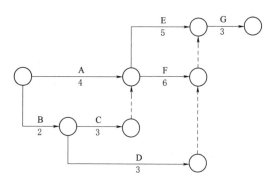

图 2-14　绘图第三步

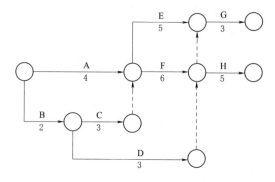

图 2-15　绘图第四步

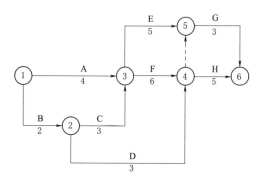

图 2-16　最终的网络图

2. 双代号网络图时间参数的计算

双代号网络图时间参数包括工作的最早开始时间（ES）和最早完成时间（EF）、工作的最迟开始时间（LS）和最迟完成时间（LF）、工作的总时差（TF）和自由时差（FF）。

以图 2-16 为例，说明时间参数的计算过程。

（1）计算工作的最早时间。工作最早时间的计算应从网络图的起点节点开始，顺着箭线方向依次进行，其计算步骤如下：

1）开始节点是起点节点的工作，其最早开始时间规定为零。本例中，工作 A 和 B 的最早开始时间都为零，即

$$ES_{1-3}=0,\ ES_{1-2}=0$$

2）工作最早完成时间的计算公式为

$$EF_{i-j}=ES_{i-j}+D_{i-j}$$

式中　EF_{i-j}——工作 $i-j$ 的最早完成时间；

　　　ES_{i-j}——工作 $i-j$ 的最早开始时间；

　　　D_{i-j}——工作 $i-j$ 的持续时间。

本例中，工作 A 和工作 B 的最早完成时间分别为

$$EF_{1-2}=ES_{1-2}+D_{1-2}=0+2=2$$

$$EF_{1-3}=ES_{1-3}+D_{1-3}=0+4=4$$

3）其他工作的最早开始时间应等于其紧前工作最早完成时间的最大值，即

$$ES_{i-j}=\max\left[EF_{h-i}\right]$$

式中　EF_{h-i}——工作 $i-j$ 的紧前工作 $h-i$ 的最早完成时间。

本例中，其他工作的最早时间分别为

$$ES_{2-3}=EF_{1-2}=2 \qquad\qquad EF_{2-3}=ES_{2-3}+D_{2-3}=5$$
$$ES_{2-4}=EF_{1-2}=2 \qquad\qquad EF_{2-4}=ES_{2-4}+D_{2-4}=5$$
$$ES_{3-4}=\max[EF_{1-3},EF_{2-3}]=5 \qquad EF_{3-4}=ES_{3-4}+D_{3-4}=11$$
$$ES_{3-5}=\max[EF_{1-3},EF_{2-3}]=5 \qquad EF_{3-5}=ES_{3-5}+D_{3-5}=10$$
$$ES_{4-6}=\max[EF_{3-4},EF_{2-4}]=11 \qquad EF_{4-6}=ES_{4-6}+D_{4-6}=16$$
$$ES_{5-6}=\max[EF_{3-5},EF_{3-4},EF_{2-4}]=11 \qquad EF_{5-6}=ES_{5-6}+D_{5-6}=14$$

（2）确定计算工期。完成节点是终点节点的工作，其最早完成时间的最大值就是计算工期，即

$$T_c=\max[EF_{i-n}]$$

式中　T_c——计算工期；

EF_{i-n}——完成节点是终点节点的工作的最早完成时间。

本例中，计算工期为

$$T_c=\max[EF_{5-6},EF_{4-6}]=16$$

（3）确定计划工期。若事先没有规定项目工期，则计划工期就等于计算工期，即 $T_p=T_c$。

本例中，计划工期为

$$T_p=T_c=16$$

（4）计算工作的最迟时间。工作最迟完成时间和最迟开始时间的计算应从网络图的终点节点开始，逆着箭线方向依次进行，计算步骤如下：

1）完成节点是终点节点的工作，其最迟完成时间等于计划工期，即

$$LF_{i-n}=T_p$$

式中　LF_{i-n}——完成节点是终点节点的工作的最迟完成时间。

本例中，工作 G 和 H 的最迟完成时间分别为

$$LF_{4-6}=16,\ LF_{5-6}=16$$

2）工作的最迟开始时间的计算公式为

$$LS_{i-j}=LF_{i-j}-D_{i-j}$$

式中　LS_{i-j}——工作 $i-j$ 的最迟开始时间；

LF_{i-j}——工作 $i-j$ 的最迟完成时间。

本例中，$LS_{4-6}=LF_{4-6}-D_{4-6}=11$，$LS_{5-6}=LF_{5-6}-D_{5-6}=13$。

3）其他工作的最迟完成时间等于其紧后工作最迟开始时间的最小值，即

$$LF_{i-j}=\min[LS_{j-k}]$$

式中　LS_{j-k}——工作 $i-j$ 的紧后工作 $j-k$ 的最迟开始时间。

本例中，其他工作的最迟时间分别为

$$LF_{3-5}=LS_{5-6}=13 \qquad\qquad LS_{3-5}=LF_{3-5}-D_{3-5}=8$$

$$LF_{2-4} = \min\left[LS_{5-6},\ LS_{4-6}\right] = 11 \qquad LS_{2-4} = LF_{2-4} - D_{2-4} = 8$$

$$LF_{3-4} = \min\left[LS_{5-6},\ LS_{4-6}\right] = 11 \qquad LS_{3-4} = LF_{3-4} - D_{3-4} = 5$$

$$LF_{1-3} = \min\left[LS_{3-4},\ LS_{3-5}\right] = 5 \qquad LS_{1-3} = LF_{1-3} - D_{1-3} = 1$$

$$LF_{2-3} = \min\left[LS_{3-4},\ LS_{3-5}\right] = 5 \qquad LS_{2-3} = LF_{2-3} - D_{2-3} = 2$$

$$LF_{1-2} = \min\left[LS_{2-3},\ LS_{2-4}\right] = 2 \qquad LS_{1-2} = LF_{1-2} - D_{1-2} = 0$$

（5）计算工作的总时差。工作的总时差指在不影响总工期的前提下，该项工作的机动时间。其等于该工作最迟完成时间与最早完成时间之差，或该工作的最迟开始时间和最早开始时间之差，即

$$TF_{i-j} = LF_{i-j} - EF_{i-j} = LS_{i-j} - ES_{i-j}$$

式中　TF_{i-j}——工作 $i-j$ 的总时差；

其余符号意义同前。

本例中，各项工作的总时差为

$$TF_{1-2} = LS_{1-2} - ES_{1-2} = 0 \qquad TF_{1-3} = LS_{1-3} - ES_{1-3} = 1$$

$$TF_{2-3} = LS_{2-3} - ES_{2-3} = 0 \qquad TF_{2-4} = LS_{2-4} - ES_{2-4} = 6$$

$$TF_{3-4} = LS_{3-4} - ES_{3-4} = 0 \qquad TF_{3-5} = LS_{3-5} - ES_{3-5} = 3$$

$$TF_{4-6} = LS_{4-6} - ES_{4-6} = 0 \qquad TF_{5-6} = LS_{5-6} - ES_{5-6} = 2$$

（6）计算工作的自由时差。工作的自由时差指在不影响其后续工作最早开始时间的前提下，该项工作的机动时间。其计算应按以下两种情况分别考虑：

1）对于有后续工作的工作，其自由时差等于后续工作的最早开始时间减本工作最早完成时间，然后取最小值，即

$$FF_{i-j} = \min\left[ES_{j-k} - EF_{i-j}\right]$$

式中　FF_{i-j}——工作 $i-j$ 的自由时差；

其余符号意义同前。

本例中，各项工作的自由时差为

$$FF_{1-2} = \min\left[ES_{2-3} - EF_{1-2},\ ES_{2-4} - EF_{1-2}\right] = 0$$

$$FF_{1-3} = \min\left[ES_{3-5} - EF_{1-3},\ ES_{3-4} - EF_{1-3}\right] = 1$$

$$FF_{2-3} = \min\left[ES_{3-5} - EF_{2-3},\ ES_{3-4} - EF_{2-3}\right] = 0$$

$$FF_{2-4} = \min\left[ES_{4-6} - EF_{2-4},\ ES_{5-6} - EF_{2-4}\right] = 6$$

$$FF_{3-4} = \min\left[ES_{4-6} - EF_{3-4},\ ES_{5-6} - EF_{3-4}\right] = 0$$

$$FF_{3-5} = ES_{5-6} - EF_{3-5} = 1$$

2）对于没有后续工作的工作，其自由时差等于计划工期与本工作最早完成时间之差，即

$$FF_{i-n} = T_{\mathrm{p}} - EF_{i-n}$$

本例中，工作 G 和 H 的自由时差分别为

$$FF_{4-6} = T_p - EF_{4-6} = 0$$

$$FF_{5-6} = T_p - EF_{5-6} = 2$$

（7）确定关键工作和关键线路。在网络计划中，总时差最小的工作为关键工作。特别的是，当计划工期等于计算工期时，总时差为零的工作就是关键工作。在本例中，工作 B、C、F、H 的总时差均为零，故它们都是关键工作。

关键工作确定之后，将关键工作首尾相连，便构成了从起点节点到终点节点的通路，这条通路就是关键线路。在关键线路上可能有虚工作存在。关键线路一般用粗箭线或双线箭线或彩色箭线标出。

参数计算完毕，将工作的 6 个时间参数标注在图中的相应位置，如图 2-17 所示。

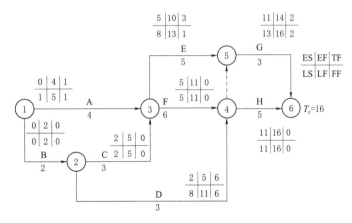

图 2-17 某项目双代号网络图时间参数计算结果

2.2.1.2 双代号时标网络图

双代号时标网络图的形式如图 2-18 所示。它既克服了横道图不能清晰表达各项工作间逻辑关系的缺点，同时也克服了双代号网络图中各时间参数表达不直观的缺陷。

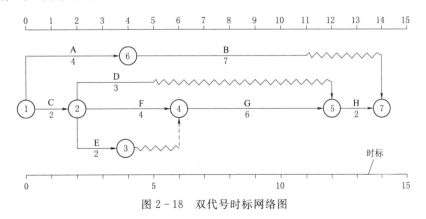

图 2-18 双代号时标网络图

1. 双代号时标网络图的绘制

（1）双代号时标网络图的绘制规则。

1）不能缺少时标。时标可放在图的顶部和（或）底部，用来显示时间。

2）以实箭线表示实工作，虚箭线表示虚工作，波形线表示工作的自由时差。无论哪种箭线，箭线末端都要绘出箭头。

3）当实工作有自由时差时，波形线紧接在实线的末端，如图 2-18 中的工作②—⑤。当虚工作有自由时差时，要在波形线之后画虚线，如图 2-18 中的工作③—④。

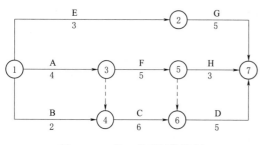

图 2-19　某双代号网络计划

4）实箭线的水平长度表示该项工作的持续时间。

5）双代号时标网络图一般按最早时间绘制。

（2）双代号时标网络图的绘制步骤。现以图 2-19 所示双代号网络图为例（时间单位为天），介绍双代号时标网络图的绘制步骤。

1）绘制时标。

2）将网络图的起点节点定位在时标的起始刻度线上。本例将节点①定位在时标的“0”刻度线上，如图 2-20 所示。

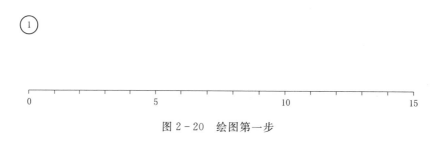

图 2-20　绘图第一步

3）定位其他节点的位置。某节点的位置由网络图中起点节点到该节点的最长线路确定。本例节点②的位置由线路①—②的长度确定，其长度为 3 天；节点③的位置由线路①—③的长度确定，其长度为 4 天；节点④的位置由线路①—③—④的长度确定，其长度为 4 天；节点⑤的位置由线路①—③—⑤的长度确定，其长度为 9 天；节点⑥的位置由线路①—③—④—⑥的长度确定，其长度为 10 天；节点⑦的位置由线路①—③—④—⑥—⑦的长度确定，其长度为 15 天。如图 2-21 所示。

4）绘制工作的箭线和（或）波浪线。根据工作的持续时间绘制箭线。当箭线的长度不足以到达该工作的完成节点时，用波形线补足，如图 2-22 中的工作①—④、⑤—⑦和②—⑦。若虚箭线占用时间，水平线用波形线表示，垂直线用虚线表示，如

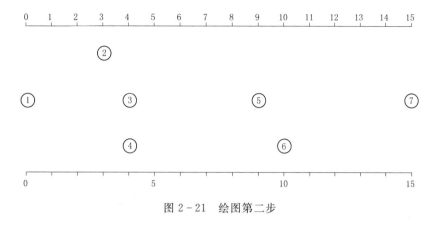

图 2-21 绘图第二步

图 2-22 中的工作⑤—⑥。

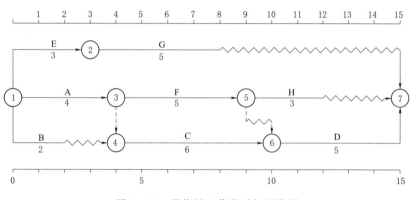

图 2-22 最终的双代号时标网络图

2. 工作时间参数的计算及关键线路的确定

仍以图 2-22 为例，介绍双代号时标网络图的时间参数计算和关键线路的确定。

（1）计算工期的确定。终点节点与起点节点时标值之差即为计算工期。本例中，$T_c = 15 - 0 = 15$。

（2）最早时间的确定。每条箭线箭尾节点对应的时标值，就是工作的最早开始时间。每条箭线实线右端所对应的时标值即为工作的最早完成时间。虚工作的最早开始时间和最早完成时间相等，为其箭尾节点对应的时标值。本例中，各项工作的最早时间为

$$ES_{1-2} = 0 \qquad EF_{1-2} = 3$$
$$ES_{1-3} = 0 \qquad EF_{1-3} = 4$$
$$ES_{1-4} = 0 \qquad EF_{1-4} = 2$$
$$ES_{2-7} = 3 \qquad EF_{2-7} = 8$$
$$ES_{3-5} = 4 \qquad EF_{3-5} = 9$$
$$ES_{4-6} = 4 \qquad EF_{4-6} = 10$$

$$ES_{5-7} = 9 \qquad\qquad EF_{5-7} = 12$$
$$ES_{6-7} = 10 \qquad\qquad EF_{6-7} = 15$$

（3）工作自由时差的确定。工作自由时差值等于其波形线的长度。本例中，各项工作的自由时差为

$$FF_{1-2} = 0 \qquad\qquad FF_{1-3} = 0$$
$$FF_{1-4} = 2 \qquad\qquad FF_{2-7} = 7$$
$$FF_{3-5} = 0 \qquad\qquad FF_{4-6} = 0$$
$$FF_{5-7} = 3 \qquad\qquad FF_{6-7} = 0$$

（4）工作总时差的计算。工作总时差应自右向左逐个计算。

1）完成节点是终点节点的工作，其总时差等于计划工期与该工作最早完成时间之差，即

$$TF_{i-n} = T_{p} - EF_{i-n}$$

本例中，$TF_{2-7} = 15 - 8 = 7$，$FF_{5-7} = 15 - 12 = 3$，$FF_{6-7} = 15 - 15 = 0$。

2）其他工作的总时差等于其所有后续工作总时差值中的最小值与本工作自由时差之和，即

$$TF_{i-j} = \min\left[TF_{j-k} + FF_{i-j}\right]$$

本例中，其他工作的总时差为

$$TF_{1-2} = TF_{2-7} + FF_{1-2} = 7 + 0 = 7$$
$$TF_{4-6} = TF_{6-7} + FF_{4-6} = 0 + 0 = 0$$
$$TF_{5-6} = TF_{6-7} + FF_{5-6} = 0 + 1 = 1$$
$$TF_{3-5} = \min\left[TF_{5-6} + FF_{3-5}, TF_{5-7} + FF_{3-5}\right] = \min\left[1, 3\right] = 1$$
$$TF_{3-4} = TF_{4-6} + FF_{3-4} = 0 + 0 = 0$$
$$TF_{1-3} = \min\left[TF_{3-5} + FF_{1-3}, TF_{3-4} + FF_{1-3}\right] = \min\left[0, 0\right] = 0$$
$$TF_{1-4} = TF_{4-6} + FF_{1-4} = 0 + 2 = 2$$

（5）工作最迟时间的计算。由于已知工作的最早开始时间和最早完成时间及总时差，所以工作最迟时间的计算公式为

$$LS_{i-j} = ES_{i-j} + TF_{i-j}$$
$$LF_{i-j} = EF_{i-j} + TF_{i-j}$$

本例中，工作的最迟时间为

$$LS_{1-2} = ES_{1-2} + TF_{1-2} = 7 \qquad\qquad LF_{1-2} = EF_{1-2} + TF_{1-2} = 10$$
$$LS_{1-3} = ES_{1-3} + TF_{1-3} = 0 \qquad\qquad LF_{1-3} = EF_{1-3} + TF_{1-3} = 4$$
$$LS_{1-4} = ES_{1-4} + TF_{1-4} = 2 \qquad\qquad LF_{1-4} = EF_{1-4} + TF_{1-4} = 4$$
$$LS_{2-7} = ES_{2-7} + TF_{2-7} = 10 \qquad\qquad LF_{2-7} = EF_{2-7} + TF_{2-7} = 15$$

$$LS_{3-5} = ES_{3-5} + TF_{3-5} = 5 \qquad LF_{3-5} = EF_{3-5} + TF_{3-5} = 10$$

$$LS_{4-6} = ES_{4-6} + TF_{4-6} = 4 \qquad LF_{4-6} = EF_{4-6} + TF_{4-6} = 10$$

$$LS_{5-7} = ES_{5-7} + TF_{5-7} = 12 \qquad LF_{5-7} = EF_{5-7} + TF_{5-7} = 15$$

$$LS_{6-7} = ES_{6-7} + TF_{6-7} = 10 \qquad LF_{6-7} = EF_{6-7} + TF_{6-7} = 15$$

（6）关键线路的确定。自终点节点开始逆着箭头方向检查，始终不出现波形线的线路即为关键线路。

2.2.2 计划评审技术

1. 主要假定及工作持续时间估计

（1）主要假定。计划评审技术（Program Evaluation and Review Technique, PERT）是一种常用的工作逻辑关系肯定而持续时间非肯定型的网络计划技术。其主要假定包括：

1）每项活动的持续时间是独立的随机变量，服从 β 分布。

2）网络图中，仅有一条线路占主导地位。

3）网络图中，关键线路持续时间服从正态分布。

（2）工作持续时间估计。项目组织应征询专家意见，估计三个不同的工作持续时间，即

1）乐观时间 a，指在最有利情况下所需的时间。

2）正常时间 m，指在正常条件下所需的时间。

3）悲观时间 b，指在最不利情况下所需的时间。

根据相关理论，工作持续时间的期望值和方差分别为

$$D = \frac{a + 4m + b}{6}$$

$$\sigma^2 = \left(\frac{b - a}{6}\right)^2$$

2. 时间参数计算

以图 2-23 和表 2-4 为例说明时间参数的计算方法。图 2-23 中箭线下方数字依次代表工作的乐观时间、正常时间和悲观时间。

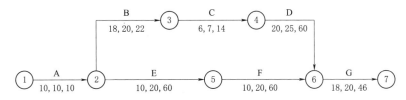

图 2-23 工作持续时间不肯定的双代号网络图（单位：天）

（1）根据工作的三个估计时间 a、m 和 b，运用公式计算工作持续时间的期望值

和方差。将计算结果填入表 2-4 的最后两列。

表 2-4　工作名称及持续时间估计表

工作	节点代号	乐观时间/天	可能时间/天	悲观时间/天	期望值/天	方差
A	1—2	10	10	10	10	0
B	2—3	18	20	22	20	0.44
C	3—4	6	7	14	8	1.77
D	4—6	20	25	60	30	44.44
E	2—5	10	20	60	25	69.44
F	5—6	10	20	60	25	69.44
G	6—7	18	20	46	24	21.77

（2）计算节点的最早时间。

1）节点的最早时间（early time，ET）应从网络图的起点节点开始，顺着箭线方向依次进行计算。

2）起点节点如没有特殊规定，其最早时间为零。

3）其他节点的最早时间的计算公式为

$$ET_j = \max[ET_i + D_{i-j}] \qquad (2-1)$$

式中　i——节点 j 的紧前节点，其中对应最大值的节点称为重要紧前节点。

本例中，各个节点的最早时间为

$$ET_1 = 0 \qquad\qquad ET_2 = ET_1 + D_{1-2} = 10$$

$$ET_3 = ET_2 + D_{2-3} = 30 \qquad\qquad ET_4 = ET_3 + D_{3-4} = 38$$

$$ET_5 = ET_2 + D_{2-5} = 35 \qquad\qquad ET_6 = \max[ET_4 + D_{4-6}, \ ET_5 + D_{5-6}] = 68$$

$$ET_7 = ET_6 + D_{6-7} = 92$$

本例中，节点④是节点⑥的重要紧前节点。

（3）计算节点最早时间的方差。

1）节点最早时间的方差应从网络图的起点节点开始，顺着箭线方向依次进行计算。

2）起点节点如没有特殊规定，其方差为零。

3）其他节点最早时间方差的计算公式为

$$\sigma_j^2 = \sigma_i^2 + \sigma_{i-j}^2$$

式中　i——节点 j 的重要紧前节点。

本例中，各个节点最早时间的方差为

$$\sigma_1^2 = 0$$

$$\sigma_2^2 = \sigma_1^2 + \sigma_{1-2}^2 = 0 + 0 = 0$$

$$\sigma_3^2 = \sigma_2^2 + \sigma_{2-3}^2 = 0 + 0.44 = 0.44$$

$$\sigma_4^2 = \sigma_3^2 + \sigma_{3-4}^2 = 0.44 + 1.77 = 2.21$$

$$\sigma_5^2 = \sigma_2^2 + \sigma_{2-5}^2 = 0 + 69.44 = 69.44$$

$$\sigma_6^2 = \sigma_4^2 + \sigma_{4-6}^2 = 2.21 + 44.44 = 46.65$$

$$\sigma_7^2 = \sigma_6^2 + \sigma_{6-7}^2 = 46.65 + 21.77 = 68.42$$

各节点最早时间及方差计算结果如图 2-24 所示。

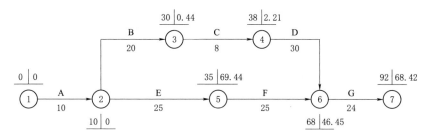

图 2-24 各节点最早时间及方差

（4）计算节点的最迟时间。

1）节点的最迟时间（late time，LT）应从网络图的终点节点开始，逆着箭线方向依次进行计算。

2）终点节点的最迟时间等于计划工期，在没有特殊说明的情况下，终点节点的最迟时间等于其最早时间，即

$$LT_n = ET_n$$

3）其他节点的最迟时间的计算公式为

$$LT_i = \min\left[LT_j - D_{i-j}\right] \tag{2-2}$$

式中 j——节点 i 的后续节点，其中对应最小值的节点称为重要后续节点。

本例中，各个节点的最迟时间为

$$LT_7 = 92 \qquad\qquad LT_6 = LT_7 - D_{6-7} = 92 - 24 = 68$$

$$LT_5 = LT_6 - D_{5-6} = 43 \qquad\qquad LT_4 = LT_6 - D_{4-6} = 68 - 30 = 38$$

$$LT_3 = LT_4 - D_{3-4} = 30 \qquad\qquad LT_2 = \min\left[LT_3 - D_{2-3}, LT_5 - D_{2-5}\right] = 10$$

$$LT_1 = LT_2 - D_{1-2} = 0$$

本例中，节点③是节点②的重要后续节点。

（5）计算节点最迟时间的方差。

1）节点最迟时间的方差应从网络图的终点节点开始，逆着箭线方向依次进行计算。

2）终点节点最迟时间的方差为零。

3）其他节点最迟时间的方差的计算公式为

$$\sigma_i^2 = \sigma_j^2 + \sigma_{i-j}^2$$

式中 j——节点 i 的重要后续节点。

本例中，各个节点最迟时间的方差为

$$\sigma_7^2 = 0$$

$$\sigma_6^2 = \sigma_7^2 + \sigma_{6-7}^2 = 0 + 21.77 = 21.77$$

$$\sigma_5^2 = \sigma_6^2 + \sigma_{5-6}^2 = 21.77 + 69.44 = 91.21$$

$$\sigma_4^2 = \sigma_6^2 + \sigma_{4-6}^2 = 21.77 + 44.44 = 66.21$$

$$\sigma_3^2 = \sigma_4^2 + \sigma_{3-4}^2 = 66.21 + 1.77 = 67.98$$

$$\sigma_2^2 = \sigma_3^2 + \sigma_{2-3}^2 = 67.98 + 0.44 = 68.42$$

$$\sigma_1^2 = \sigma_2^2 + \sigma_{1-2}^2 = 68.42 + 0 = 68.42$$

各节点最迟时间及方差计算结果如图 2-25 所示。

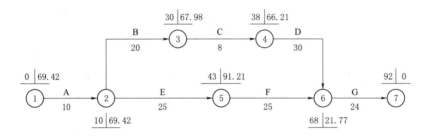

图 2-25 各节点最迟时间及方差

（6）确定期望关键线路。网络图中有一条线路，其上各工作的期望历时之和最大，这条线路即为期望关键线路。若存在几条最长的线路，则方差之和最大的线路为期望关键线路。本例中①—②—③—④—⑥—⑦为期望关键线路。

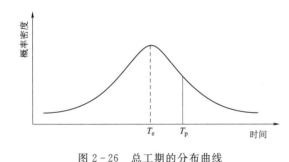

图 2-26 总工期的分布曲线

（7）期望计算工期。期望计算工期 T_e 为终点节点 n 的最早时间，即

$$T_e = ET_n$$

（8）完工概率的计算。假定项目的总工期 T 为一个随机变量，并且服从正态分布，即：$T \sim N(T_e, \sigma_T^2)$，$T_e$ 为项目的期望计算工期，σ_T^2 为对应线路的方差，如图 2-26 所示。

项目在 T_p 前完工的概率为

$$p(T \leqslant T_p) = \int_{-\infty}^{T_p} \frac{1}{\sigma_T \sqrt{2\pi}} e^{\frac{1}{2}\left(\frac{T-T_e}{\sigma_T}\right)^2} dt \qquad (2-3)$$

显然，当 $T_p = T_e$ 时，$P = 0.5$；当 $T_p > T_e$ 时，$P > 0.5$；当 $T_p < T_e$ 时，则

$P<0.5$。

为了方便起见，可将式（2-3）转换为标准正态分布，利用标准正态分布表查表计算完工概率。

令 $t=\dfrac{T-T_e}{\sigma_T}$，根据相关理论，随机变量 t 服从标准正态分布。

本例中，$T_e=92$ 天，$\sigma_T=\sqrt{68.42}$，假定 $T_p=100$ 天，则项目在 100 天内完工的概率为

$$p\ (T\leqslant 100)=p\left(\frac{T-T_e}{\sigma_T}\leqslant\frac{100-92}{\sqrt{68.42}}\right)$$

查标准正态分布表可知 $P=83.4\%$。

2.3 风电场项目进度计划的优化

项目组织编制的初始进度计划不一定满足项目总工期的要求。项目进度计划的优化就是利用最优化原理，寻求满足工期目标的最优方案。

2.3.1 进度计划的优化方法

进度计划的优化本质上就是使进度计划的计算工期小于规定工期（例如合同工期）。优化方法分为两种：一是改变工作之间的逻辑关系；二是缩短关键工作的持续时间。

1. 改变工作之间的逻辑关系

（1）先后关系改为平行关系。将工艺上并无先后要求的工作，由先后关系改为平行关系，可大大缩短项目的总工期。例如，某一项目，由工作 A、工作 B 和工作 C 组成，假定活动的持续时间均为 3 天，这三项活动之间并无工艺上的先后要求。若将工作 A、工作 B 和工作 C 安排成先后关系，则项目的总工期为 9 天；但若将工作 A、工作 B 和工作 C 安排成平行关系，则项目的总工期为 3 天。两种方式相比，项目的总工期被缩短了 6 天，如图 2-27 所示。

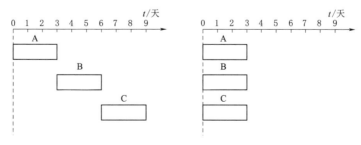

图 2-27 平行关系和先后关系

（2）先后关系改为搭接关系。就缩短工期而言，将先后关系改为平行关系其效果最好，但因为工艺要求的限制，一般可做这种改动的情形并不多见。因此，将工作组织成搭接关系便成为进度优化的最有效方法。如上例中，将工作的作业面分成两个部分，相应的每个工作也被分解成两个子工作，工作 A 分解成工作 A1 和工作 A2，工作 B 分解成工作 B1 和工作 B2，工作 C 分解成工作 C1 和工作 C2，由于工作量减半，工作的工期也减半，即所有子工作的工期为 1.5 天。将子工作组织成流水作业，作业的顺序如下：

1）在工作面 1 上先实施工作 A1，然后在工作面 2 上实施工作 A2。

2）实施工作 A2 的同时，在工作面 1 上实施工作 B1，然后在工作面 2 上实施工作 B2。

3）实施工作 B2 的同时，在工作面 1 上实施工作 C1，然后在工作面 2 上实施工作 C2。

如此安排，项目总工期为 6 天，如图 2-28 所示。

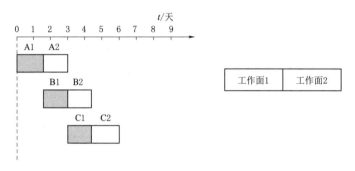

图 2-28　分段流水作业

2. 缩短关键工作的持续时间

在不改变工作之间逻辑关系的情况下，缩短关键工作的持续时间，也能缩短项目的总工期。但是过度缩短关键工作的持续时间会造成关键线路发生转移，即关键线路变成了非关键线路。如图 2-29 所示，初始网络计划的关键线路为①—③—⑥—⑦—⑨，项目总工期为 8 天，如将关键工作⑦—⑨缩短 2 天，则关键线路变为①—③—⑥—⑦—⑨和①—②—⑤—⑨，此时项目总工期为 6 天。如将关键工作⑦—⑨缩短 3 天，则关键线路变为①—②—⑤—⑨，关键线路发生了转移，项目总工期仍为 6 天，关键工作⑦—⑨被过度压缩了。按照经济合理性原则，在缩短关键工作的持续时间时，不能将关键工作变成非关键工作。

另外，若进度计划中存在多条关键线路，则各条关键线路的持续时间必须压缩相同的数值。如图 2-30 所示，若想将项目的工期从 8 天变为 6 天，必须同时将两条关键线路①—③—⑥—⑦—⑨和①—②—⑤—⑨都缩短 2 天。

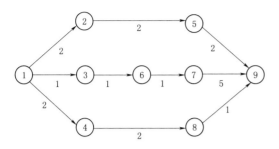

图 2-29 初始网络计划（单位：天）

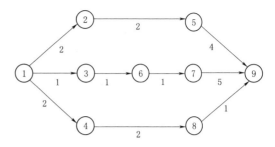

图 2-30 存在多条关键线路的网络计划（单位：天）

2.3.2 进度计划优化的步骤

（1）计算初始进度计划的计算工期并找出关键工作和关键线路。

（2）计算应缩短的工期值

$$\Delta T = T_c - T_r$$

式中 T_c——计算工期；

T_r——规定工期。

（3）选择关键工作，压缩其持续时间，并重新确定计算工期。选择关键工作时宜考虑下列因素：

1）缩短持续时间对质量和安全的影响不大。

2）有充足的备用资源。

3）缩短持续时间所需增加的费用最少。

（4）若计算工期仍超过规定工期时，则重复以上两个步骤，直到计算工期满足规定工期时为止。

（5）当所有关键工作的持续时间都已达到其能缩短的极限，而工期仍不能满足要求时，应对原技术方案、组织方案进行调整或对规定的工期重新进行审定。

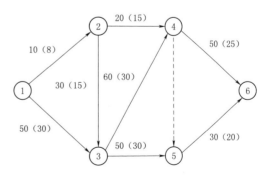

图 2-31 初始进度计划（单位：天）

【案例 2-4】 某项目初始进度计划如图 2-31 所示，图中括号外数据为工作正常持续时间，括号内数据为工作最短持续时间，假设规定工期为 120 天，试对其进行工期优化（优先次序按关键工作最早开工时间的先后来确定）。

（1）计算工作时间参数，找出进度计划的关键工作及关键线路，如图 2-32 所示。其中关键线路为①—③—④—⑥，用黑粗线表示。关键工作为①—③、③—④和

④—⑥。

（2）计算应缩短的时间

$$\Delta T = T_c - T_r = 160 - 100 = 60（天）$$

（3）根据规定，首先选择关键工作①—③作为压缩对象。若将关键工作①—③直接压缩至30天，则①—③变成了非关键工作，这不符合既定规则，故只能将其持续时间缩短至40天，此时，进度计划中出现了两条关键线路：①—③—④—⑥和①—②—③—④—⑥，如图2-33所示。此时计算工期为150天，仍大于规定工期，故需继续压缩。

（4）选择关键工作①—②和①—③作为压缩对象，将其持续时间同时压缩2天。此时，关键工作①—②已被压缩成最短持续时间，计算工期为148天，仍大于规定工期，故需继续压缩。选择关键工作②—③和①—③作为压缩对象，将其持续时间同时压缩8天，工作①—③已被压缩成最短持续时间。此时，计算工期为140天，仍大于要求工期，如图2-34所示。

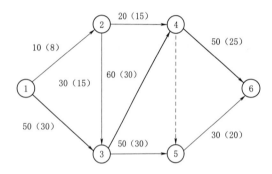
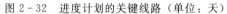

图2-32　进度计划的关键线路（单位：天）

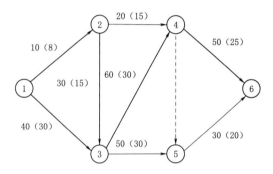

图2-33　第一次调整结果（单位：天）

（5）选择关键工作③—④作为压缩对象，直接将其持续时间压缩20天。此时，计算工期为120天，等于要求工期，故不需要继续压缩。进度计划的关键线路为①—③—④—⑥和①—②—③—④—⑥，如图2-35所示。

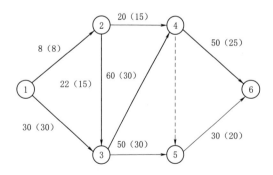

图2-34　第二次调整结果（单位：天）

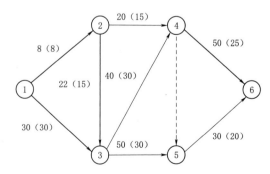

图2-35　第三次调整结果（单位：天）

2.4 风电场项目进度控制技术

在编制项目进度计划时，未来的很多因素是事先无法预见的，因此，进度计划是不完善的。另外，在项目的实施过程，项目的内外部环境也在发生剧烈的变化，所以项目的实际情况与项目计划之间会发生或大或小的偏差，这就要求对工程进度做出调整，进行控制。项目进度控制，就是项目进度计划制定之后，在执行过程中，对实施情况进行的检查、比较、分析、调整，以确保实现项目进度总目标。

2.4.1 项目进度偏差分析

2.4.1.1 进度偏差对总工期的影响

在项目实施过程中，要定期将实际进度与计划进度进行比较，如果存在偏差，还需要进一步分析该偏差对后续工作及总工期的影响。进度偏差的大小及其所处的位置不同，对后续工作和总工期的影响程度是不同的，分析时需要利用工作总时差和自由时差进行判断。下面分两种情形进行讨论。

1. 进度提前

（1）非关键工作进度提前。非关键工作进度提前对总工期不会产生影响，但对其紧后工作可能产生影响。图 2-36 中，假如其他工作都按计划正常进行，非关键工作 D 提前了 3 天，但是总工期不会提前。

（2）关键工作进度提前。关键工作进度提前对总工期会产生影响，但关键工作进度提前的天数与总工期提前的天数不一定相等。图 2-37 中，假如其他工作都按计划正常进行，关键工作 C 提前了 5 天，但由于受到次关键线路的制约，总工期只提前了 4 天。

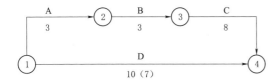

图 2-36 非关键工作提前对总工期的
影响分析（单位：天）

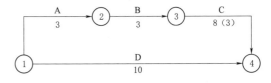

图 2-37 关键工作提前对总工期的
影响分析（单位：天）

2. 进度拖后

（1）关键工作拖延。如果关键工作进度拖后，则这种拖后将对后续工作和总工期产生影响，必须采取相应的调整措施。图 2-38 中，如果关键工作 A 拖延了 2 天，则这种拖延会对工作 B 及项目总工期产生影响，工作 B 的开工时间会比原计划晚 2 天，项目总工期拖延 2 天。

（2）非关键工作拖延。

1）拖延值超过总时差。如果非关键工作拖延，并且拖延值超过总时差，则此种拖延必将影响其后续工作和总工期，必须采取相应的调整措施。图 2-39 中，非关键工作 D 的总时差为 4 天，如果非关键工作 D 拖延了 6 天，则这种拖延会对项目总工期产生影响，项目工期拖延 2 天。

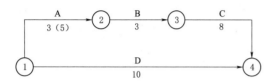

图 2-38　关键工作拖延对总工期的
影响分析（单位：天）

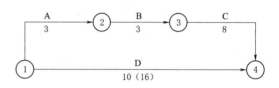

图 2-39　非关键工作拖延值超过
其总时差（单位：天）

2）拖延值未超过总时差，但是大于其自由时差。如果非关键工作拖延值未超过总时差，则此拖延不影响总工期。图 2-40 中，非关键工作 D 的总时差为 3 天，自由时差为 0 天。假定非关键工作 D 拖延了 2 天，则这种拖延不会对项目总工期产生影响，但对其后续工作 E 将产生影响。

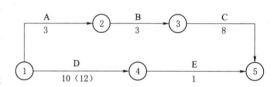

图 2-40　非关键工作拖延值未超过其总
时差但大于其自由时差（单位：天）

3）拖延值未超过自由时差，也未超过总时差。如果非关键工作拖延值未超过自由时差，也未超过总时差，则此拖延不影响后续工作，也不会对总工期产生影响，因此，原进度计划可以不作调整。

综上所述，进度偏差对项目总工期及后续工作的影响分析如图 2-41 所示。

2.4.1.2　进度偏差分析的方法

项目进度偏差分析的常用方法主要有横道图法、S 曲线法、香蕉线法和前锋线法等。

1. 横道图法

横道图法就是将项目实施过程中搜集到的实际进度数据，直接用横道线平行绘制于原计划横道线的下方（或填充于计划线的内部），以将实际进度与计划进度进行比较的一种方法。

根据项目中各项工作的进展是否匀速进行，横道图法又可分为匀速进展横道图法和非匀速进展横道图法。

（1）匀速进展横道图法。匀速进展就是在项目实施过程中，项目累计完成百分比与时间呈线性关系，如图 2-42 所示。

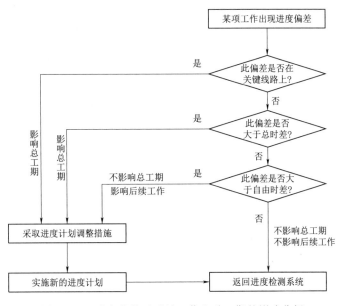

图 2-41　进度偏差对后续工作和总工期的影响分析

匀速进展横道图法进行进度偏差分析的一般步骤如下：

1）编制横道图进度计划。

2）在进度计划上标出检查日期。

3）将实际进度按比例填充于计划线的内部，如图 2-43 所示。

4）对比实际进度和计划进度，找出偏差。若涂黑的粗线右端落在检查日期的左侧，则实际进度拖后；若涂黑的

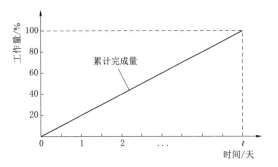

图 2-42　匀速进展时间与累计完成工作量关系

粗线右端落在检查日期的右侧，则实际进度提前；若涂黑的粗线右端与检查日期重合，则实际进度与计划进度一致。图 2-43 中，工作 C 的进度提前了，提前值等于涂黑的粗线右端对应日期与检查日期的差值。

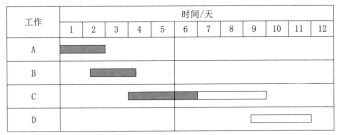

图 2-43　匀速进展横道图比较

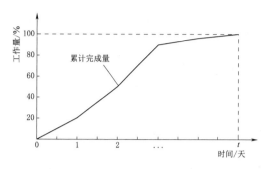

图 2-44　非匀速进展时间与累计完成工作量关系

（2）非匀速进展横道图法。非匀速进展就是在项目实施过程中，项目累计完成百分比与时间是一种非线性关系，如图 2-44 所示。

非匀速进展横道图法进行进度偏差分析的一般步骤如下：

1）绘制横道图进度计划。

2）在进度计划上标出检查日期。

3）在横道线上方标出计划累计完成百分比，在横道线下方标出实际累计完成百分比。

4）对比实际进度和计划进度，找出偏差。若实际累计完成百分比大于计划累计完成百分比，则表明实际进度提前，反之，则表明实际进度拖后。图 2-45 中，在检查日期，实际累计完成百分比（35%）大于计划累计完成百分比（30%），则表明实际进度提前。

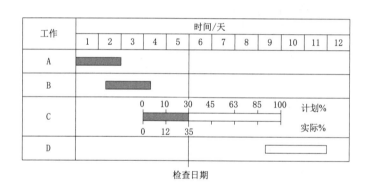

图 2-45　非匀速进展横道图比较

2. S 曲线法

S 曲线法以横坐标表示时间，纵坐标表示累计完成百分比，首先绘制一条计划累计完成百分比曲线（简称计划曲线），再将项目实施过程中实际累计完成百分比曲线（简称实际曲线）也绘制在同一坐标系中，最后将实际曲线与计划曲线进行比较，找出偏差，如图 2-46 所示。

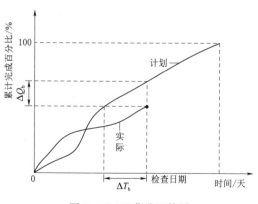

图 2-46　S 曲线比较图

S曲线法分析进度偏差的步骤如下：

（1）绘制计划曲线。

1）根据进度安排，计算出各时间点的计划工作量q_i。

2）计算截至某个时间点的累计完成量，其计算公式为

$$Q_j = \sum_{i=1}^{j} q_i$$

3）根据Q_j值，绘制计划累计曲线，如图2-47所示。

（2）绘制实际曲线。在项目实施过程中，将截至检查日期的实际累计完成量，绘制在原计划曲线所在的坐标系内，即为实际累计曲线。如图2-48所示。

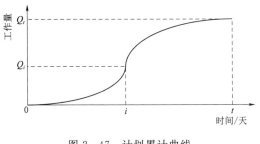

图2-47　计划累计曲线　　　　　图2-48　计划与实际累计曲线

（3）分析进度偏差。

1）判断进度提前或者滞后。在检查日期，若实际曲线的右端点落在计划曲线的左侧，则实际进度比计划进度超前；若实际曲线的右端点落在计划曲线的右侧，则实际进度比计划进度拖后；若实际曲线上的右端点正好落在计划曲线上，则实际进度与计划进度一致。

2）计算提前或拖后完成的量。在检查日期，计划曲线与实际曲线在纵轴上的差值就是提前或拖后完成的量。图2-48中，在检查日期，项目拖后完成的量为ΔQ。

3）计算进度提前或拖后的时间。在检查日期，计划曲线与实际曲线在横轴上的差值就是提前或拖后完成的时间。图2-48中，在检查日期，项目拖后的时间为ΔT。

【案例2-5】　某工程混凝土浇筑总量为1500m³，按照施工方案，计划6个月完成，每月计划完成的和实际完成的混凝土浇筑量如表2-5所示，试利用S曲线法进行实际进度与计划进度的比较。

表2-5　每月完成工程量汇总表

时间	1月	2月	3月	4月	5月	6月
每月计划完成量/m³	100	150	350	500	250	150
每月实际完成量/m³	150	200	250	300	200	

（1）计算每月累计计划完成量和每月累计实际完成量，列入表2-6中。

表2-6 每月累计完成量及百分比

时间	1月	2月	3月	4月	5月	6月
每月计划完成量/m³	100	150	350	500	250	150
每月累计计划完成量/m³	100	250	600	1100	1350	1500
每月累计计划完成百分比/%	7	17	40	73	90	100
每月实际完成量/m³	150	200	250	300	200	
每月累计实际完成量/m³	150	350	600	900	1100	
每月累计实际完成百分比/%	10	23	40	60	73	

（2）根据每月累计计划完成和实际完成百分比数据绘制计划和实际曲线，如图2-49所示。

（3）从图2-49中可以看出，实际进展点落在计划曲线的右侧，表明此时实际进度拖后。实际进度拖后的时间为1个月，拖欠工程量为（90%－73%）×1500＝255m³。

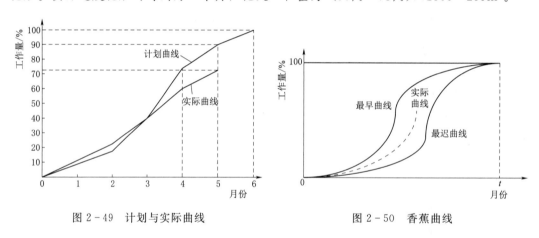

图2-49 计划与实际曲线　　　　图2-50 香蕉曲线

3. 香蕉线法

香蕉线就是由两条曲线组成的闭合曲线。其中一条曲线是基于网络计划中各项工作都按其最早时间安排而绘制的曲线，称为最早曲线；另一条是基于网络计划中各项工作都按其最迟时间安排而绘制的曲线，称为最迟曲线。因该闭合曲线形似香蕉，故称为香蕉曲线，如图2-50所示。

在项目实施过程中，实际进度曲线的右端点一般落在香蕉曲线图的范围内。假如实际进度曲线的右端点落在最早曲线的左侧，说明实际进度提前，若实际进度曲线的右端点落在最迟曲线的右侧，说明实际进度拖后。另外，香蕉曲线的形状还可反映出进度控制的难易程度。当香蕉曲线很窄时，说明进度控制的难度大，当香蕉曲线很宽时，说明进度控制较容易。因此，也可利用香蕉曲线判断进度计划编制的合理程度。

4. 前锋线法

前锋线指在时标网络计划上，从检查时刻出发，用点画线依次将各项工作实际进展点连接而成的折线。前锋线法是通过实际进度前锋线与各工作箭线交点的位置来判断实际进度和计划进度的偏差，并判断偏差对项目后续进度及总工期影响的一种方法。前锋线法的应用步骤如下：

（1）绘制时标网络计划。

（2）绘制前锋线。从时标上方的检查日期开始，依次连接相邻工作的实际进展点，并最终与时标下方的检查日期相连接。工作实际进展点的标定方法有两种，具体如下：

1）按已完成工作量比例进行标定。假设工作是匀速实施的，根据检查时刻该工作已完工作量占其计划工作量的比例，在工作箭线上从左至右按相同的比例标定其实际进展点。

2）按尚需作业时间进行标定。当某些工作的持续时间难以按实物工程量来计算而只能凭经验估算时，可先估算出检查时刻到该工作全部完成尚需作业的时间，再在该工作箭线上从右向左逆向标定其实际进展点。

（3）进行实际进度和计划进度的比较。

1）若工作实际进展点落在检查日期的左侧，表明该工作实际进度拖后，拖后的时间为两者之差。

2）若工作实际进展点与检查日期重合，则表明该工作实际进度与计划进度一致。

3）若工作实际进展点落在检查日期的右侧，则表明该工作实际进度超前，超前的时间为两者之差。

（4）计算完偏差后，还可根据工作的自由时差和总时差计算该进度偏差对后续工作及项目总工期的影响。

【案例 2-6】　某项目双代号时标网络计划如图 2-51 所示，在第 40 天下班时检查发现，工作 D 完成了该工作的 3/4 工作量，工作 E 尚需 25 天才能完成，工作 F 完成了该工作的 1/2 工作量，试绘制前锋线并评价进度情况。

（1）根据工作 D 和工作 F 已完成工程量的比例，在其工作箭线上相应比例位置标出进展点；根据工作 E 的尚需时间，从节点⑤对应的时刻倒推 25 天，在其工作箭线上标出进展点；然后用实线将进展点依次相连，如图 2-52 所示，图中垂直虚线为评价日期线。

（2）分析进度。通过比较可以看出：

1）工作 D 实际进度提前 10 天，由于其是非关键工作，故这种提前不影响总工期。

2）工作 E 实际进度拖后 5 天，由于其是关键工作，故这种拖后会影响总工期

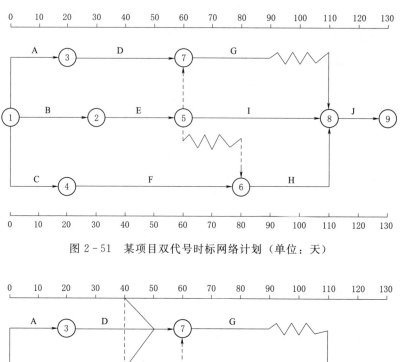

图 2-51　某项目双代号时标网络计划（单位：天）

图 2-52　某项目评价日期和前锋线（单位：天）

5 天。

3）工作 F 实际进度提前 10 天，由于其是关键工作，在不考虑其他工作的情况下，这种提前会影响到总工期。

综合分析，该检查时刻各工作的实际进度总体上将会使项目总工期拖后 5 天。

2.4.2　项目进度动态调整

当实际进度拖延影响到后续工作及总工期而需要调整进度计划时，其调整方法主要有两种。

1. 改变后续工作间的逻辑关系

当某些后续工作的逻辑关系允许改变时，可以通过改变有关工作之间的逻辑关系，达到缩短工期的目的。例如，将顺序进行的工作改为平行作业、搭接作业等，都可以有效地缩短工期。

【案例 2-7】 某项目基础工程包括挖基槽、浇垫层、砌基础、回填土 4 个施工过程，各施工过程的持续时间分别为 21 天、15 天、18 天和 9 天，采取顺序作业方式进行施工，其总工期为 63 天。如图 2-53 所示。

图 2-53　某项目网络图（单位：天）

项目进行到第 21 天时，检查发现挖基槽尚需 10 天才能完工，项目总工期已延误了 10 天。为了能按期完成该基础工程施工，项目组织者拟将工作面划分为工程量大致相等的 3 个施工段，将后续三个工作组织成流水作业方式。调整后的网络计划如图 2-54 所示，预计项目总工期为 57 天，比原计划提前了 6 天。

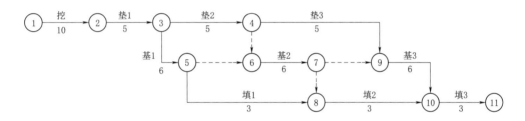

图 2-54　某基础工程流水施工网络计划（单位：天）

2. 缩短某些工作的持续时间

这种方法是不改变项目中各项工作之间的逻辑关系，而通过采取增加资源投入、提高劳动效率等措施来缩短某些工作的持续时间，使项目进度加快，以保证项目按期完成。这种调整通常可以在网络图上直接进行。其调整方法视限制条件及对其后续工作影响程度的不同而有所区别，一般可分为以下两种情况。

（1）某项工作进度拖延的时间已超过其自由时差但未超过其总时差。

如前所述，此时该工作的实际进度不会影响总工期，而只对其后续工作产生影响。因此，在进行调整前，需要确定其后续工作允许拖延的时间，并以此作为进度调整的限制条件。

（2）某项工作进度拖延的时间超过其总时差。如果某项工作进度拖延的时间超过其总时差，则无论该工作是否为关键工作，都将对后续工作和总工期产生影响。此时，进度计划的调整方法又可分为以下三种情况。

1）项目总工期不允许拖延。如果项目必须按照原计划工期完成，则只能采取缩短关键线路上后续工作持续时间的方法来达到此目的。这种方法实质上就是第三节所述的工期优化方法。

2）项目总工期允许拖延。如果项目总工期允许拖延，则此时只需以实际数据取代原计划数据，并重新绘制检查日期之后的网络计划即可。

3）项目总工期允许拖延的时间有限。如果项目总工期允许拖延，但允许拖延的时间有限。假如进度拖延的时间超过此限制，则需要对尚未实施的网络计划进行调整。具体调整方法是以总工期的限制时间作为规定工期，对检查日期之后尚未实施的网络计划进行工期优化。

【案例 2-8】　某项目双代号时标网络计划如图 2-55 所示，计划执行到第 40 天时，其实际进度如图中前锋线所示。试分析目前实际进度对后续工作和总工期的影响，并提出相应的进度调整措施。

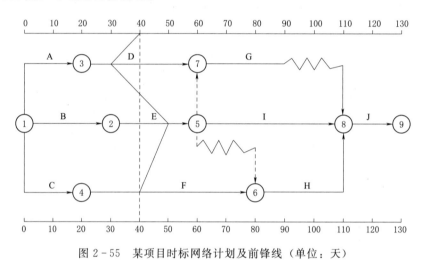

图 2-55　某项目时标网络计划及前锋线（单位：天）

从图 2-55 中可以看出，工作 D 拖后 10 天，由于工作 D 的总时差为 20 天，故工作 D 的拖延不影响总工期。工作 E 提前 10 天，由于项目存在两条关键线路，故工作 E 的提前不影响总工期。该进度计划是否需要调整，取决于工作 G 的限制条件：

（1）如果后续工作允许被无限期拖延，可将拖延后的时间参数带入原计划，并化简网络图（即去掉已执行部分，以进度检查日期为起点，将实际进度数据带入原计划，绘制出未实施部分的进度计划），即可得调整方案。

本例中，以检查时刻第 40 天为起点，将工作 D 和 E 的实际进度数据带入原计划，可得如图 2-56 所示的调整方案。

（2）如果后续工作不允许被拖延或拖延的时间有限制时，需要根据限制条件对网络计划进行调整，寻求最优方案。

本例中，如果工作 G 的开始时间不允许超过第 60 天，则只能将其紧前工作 D 的持续时间压缩为 20 天，调整后的网络计划如图 2-57 所示。

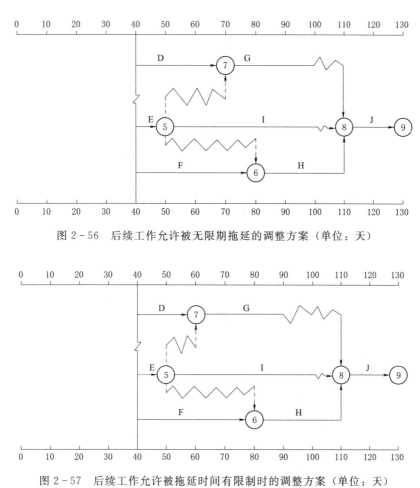

图 2-56 后续工作允许被无限期拖延的调整方案（单位：天）

图 2-57 后续工作允许被拖延时间有限制时的调整方案（单位：天）

2.5 风电场项目进度控制实例

某 49.5MW 风电场项目位于甘肃中部某风电规划开发区域，上网条件良好。项目于 2013 年 10 月获得政府核准文件，业主项目公司设定 2014 年 12 月全部风电机组投产发电的建设目标。该项目新建一座 110kV 升压站，送出线路为 110kV，输送距离 15km，路径穿越当地部分村庄；风电机组布置区域为砂地、村民自行开荒后的撂荒地。

2.5.1 里程碑进度计划的确定

为确保完成年底全部并网发电的目标，业主按照风电场建设正常周期研究确定了里程碑进度计划。进度计划的编制全面考虑了影响工程进度的因素，鉴于风险的不可预知性，针对某些节点设定了弹性时间，使各节点的实现留有余地，充分发挥弹性时间的作用，以避免频繁调整进度计划。最终确定的一级里程碑进度计划如下：

（1）2014 年 4 月上旬，第一罐混凝土。

（2）2014 年 7 月，风机开始吊装。

（3）2014 年 8 月，升压站电气设备安装。

（4）2014 年 11 月，升压站反送电。

（5）2014 年 11 月底，首批机组并网发电。

2.5.2　工程进度计划的细化和优化

1. 进度计划的细化

根据该里程碑进度计划，业主项目公司、设计单位、监理单位共同进行了工程进度分析，按照"远粗近细"的原则，早期编制的总进度计划比较宏观，随着工程的进展，进度计划相应地深化和细化。总进度计划中确定的关键工作主要包括主机确定、全部设备和施工招标、施工准备、四通一平、升压站土建施工、升压站电气设备安装调试、场内集电线路施工、送出线路施工等，非关键工作包括风电机组基础浇筑、风电机组安装等。

2. 进度计划的优化

风电机组基础浇筑期气温回暖，风电机组基础开挖时间可以适当提前。混凝土强度上升快，养护期短，不需要全部基础浇筑完成再进行吊装，可以在首批基础浇筑完成强度符合吊装要求时进行吊装，合理地组织流水作业。电气设备安装工期可以进一步压缩，升压站反送电时间提前，为并网发电争取更多的时间。采用表格形式的一级进度计划如表 2-7 所示。采用双代号网络图形式的一级进度计划如图 2-58 所示。

表 2-7　一 级 进 度 计 划

序号	任 务 名 称	开始时间	完成时间	紧前任务
1	主机招标、合同签订	2013 年 11 月 1 日	2013 年 12 月 10 日	—
2	风电机组基础详勘	2013 年 12 月 11 日	2014 年 1 月 10 日	1
3	全部设备、施工招标	2013 年 12 月 11 日	2014 年 1 月 20 日	1
4	施工准备	2014 年 1 月 21 日	2014 年 2 月 20 日	2，3
5	四通一平	2014 年 2 月 21 日	2014 年 3 月 20 日	4
6	升压站土建施工	2014 年 3 月 21 日	2014 年 7 月 20 日	5
7	风电机组基础浇筑	2014 年 3 月 21 日	2014 年 5 月 20 日	5
8	风电机组安装	2014 年 5 月 21 日	2014 年 8 月 31 日	7
9	升压站电气设备安装、调试	2014 年 7 月 21 日	2014 年 9 月 20 日	6
10	场内集电线路施工	2014 年 7 月 15 日	2014 年 10 月 20 日	7
11	送出线路施工	2014 年 3 月 21 日	2014 年 10 月 20 日	5

续表

序号	任 务 名 称	开始时间	完成时间	紧前任务
12	并网验收、手续办理、倒送电	2014 年 9 月 21 日	2014 年 10 月 20 日	9，10，11，8
13	风电机组调试	2014 年 10 月 21 日	2014 年 12 月 5 日	12
14	风电机组并网发电	2014 年 12 月 6 日	2014 年 12 月 31 日	13

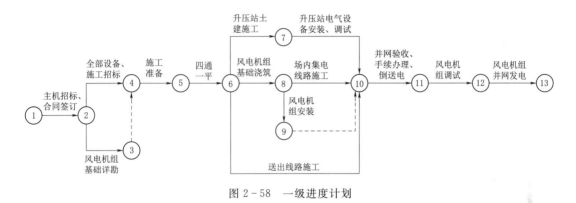

图 2-58　一级进度计划

2.5.3　工程进度拖延与调整

1. 征地困难引起的进度拖延及解决措施

征地过程存在多重矛盾，有乡和村之间的矛盾、村与村民之间的矛盾、村民之间地界不清的矛盾，有些矛盾并不能很快解决，需要一段时间消化，使征地工作受阻，最终造成升压站土建施工、风电机组基础浇筑延迟开工 15 天。业主项目公司对照进度计划及时采取纠偏措施。首先采取措施加大征地力度，紧紧依靠当地政府，平息事件，化解矛盾，合理、妥善解决征地纠纷，保证工程的顺利进行，避免因征地影响后续建设；同时调整进度计划中第 6、第 7 项工作的施工方案，将第 6 项电气设备土建施工安排在前期施工，确保电气设备开始安装时间不变。调整第 7 项首批风电机组基础浇筑位置，先浇筑场地比较平整并有利于风电机组安装的机位。经过调整后未对总工期造成影响。

2. 融资问题引起的进度拖延及解决措施

施工过程中，因国家政策调整，项目贷款出现问题，业主项目公司融资困难，不能按合同约定的时间支付进度款。土建施工因没有足够的资金支付工程进度款，风电机组基础浇筑和升压站施工进度拖后 1 个月。业主项目公司高度重视此问题，想尽各种办法筹措资金，报请上级单位给予大力支持，保证资金及时到位，顺利完成下一阶段任务目标。因该项工作是关键工作，业主项目公司、监理单位、施工单位共同研究，决定采取措施压缩后续施工周期。其中，升压站电气设备安装、调试采用流水施工，在设备安装进展到一定阶段即开始电气调试及试验工作，共压缩工期 10 天；并网验收、手续办理等共压缩工期 10 天；采用技术措施，调运 1 台发电机进行风电机组非并网状态下的调试工作，将风电机组调试压缩 5 天，风电机组并网发电压缩 5 天。经过调整后的工期满足总工期进度要求。

3. 劳动力不足引起的进度拖延及解决措施

风电机组基础施工单位因组织机构不健全，现场管理力度差，因征地受阻、施工进展慢造成钢筋工流失，劳动力不足。监理单位及时发现问题并向业主项目公司汇报，业主项目公司召开进度专题协调会，组织施工单位提出解决措施，督促施工单位增加技术力量，加强自检，增加劳动力；督促监理加大工作力度，做到事前控制。严格审批进度计划，加大考核力度，每天召开工程协调会议，随时解决各种问题。经过以上纠偏措施，加快风机基础浇筑后半个周期进度，未影响整体进度。

4. 出图不及时、供货延迟引起的进度拖延及解决措施

电气安装及设备安装施工图供应滞后，施工图没有及时报消防审核，当地消防部门对风电场工程下了停工令，经业主项目公司协调于 5 天后复工。静止无功补偿装置到货延迟，影响升压站工程进度 5 天。整体工期进度拖后 10 天，需要进一步压缩后续工作时间。并网验收、手续办理，倒送电再压缩 5 天，风电机组调试压缩 2 天，风电机组并网发电压缩 3 天。

5. 其他原因引起的进度拖延及解决措施

在工程施工后半周期，35kV 集电线路征地工作受阻，村民阻挠施工，影响施工进度 15 天。施工单位组织不力，导致铁附件未订货，村民因征地款支付时间长阻挠风电机组吊装施工，施工进度受风电机组吊装影响滞后。风电机组安装单位组织不到位，延迟进场 20 天，风电机组安装过程中处于全国市场供货紧张阶段，塔筒供货进度比原计划推迟，风电机组主设备和风速仪、轮毂滑环等辅助设备供货延迟。风电机组安装吊车行走需要穿越 3 处 10kV 高压线、2 处通信光缆，联系当地供电局停送电和拆放通信光缆影响工期进度等。

业主项目公司、施工单位、供货单位等通力合作，采取各种办法加快其他工序和工作的施工进度，最终保证了总工期，实现全部风电机组投产发电。调整后的进度计划如表 2-8 所示。

表 2-8　调整后的进度计划

序号	任务名称	开始时间	完成时间	紧前任务
1	主机招标、合同签订	2013 年 11 月 1 日	2013 年 12 月 10 日	—
2	风电机组基础详勘	2013 年 12 月 11 日	2014 年 1 月 10 日	1
3	全部设备、施工招标	2013 年 12 月 11 日	2014 年 1 月 20 日	1
4	施工准备	2014 年 1 月 21 日	2014 年 2 月 20 日	2, 3
5	四通一平	2014 年 2 月 21 日	2014 年 4 月 5 日	4

续表

序号	任务名称	开始时间	完成时间	紧前任务
6	升压站土建施工	2014 年 4 月 6 日	2014 年 8 月 20 日	5
7	风电机组基础浇筑	2014 年 4 月 6 日	2014 年 6 月 6 日	5
8	风电机组安装	2014 年 6 月 11 日	2014 年 10 月 16 日	7
9	升压站电气设备安装、调试	2014 年 8 月 21 日	2014 年 10 月 20 日	6
10	场内集电线路施工	2014 年 7 月 15 日	2014 年 10 月 20 日	7
11	送出线路施工	2014 年 3 月 21 日	2014 年 11 月 10 日	5
12	并网验收、手续办理、倒送电	2014 年 11 月 10 日	2014 年 12 月 5 日	9, 10, 11, 8
13	风电机组调试	2014 年 12 月 6 日	2014 年 12 月 25 日	12
14	风电机组并网发电	2014 年 12 月 20 日	2014 年 12 月 31 日	13

第3章 风电场项目资源计划与优化

任何项目的实施都需要投入各种资源，如劳动力、材料、设备和资金等。资源计划与优化是以进度计划为依据，对项目中的各项工作所需的资源进行估计并进行均衡及分配的过程。资源计划确定下来后，结合资源的使用价格，就可以估计资源费用和编制费用计划，因此资源计划是费用计划与控制的基础。

3.1 概　　述

3.1.1 资源计划的依据

1. 工作分解结构

项目需分解到一定程度，才能明确所需资源类型及数量。一般来说，项目划分得越细、越具体，所需资源种类和数量就越容易估计。

2. 项目进度计划

项目进度计划是项目计划中最主要的计划，是其他项目计划（如质量计划、资金使用计划）的基础。资源计划必须基于进度计划，即先有进度计划，才能编制资源计划。

3. 历史信息

历史信息记录了先前类似项目使用资源的情况，在新项目中，分配给某项工作的资源类型和数量可以参考同类工程的经验数据。

4. 工作范围说明

工作范围说明主要为工作的内容与要求、工作量的大小等信息。工作量的大小及时间上的要求，决定了该项工作所需资源数量。

5. 资源供应情况

项目组织者应该了解什么资源是可能获得的及供应量是多少等信息。资源需求计划与资源供应水平必须相适应，假如资源获取很困难甚至无法取得，就必须重新选择资源类型，从而需要修改原来的资源需求计划。

6. 组织的策略

在资源计划的过程中还必须考虑人事安排、设备的租赁和购买策略等。例如，项目中劳务人员是用外包工还是本企业职工，设备是租赁还是购买等，上述安排都将对资源计划产生影响。

3.1.2　资源计划的方法

1. 专家调查法

在缺乏客观资料和数据的情况下，常常采用专家调查法估计资源类型和数量，这种方法能充分发挥专家个人的知识、经验和特长方面的优势，其优点是简单易行，专家不受外界干扰，没有心理压力，可最大限度地发挥个人的知识潜力，缺点是计划结果容易受专家个人经验及主观因素的影响，难免带有片面性。

2. 头脑风暴法

在确定资源的类型、数量以及如何分配资源时，也可采用头脑风暴法。头脑风暴法的本质是激发群体成员无限制地自由联想和讨论，其目的在于产生新观念或新设想。具体来说就是团队的全体成员在作出最后的决策前，自发地提出尽可能多的主张和想法。头脑风暴法更注重出主意的数量，而不是质量。这样做的目的是要团队想出尽可能多的主意，鼓励成员有新奇或突破常规的主意。应用头脑风暴法时，要遵循两个主要的规则：一是不进行讨论；二是没有判断性评论。实践证明，头脑风暴法在帮助团队获得解决问题的最佳可能方案时，是很有效的。

3. 数学模型

为了使编制的资源计划具有科学性、可行性，在资源计划的编制过程中，往往借助于某些数学模型，如资源分配模型和资源均衡模型等，这些模型将在下面的章节中予以详细介绍。

3.1.3　资源计划的类型

1. 劳动力需要量计划

劳动力需要量计划是作为安排劳动力、衡量劳动力消耗指标、安排生活福利设施等的依据。其编制方法是根据项目实施方案、进度和预算，依次确定劳动力类型、进场时间和人数，然后汇集成表格形式，作为现场劳动力调配的依据。

（1）编制步骤。

1）根据工程量和实施方案，查定额或有关资料，计算劳动量（工时数）。

2）根据进度计划，计算各个时段所需人数。

3）编制劳动力需要量计划表，如表3－1所示。

表 3－1 劳动力需要量计划表

序号	劳动力类型	总人数/人	劳动力需要量/人						
			1 月	2 月	3 月	4 月	5 月	6 月	7 月
1	高级工	100	40	40				20	
2	中级工	120		30	30	30	30		
3	初级工	300					100	100	100
4	合计	520	40	70	30	30	130	120	100

4）根据表 3－1 最后一行的数据，绘制劳动力需要量计划曲线，如图 3－1 所示。

（2）案例。

【案例 3－1】 某项目分解为 7 项工作，即工作 A、工作 B、工作 C、工作 D、工作 E 和工作 F，为简单起见，假定完成上述每一项工作需投入同样的资源（初级工），项目进度计划如图 3－2 所示（时间单位为天），试绘制劳动力需要量计划曲线。

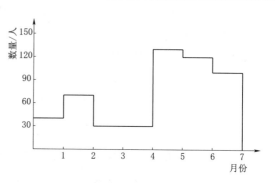

图 3－1 劳动力需要量计划曲线

图 3－2 项目进度计划

工作名称	劳动量/工日	项目进度计划/天
A	4	
B	10	
C	3	
D	14	
E	16	
F	5	

图 3－2 项目进度计划

第一步，根据劳动量计算初级工人数。

1）对于工作 A，劳动量为 4 个工日，持续时间为 4 天，因此需要为工作 A 配置 1 名初级工。

2）对于工作 B，劳动量为 10 个工日，持续时间为 5 天，因此需要为工作 B 配置 2 名初级工。

3）用同样方法计算其他工作所需初级工数量。

第二步，将同时段所需初级工数量相加，计算结果放在图 3－3 的最后一行。

工作名称	劳动量/工日	人数	项目进度计划/天														
			1	2	3	4	5	6	7	8	9	10	11	12	13	14	15	16
A	4	1																
B	10	2																
C	3	1																
D	14	2																
E	16	2																
F	5	1																
初级工人数			1	1	1	5	4	4	4	4	5	5	5	3	3	3	3	1

图 3-3　初级工人数

第三步，根据图 3-3 最后一行的数据绘制劳动力需要量计划曲线，如图 3-4 所示。

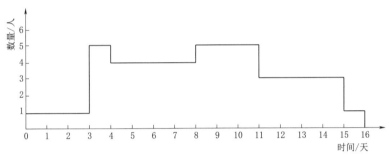

图 3-4　初级工需要量计划曲线

2. 材料需要量计划

材料需要量计划是作为备料、供料和确定仓库、堆场面积及组织运输的依据。其编制方法是根据工料分析和进度计划，依次确定材料名称、规格、数量和进场时间，并汇集成表格，其表格形式如表 3-2 所示。材料需要量计划的编制步骤如下：

（1）根据工程量和设计图纸，查定额或有关资料，计算材料的需要量。

（2）根据进度计划，计算各个时段材料的需用量。

（3）编制材料需要量计划表。

（4）根据材料需要量计划表，绘制材料需要量计划曲线。

表 3-2　材料需要量计划表

序号	材料名称	规格	需　要　量		供应时间	备注
			单位	数量		
1	木材					
2	钢筋					
...						

3. 施工机械需要量计划

施工机械需要量计划主要用于确定施工机具的类型、数量、进场时间，落实施工机具来源，组织其进出场。其编制方法是根据项目实施方案及进度计划，依次确定施工机械名称、型号、数量和进场时间，并汇集成表格，其表格形式如表 3-3 所示。施工机械需要量计划的编制步骤如下：

（1）根据工程量和实施方案，查定额或有关资料，计算施工机械的需要量。

（2）根据进度计划，计算各个时段施工机械的需用量。

（3）编制施工机械需要量计划表。

（4）根据施工机械需要量计划表，绘制施工机械需要量计划曲线。

表 3-3　施工机械需要量计划表

序号	机械名称	型号	需 要 量		货源	使用时间	备注
			单位	数量			
1							
2							
...							

3.1.4　资源计划的工具

1. 资源矩阵表

资源矩阵表用于说明项目中各项工作需要用到的人工、机械的工（台）时数。表 3-4 中，第一列显示项目中的各项工作，第一行显示项目中用到的各种资源，表中间行列交叉处的数据代表每项工作所需要的各种人工和机械的工（台）时数。

表 3-4　资源矩阵表

资 源 名 称	工长	初级工	1m³挖掘机	8m³铲运机
人工挖一般土方（三类土）	1.7	83.5		
人工铺筑砂石垫层	10.2	497.4		
挖掘机挖土方（三类土）		4.3	0.99	
挖运机铲运土（三类土）		2.5		2

2. 资源数据表

资源数据表用来说明各类型资源在各时间段上需要的数量。表 3-5 中，第一列显示项目所需各类资源，第一行显示项目实施起止时间，表中间行列交叉处的数据代表某段时间对某种资源的需要量。

3. 资源甘特图

资源甘特图用来综合反映各类资源分配给了哪些工作以及在时间上如何分配。图

3-5 显示，砌筑工要完成的工作包括砌半砖隔墙、砖外墙和女儿墙，人数分别为 5 人/天、8 人/天和 2 人/天，其工作时间用短横线表示。

表 3-5 资 源 数 据 表

资源名称	时间/天													
	1	2	3	4	5	6	7	8	9	10	11	12	13	14
电焊工	2	2												
钢筋工			3	3	3	3								
砌筑工					2	2	2	2	2			2	2	
木工		1		1			1	1						1
电工	1	1	1						1	1	1			1

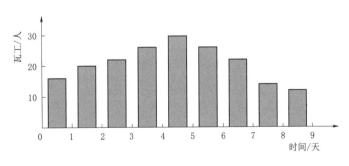

图 3-5 资源甘特图

4. 资源负荷图

资源负荷图是以图形的方式展示项目实施期间所需要资源的数量，可以按不同种类的资源画出不同的资源负荷图，如图 3-6 所示。

图 3-6 资源负荷图

5. 资源累积图

在资源负荷图的基础上，按时间累计出项目实施期间所需要的资源的数量，绘制而成的曲线就是资源累积图，如图 3-7 所示。

3.1.5 风电场项目资源计划实例

1. 工程概况

某风电场项目计划装机容量 49.5MW，拟安装 33 台单机容量为 1500kW 的风电机组。风机及塔筒吊装施工计划安排：2015 年 6 月 20 日开工，2015 年 8 月 31 日完成，吊装总工期为 73 天。施工进度计划如表 3－6 所示。

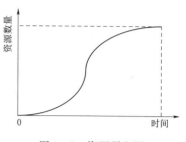

图 3－7　资源累积图

表 3－6　风机及塔筒吊装施工进度计划

序号	任务名称	开始时间	完成时间	紧前任务
1	项目前期准备及基础设施建设	2015 年 5 月 26 日	2015 年 6 月 9 日	—
2	主吊机械进场	2015 年 6 月 10 日	2015 年 6 月 19 日	1
3	风机吊装施工			
4	1# 风机吊装			
5	风机设备卸车、塔筒、机舱吊装、叶轮组合及吊装	2015 年 6 月 20 日	2015 年 6 月 20 日	2
6	电缆敷设、电气部分安装及风机消缺	2015 年 6 月 21 日	2015 年 6 月 21 日	5
7	2# 风机吊装			
8	风机设备卸车、塔筒、机舱吊装、叶轮组合及吊装	2015 年 6 月 22 日	2015 年 6 月 22 日	6
9	电缆敷设、电气部分安装及风机消缺	2015 年 6 月 23 日	2015 年 6 月 23 日	8
10	······			
11	3# 风机吊装			
12	风机设备卸车、塔筒、机舱吊装、叶轮组合及吊装	2015 年 8 月 23 日	2015 年 8 月 23 日	
13	电缆敷设、电气部分安装及风机消缺	2015 年 8 月 24 日	2015 年 8 月 24 日	12
14	预留的机动时间	2015 年 8 月 25 日	2015 年 8 月 31 日	13
15	施工结束撤场	2015 年 9 月 1 日	2015 年 9 月 15 日	14
16	竣工资料移交	2015 年 9 月 16 日	2015 年 10 月 30 日	15

2. 劳动力需求计划

根据上述进度计划确定的劳动力需求计划如表 3－7 所示。

3. 主要施工机械进退场计划

根据上述进度计划确定的主要施工机械进退场计划如表 3－8 所示。

4. 主要设备供应计划

根据上述进度计划确定的主要设备供应计划如表 3－9 所示。

表 3-7　劳 动 力 需 求 计 划 表

工种名称	投入劳动力情况/人			
	前期准备、基础设施建设及主吊机械进场阶段	风机设备卸车、吊装及消缺阶段	组织撤场阶段	资料移交阶段
项目经理	1	1	1	1
总工程师	1	1	1	1
技术质量经理	1	1	1	1
技术质量工程师	1	1	1	1
安全保卫经理	1	1	1	1
综合经理	1	1	1	0
施工队长	1	1	1	0
电气队长	0	1	1	0
电气安装人员	0	8	2	0
起重工	4	20	7	0
主吊司机	0	3	0	0
50t 汽车吊司机	0	3	1	0
30t 运输板车司机	0	1	0	0
装载车司机	0	2	0	0
越野车司机	1	1	1	0
双排车司机	1	2	1	1
金杯车司机	1	2	1	1
保卫人员	0	6	2	0
食堂厨师	1	2	1	1
保洁人员	0	1	0	0
合计	15	60	24	7

表 3-8　主要施工机械进退场计划表

序号	机械名称	数量/台	进场	退场	工作内容
1	SCC4000/400t 履带吊	1	设备吊装时进场	吊装完毕退场	风机设备及部件的吊装
2	QY50V/50t	2	设备卸车时进场	吊装完毕退场	风机设备卸车及辅助吊装
3	QY50V/50t	1	设备吊装时进场	组织撤场时退场	风机设备卸车及辅助吊装
4	装载机	1	设备卸车时进场	吊装完毕退场	施工道路场平工作
5	30t 运输板车	1	设备吊装时进场	吊装完毕退场	吊装工具，小件设备倒运

表 3-9　主要设备供应计划表

序号	设备名称	供应时间	存放场地	备注
1	塔筒	根据施工进度编制需求计划	风机机位吊装平台	
2	机舱、发电机	根据施工进度编制需求计划	风机机位吊装平台	
3	轮毂和叶片	根据施工进度编制需求计划	风机机位吊装平台	
4	其他部件设备	根据施工进度编制需求计划	风机机位吊装平台	

3.2　风电场项目资源需求量的计算

3.2.1　最早时间下的资源需求量

下面以一个例子来说明当项目中所有工作都按最早时间安排时，其对应的资源需求量应该如何计算。

【案例 3-2】　某项目包括 7 项工作，工作的持续时间及相互之间的逻辑关系如图 3-8 所示，每项工作每天需要工人数如表 3-10 所示。试绘制最早时间资源需求量负荷图及累积曲线。

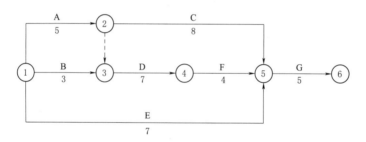

图 3-8　双代号网络图

表 3-10　工 作 及 所 需 资 源

序号	工作名称	持续时间/天	工人数/人	序号	工作名称	持续时间/天	工人数/人
1	A	5	2	5	E	7	3
2	B	3	2	6	F	4	4
3	C	8	3	7	G	5	3
4	D	7	2				

第一步，计算工作最早时间

工作最早开始时间和最早完成时间的计算方法参见第 2 章相关内容，计算结果如表 3-11 所示。

表 3-11 工 作 最 早 时 间

序号	工作名称	最早开始时间	最早完成时间	序号	工作名称	最早开始时间	最早完成时间
1	A	0	5	5	E	0	7
2	B	0	3	6	F	12	16
3	C	5	13	7	G	16	21
4	D	5	12				

第二步，绘制最早时间甘特图

根据工作最早时间绘制最早时间甘特图，如图3-9所示。

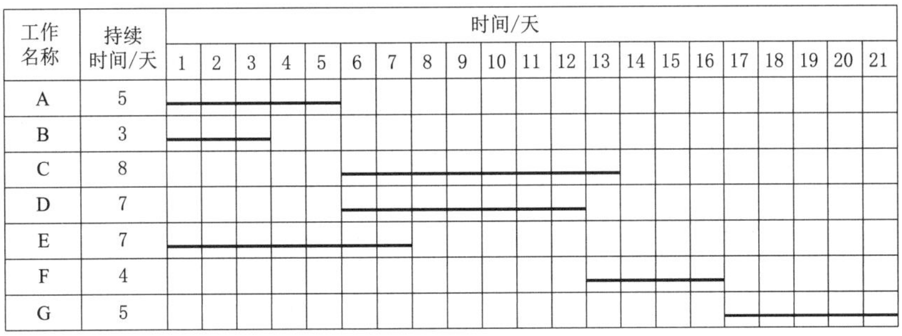

工作名称	持续时间/天	时间/天
		1 2 3 4 5 6 7 8 9 10 11 12 13 14 15 16 17 18 19 20 21
A	5	
B	3	
C	8	
D	7	
E	7	
F	4	
G	5	

图 3-9 最早时间甘特图

第三步，计算项目的资源需求量

根据工作最早进度安排，统计项目每天需要的工人数，如图3-10最后一行所示。

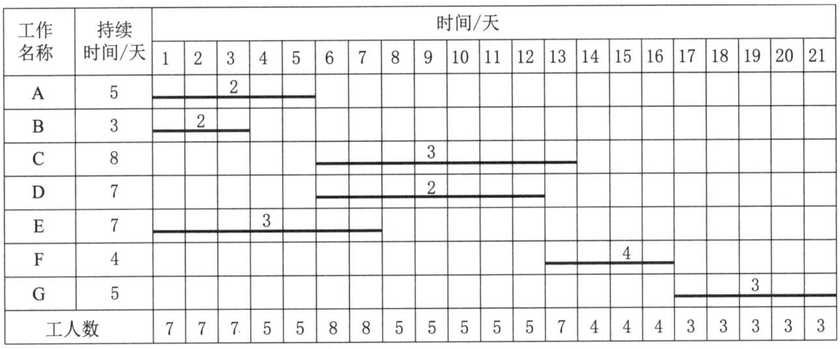

工作名称	持续时间/天	时间/天																			
		1	2	3	4	5	6	7	8	9	10	11	12	13	14	15	16	17	18	19	20	21
A	5			2																		
B	3		2																			
C	8									3												
D	7									2												
E	7				3																	
F	4														4							
G	5																			3		
工人数		7	7	7	5	5	8	8	5	5	5	5	7	4	4	4	3	3	3	3	3	3

图 3-10 最早时间下资源需求量

第四步，绘制资源负荷图

根据每天需要的工人数，绘制相应的资源负荷图，如图3-11所示。

第五步，绘制资源累积曲线

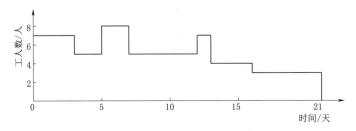

图 3-11 最早时间资源负荷图

将工人数按时间逐步累计，然后绘制出相应的资源累积曲线，如图 3-12 所示。

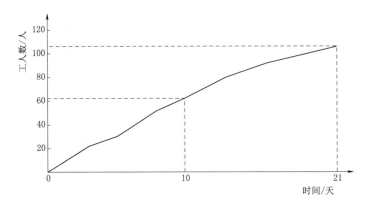

图 3-12 最早时间资源累积曲线

3.2.2 最迟时间下的资源需求量

仍以［案例 3-2］来说明当项目中所有工作都按最迟时间安排时，其对应的资源需求量应该如何计算。

第一步，计算工作最迟时间

工作最迟开始时间和最迟完成时间的计算方法参见第 2 章相关内容，计算结果如表 3-12 所示。

表 3-12 工 作 最 迟 时 间

序号	工作名称	最迟开始时间	最迟完成时间	序号	工作名称	最迟开始时间	最迟完成时间
1	A	0	5	5	E	9	16
2	B	2	5	6	F	12	16
3	C	8	16	7	G	16	21
4	D	5	12				

第二步，绘制最迟时间甘特图

根据工作最迟时间绘制最迟时间甘特图，如图 3-13 所示。

工作名称	持续时间/天	1	2	3	4	5	6	7	8	9	10	11	12	13	14	15	16	17	18	19	20	21
A	5	━	━	━	━	━																
B	3			━	━	━																
C	8									━	━	━	━	━	━	━	━					
D	7						━	━	━	━	━	━	━									
E	7										━	━	━	━	━	━	━					
F	4													━	━	━	━					
G	5																	━	━	━	━	━

图 3-13 最迟时间甘特图

第三步，计算项目的资源需求量

根据工作最迟进度安排，统计项目每天需要的工人数，如图 3-14 最后一行所示。

工作名称	持续时间/天	1	2	3	4	5	6	7	8	9	10	11	12	13	14	15	16	17	18	19	20	21
A	5	━	━	2	━	━																
B	3			2	━	━																
C	8									━	━	━	3	━	━	━	━					
D	7						━	━	━	2	━	━	━									
E	7										━	━	3	━	━	━	━					
F	4													━	━	4	━					
G	5																	━	━	3	━	━
工人数/人		2	2	4	4	4	2	2	2	5	8	8	8	10	10	10	10	3	3	3	3	3

图 3-14 最迟时间下资源需求量

第四步，绘制资源负荷图

根据每天需要的工人数，绘制相应的资源负荷图，如图 3-15 所示。

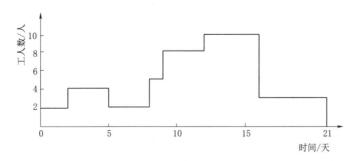

图 3-15 最迟时间资源负荷图

第五步，绘制资源累积曲线

将工人数按时间逐步累计，然后绘制出相应的资源累积曲线，如图 3-16 所示。

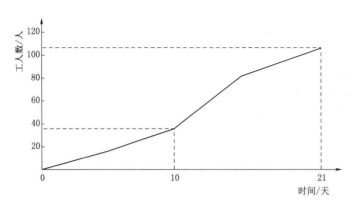

图 3-16　最迟时间资源累积曲线

有时将最早资源曲线和最迟资源曲线绘制在同一坐标系下，形成香蕉曲线，如图 3-17 所示。

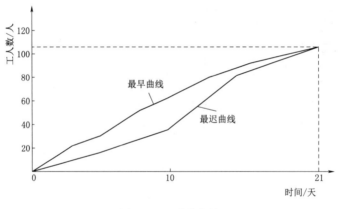

图 3-17　香蕉曲线

3.3　风电场项目资源优化的方法

资源是指完成一项工作所需投入的人力、材料、机械设备和资金等。完成一个项目所需要的资源量基本上是不变的，不可能通过资源优化将其减少。资源优化的目的是通过改变工作的开始时间和完成时间，使资源按照时间的分布符合优化目标。

在通常情况下，资源优化分为两种，即"资源有限，工期最短"的优化和"工期固定，资源均衡"的优化。前者是通过调整计划安排，在保证资源不发生冲突的条件下，使工期的延长值达到最少；而后者是通过调整计划安排，在工期保持不变的条件下，使资源需用量尽可能均衡。

需要注意的是：在优化过程中，不能改变各项工作之间的逻辑关系，不能改变各项工作的持续时间，不允许中断工作。

3.3.1 "资源有限，工期最短"的优化

"资源有限，工期最短"的优化本质上是为了解决资源需求和供应的冲突问题，当资源的需求量超过了资源的供应量时，项目组织者就要思考如何解决这一矛盾。解决方法之一是增加资源的供给量，可通过购买、租赁等手段提高资源的最大供应量。解决方法之二是通过调整项目中某些工作的开工时间和完工时间从而降低某时段资源的需求量，解决资源冲突矛盾。下面介绍方法二的优化原理。

1. 优化原理

假定某时段 $[t_1, t_2]$ 内存在着 n 项并行工作，它们需要同一种资源，各自每天的资源需要量分别为 q_1，q_2，$\cdots$，q_n，则在 $[t_1, t_2]$ 时段内，每天的总资源需要量为 $q_1 + q_2 + \cdots + q_n$。

假定该种资源的最大供应量为 q，$q < q_1 + q_2 + \cdots + q_n$。很明显，在 $[t_1, t_2]$ 时段内，资源需要量大于资源的最大供应量，存在资源冲突矛盾，如图 3-18 所示。

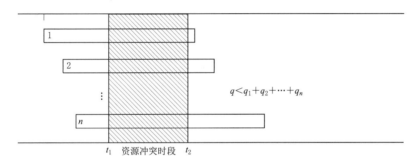

图 3-18 多个并行工作导致资源冲突

在 n 项并行工作中任意挑选出两个工作 i 和 j，它们的资源需要量分别为 q_i 和 q_j，假定其时间参数及相互关系如图 3-19 所示。

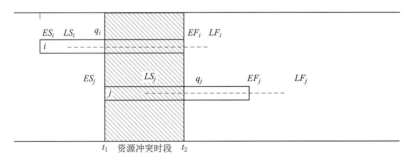

图 3-19 工作 i 和 j 的时间参数及相互关系

（1）若将工作 j 安排在工作 i 完成之后开始，则原冲突时段的资源需求量减少 q_j，如图 3-20 所示。

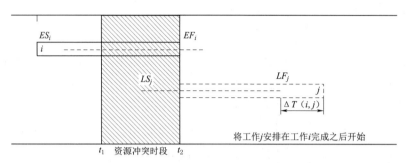

图 3-20　工作 j 在工作 i 之后开始

如此安排，对总工期的影响值为

$$\Delta T(i,j)=EF_i+D_j-LF_j$$

进行简单变换得到

$$\Delta T(i,j)=EF_i-(LF_j-D_j)=EF_i-LS_j$$

综上所述，若将工作 j 安排在工作 i 完成之后开始，则对总工期的影响值为 $\Delta T(i,j)=EF_i-LS_j$，原冲突时段的资源需求量减少 q_j。

（2）若将工作 i 安排在工作 j 完成之后开始，则原冲突时段的资源需求量减少 q_i，如图 3-21 所示。

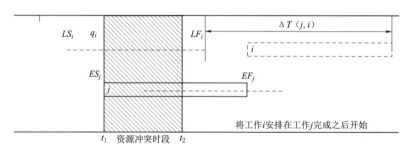

图 3-21　工作 i 在工作 j 之后开始

如此安排，对总工期的影响值为

$$\Delta T(j,i)=EF_j+D_i-LF_i$$

进行简单变换得到

$$\Delta T(j,i)=EF_j-(LF_i-D_i)=EF_j-LS_i$$

综上所述，将工作 i 安排在工作 j 完成之后开始，对总工期的影响值为 $\Delta T(j,i)=EF_j-LS_i$，原冲突时段的资源需求量减少 q_i。

（3）从 n 项并行工作中任意挑选出两个工作 i 和 j 安排成先后关系，存在 $n\times(n-1)$ 种方案，而每一种方案对总工期的影响也是不一样的。若上述 $n\times(n-1)$ 种方案都能解决资源冲突问题，则优先选择对总工期影响最小的方案。

（4）观察上述 ΔT 的计算式可知，要使 ΔT 最小，就必须在 n 项并行工作中选择

LS 最大的一项工作安排在 EF 最小的另外一项工作的后面，如此安排可使其对总工期的影响最小。

2. 优化步骤

（1）从项目开始日期起，逐天检查资源需要量是否超过资源限量。如果在整个工期内资源需要量均小于资源限量，则此方案即为可行方案，否则必须进行优化。

（2）分别选出冲突时段内 EF 最小的一项工作和 LS 最大的另外一项工作，并将其安排成先后关系，然后重新计算资源需要量。

（3）重复步骤（1）和步骤（2），直到解决资源冲突问题。

3. 优化案例

【案例3-3】 某项目双代号时标网络计划如图3-22所示，图中箭线上方数字为工作每天的资源需要量，箭线下方数字为工作的持续时间（以天为单位）。假定资源限量 $RL=12$，试对其进行"资源有限，工期最短"的优化。

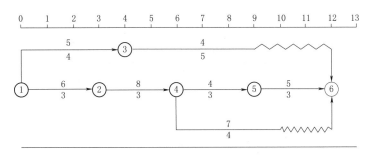

图3-22 初始网络计划（单位：天）

（1）根据箭线上方数字，计算初始网络计划每天的资源需用量，如图3-23下方数字所示。

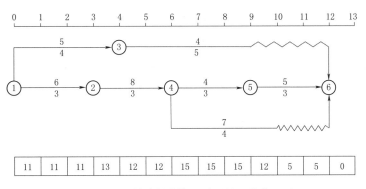

图3-23 初始计划的资源需要量（单位：天）

（2）从网络计划开始日期起，检查发现时段［3，4］内存在资源冲突，即资源需要量超过资源限量，故应首先调整该时段内的工作。

（3）在时段 $[3，4]$ 内，存在工作 1—3 和工作 2—4 两项并行作业，它们的最早完成时间和最迟开始时间如下所示：

工作 1—3：$EF_{1-3}=4$，$LS_{1-3}=3$

工作 2—4：$EF_{2-4}=6$，$LS_{2-4}=3$

该冲突时段内 EF 最小的是工作 1—3，两个工作的 LS 一样大，所以应将工作 2—4 安排在工作 1—3 之后。如此调整后再重新计算每天的资源需要量，调整结果如图 3-24 所示。

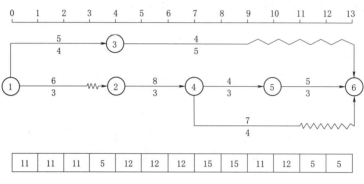

图 3-24　第一次调整后的网络计划（单位：天）

（4）检查发现，在时段 $[7，9]$ 内存在资源冲突，故应调整该时段内的工作。

（5）在时段 $[7，9]$ 内，存在工作 3—6、工作 4—5 和工作 4—6 三项并行工作，它们的最早完成时间和最迟开始时间如下所示：

工作 3—6：$EF_{3-6}=9$，$LS_{3-6}=8$

工作 4—5：$EF_{4-5}=10$，$LS_{4-5}=7$

工作 4—6：$EF_{4-6}=11$，$LS_{4-6}=9$

该冲突时段内 EF 最小的是工作 3—6，LS 最大的是工作 4—6，所以应将工作 4—6 安排在工作 3—6 之后。如此调整后再重新计算每天的资源需要量，调整结果如图 3-25 所示。

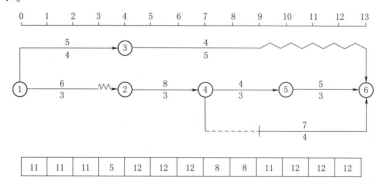

图 3-25　第二次调整后的网络计划（单位：天）

（6）检查发现，整个工期范围内每天的资源需要量均未超过资源限量，故图3-25所示方案即为最优方案，其总工期为13天。

3.3.2 "工期固定，资源均衡"的优化

"工期固定，资源均衡"的优化，是指在工期不变的情况下，使资源的分布能够尽量达到均衡，即在整个工期范围内每天的资源需要量不出现过多的高峰和低谷，力求每天的资源需要量接近平均值，这样不仅有利于项目的实施，而且还可以降低总费用。

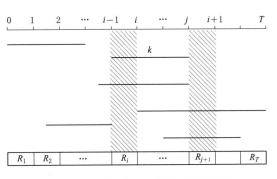

图3-26 项目进度计划及资源需要量

"工期固定，资源均衡"的优化方法有多种，如方差值最小法、极差值最小法、削高峰法、遗传算法等，这里仅介绍方差值最小法。

1. 方差值最小法的原理

已知项目进度计划如图3-26所示，项目总工期为 T 天，项目每天的资源需要量用 R_1，R_2，$\cdots$，R_T 表示。

表达资源需求不均衡的指标可用其方差 σ^2 来表示，方差越大，说明资源需要量越不均衡。方差的计算公式为

$$\sigma^2 = \frac{1}{T} \sum_{t=1}^{T} (R_t - R_m)^2 \qquad (3-1)$$

$$R_m = \frac{1}{T}(R_1 + R_2 + \cdots + R_T) = \frac{1}{T} \sum_{t=1}^{T} R_t \qquad (3-2)$$

式中　R_t——第 t 天的资源需要量；

　　　R_m——平均资源需要量。

因为资源优化时要保证总工期不变，所以上述公式中的 T 和 R_m 为常数。

将式（3-1）展开，可简化为

$$\sigma^2 = \frac{1}{T} \sum_{t=1}^{T} R_t^2 - 2R_m \times \frac{1}{T} \sum_{t=1}^{T} R_t + \frac{1}{T} \sum_{t=1}^{T} R_m^2 = \frac{1}{T} \sum_{t=1}^{T} R_t^2 - R_m^2 \qquad (3-3)$$

式（3-3）表明，方差 σ^2 的大小仅与 $\sum\limits_{t=1}^{T} R_t^2$ 的值有关，当 $\sum\limits_{t=1}^{T} R_t^2$ 的值变小时，也就意味着方差 σ^2 变小了，即资源需要量变得更加均衡了。

假如将上述进度计划中的任一工作 k 右移1天，即这项工作开工时间和完工时间都比原计划晚1天，$\sum\limits_{t=1}^{T} R_t^2$ 会发生怎样的变化呢？

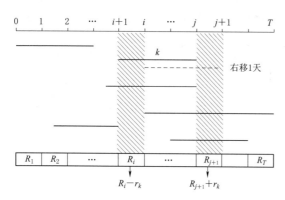

图 3-27　工作 k 右移 1 天后资源需求的变化

假设 $ES_k = i - 1$，$EF_k = j$，工作 k 每天的资源需要量为 r_k。工作 k 右移 1 天后，$ES_k = i$，$EF_k = j + 1$。观察发现，只有第 i 天和第 $j+1$ 天的资源需要量发生了变化，第 i 天的资源需要量比原值减少 r_k，第 $j+1$ 天的资源需要量比原值增加 r_k，而其他时间的资源需要量未发生改变。如图 3-27 所示。

将工作 k 右移之前的资源需用量的平方和记为 $R(0)$，将工作 k 右移 1 天后的资源需用量的平方和记为 $R(1)$，则

$$R(0) = R_1^2 + R_2^2 + \cdots + R_T^2$$

$$R(1) = R_1^2 + R_2^2 + \cdots + (R_i - r_k)^2 + \cdots + (R_{j+1} + r_k)^2 + \cdots + R_T^2$$

工作 k 右移前后两者的差值为

$$\Delta = R(1) - R(0) = (R_i - r_k)^2 - R_i^2 + (R_{j+1} + r_k)^2 - R_{j+1}^2$$

经过变换得到

$$\Delta = 2 r_k (R_{j+1} + r_k - R_i)$$

如果 Δ 为负值，则说明工作 k 右移 1 天能使资源需要量的平方和减少，从而使资源需用量更加均衡。因此，工作 k 能否右移 1 天的判别式为

$$\Delta = 2 r_k (R_{j+1} + r_k - R_i) \leqslant 0$$

由于 r_k 不可能为负值，故上述判别式可以简化为

$$R_{j+1} + r_k \leqslant R_i \tag{3-4}$$

式（3-4）表明，对于工作 k 来说，当第 $j+1$ 天所对应的资源需用量 R_{j+1} 与工作 k 的资源需要量 r_k 之和不超过第 i 天所对应的资源需用量 R_i 时，将工作 k 右移 1 天能使资源需要量更加均衡。如此反复判别右移，直至工作 k 不能右移或工作 k 的总时差用完为止。

2. 优化步骤

（1）按照各项工作的最早开始时间安排进度计划，并计算项目每天的资源需用量。

（2）从进度计划的终点开始，按节点编号值从大到小的顺序依次对工作进行判别右移。当某一节点同时作为多项工作的完成节点时，应先调整开始时间较迟的工作。一项工作能够右移的条件是：①具有足够的机动时间；②满足式（3-4）。

（3）为使资源需用量更加均衡，可按上述顺序进行多次调整，直至所有工作不能右移为止。

3. 优化示例

【**案例 3-4**】 已知某项目双代号时标网络计划如图 3-28 所示，图中箭线上方数字为工作的资源需要量，箭线下方数字为工作的持续时间（以天为单位）。试对其进行"工期固定，资源均衡"的优化。

(1) 计算每天的资源需用量，放在时标网络图的下方，如图 3-28 最后一行所示。

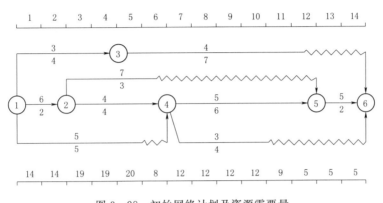

图 3-28 初始网络计划及资源需要量

项目的总工期为 14 天，资源需用量的平均值为

$$R_m = (2 \times 14 + 2 \times 19 + 20 + 8 + 4 \times 12 + 9 + 3 \times 5)/14 \approx 11.86$$

(2) 第一次调整

1) 以终点⑥为完成节点的工作有三项，即工作 3—6、工作 5—6 和工作 4—6。其中工作 5—6 为关键工作，右移 1 天会导致总工期延长 1 天，不符合要求，故只能考虑工作 3—6 和工作 4—6。工作 4—6 的开始时间晚于工作 3—6 的开始时间，应先调整工作 4—6。

a. 由于 $R_{11} + r_{4-6} = 9 + 3 = 12$，$R_7 = 12$，二者相等，故工作 4—6 可右移 1 天，即第 8 天开始，第 11 天完成。此时，$R_{11} = 12$，$R_7 = 9$，其他时间的资源需要量未发生变化。

b. 由于 $R_{12} + r_{4-6} = 5 + 3 = 8$，小于 $R_8 = 12$，故工作 4—6 可再右移 1 天，即第 9 天开始，第 12 天完成。此时，$R_{12} = 8$，$R_8 = 9$，其他时间的资源需要量未发生变化。

c. 由于 $R_{13} + r_{4-6} = 5 + 3 = 8$，小于 $R_9 = 12$，故工作 4—6 可再右移 1 天，即第 10 天开始，第 13 天完成。此时，$R_{13} = 8$，$R_9 = 9$，其他时间的资源需要量未发生变化。

d. 由于 $R_{14} + r_{4-6} = 5 + 3 = 8$，小于 $R_{10} = 12$，故工作 4—6 可再右移 1 天，即第 11 天开始，第 14 天完成。此时，$R_{14} = 8$，$R_{10} = 9$，其他时间的资源需要量未发生变化。

至此，工作 4—6 的总时差已全部用完，不能再右移。工作 4—6 调整后的网络计划及资源需求量如图 3 - 29 所示。

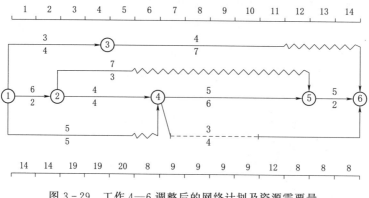

图 3 - 29 工作 4—6 调整后的网络计划及资源需要量

2）工作 4—6 调整后，就应对工作 3—6 进行调整。

a. 由于 $R_{12}+r_{3-6}=8+4=12$，小于 $R_5(R_5=20)$，故工作 3—6 可右移 1 天，即第 6 天开始，第 12 天完成。此时，$R_{12}=12$，$R_5=16$，其他时间的资源需要量未发生变化。

b. 由于 $R_{13}+r_{3-6}=8+4=12$，大于 $R_6(R_6=8)$，故工作 3—6 不能再右移 1 天。

工作 3—6 调整后的网络计划及资源需求量如图 3 - 30 所示。

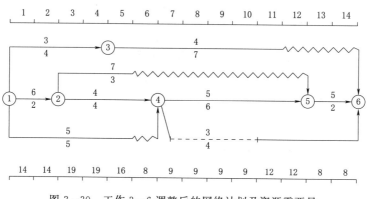

图 3 - 30 工作 3—6 调整后的网络计划及资源需要量

3）以节点⑤为完成节点的工作有两项，即工作 2—5 和工作 4—5。其中工作 4—5 为关键工作，不能移动，故只能调整工作 2—5。

a. 由于 $R_6+r_{2-5}=8+7=15$，小于 $R_3(R_3=19)$，故工作 2—5 可右移 1 天，即第 4 天开始，第 6 天完成。此时，$R_6=15$，$R_3=12$，其他时间的资源需要量未发生变化。

b. 由于 $R_7+r_{2-5}=9+7=16$，小于 $R_4(R_4=19)$，故工作 2—5 可再右移 1 天，即第 5 天开始，第 7 天完成。此时，$R_7=16$，$R_4=12$，其他时间的资源需要量未发生变化。

c. 由于 $R_8 + r_{2-5} = 9 + 7 = 16$，$R_5 = 16$，两者相等，故工作 2—5 可再右移 1 天，即第 6 天开始，第 8 天完成。此时，$R_8 = 16$，$R_5 = 9$，其他时间的资源需要量未发生变化。

d. 由于 $R_9 + r_{2-5} = 9 + 7 = 16$，大于 R_6（$R_6 = 8$），故工作 2—5 不可再右移 1 天。

此时，工作 2—5 虽然还有总时差，但不能满足式（3-4），故工作 2—5 不能再右移。工作 2—5 调整后的网络计划及资源需求量如图 3-31 所示。

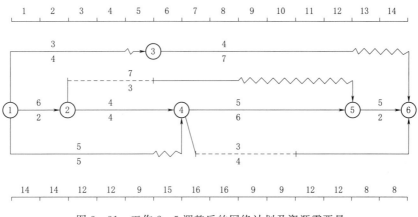

图 3-31　工作 2—5 调整后的网络计划及资源需要量

4）以节点④为完成节点的工作有两项，即工作 1—4 和工作 2—4。其中工作 2—4 为关键工作，不能移动，故只能考虑调整工作 1—4。

由于 $R_6 + r_{1-4} = 15 + 5 = 20$，大于 R_1（$R_1 = 14$），不满足式（3-4），故工作 1—4 不可右移。

5）以节点③为完成节点的工作只有工作 1—3，由于 $R_5 + r_{1-3} = 9 + 3 = 12$，小于 $R_1 = 14$，故工作 1—3 可右移 1 天，即第 2 天开始，第 5 天完成。此时，$R_5 = 12$，$R_1 = 11$，其他时间的资源需要量未发生变化。

工作 1—3 调整后的网络计划及资源需要量如图 3-32 所示。

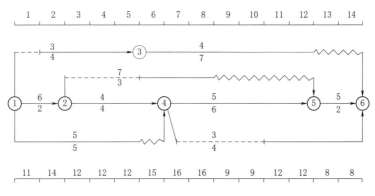

图 3-32　工作 1—3 调整后的网络计划及资源需要量

6) 以节点②为完成节点的工作只有工作 1—2，由于该工作为关键工作，故不能移动。至此，第一次调整结束。

（3）第二次调整

从图 3-32 可知，以节点⑥为完成节点的工作中，只有工作 3—6 有机动时间，有可能右移。

a. 由于 $R_{13}+r_{3-6}=8+4=12$，小于 $R_6(R_6=15)$，故工作 3—6 可右移 1 天，即第 7 天开始，第 13 天完成。此时，$R_{13}=12$，$R_6=11$，其他时间的资源需要量未发生变化。

b. 由于 $R_{14}+r_{3-6}=8+4=12$，小于 $R_7(R_7=16)$，故工作 3—6 可再右移 1 天，即第 8 天开始，第 14 天完成。此时，$R_{14}=12$，$R_7=12$，其他时间的资源需要量未发生变化。

至此，工作 3—6 的总时差已全部用完，不能再右移。工作 3—6 调整后的网络计划及资源需要量如图 3-33 所示。

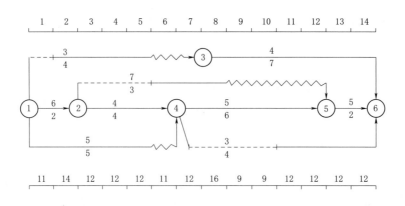

图 3-33　工作 3—6 调整后的网络计划及资源需要量

从图 3-33 可知，此时所有工作右移均不能使资源需用量更加均衡。因此，图 3-33 所示网络计划即为最优方案。

（4）比较优化前后的方差值

1）根据图 3-33，优化方案的方差值为

$$\sigma^2=\frac{1}{14}\times(11^2\times2+14^2+12^2\times8+16^2+9^2\times2)-11.86^2=2.77$$

2）根据图 3-28，初始方案的方差值为

$$\sigma^2=\frac{1}{14}\times(14^2\times2+19^2\times2+20^2+8^2+12^2\times4+9^2+5^2\times3)-11.86^2=24.34$$

3）方差降低率为

$$\frac{24.34-2.77}{24.34}\times100\%=88.62\%$$

（5）优化前后的资源负荷图。优化前后的资源负荷图如图 3-34 所示，经观察发现，优化后的资源需要量明显比优化前的资源需要量更加均衡。

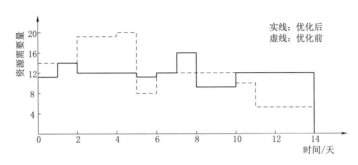

图 3-34　优化前后的资源负荷图

第4章 风电场项目投资计划与控制

项目投资计划主要是确定项目投资构成及各阶段投资目标,而项目投资控制就是将各阶段实际投资与计划投资进行比较,随时纠正发生的偏差,从而确保项目能在投资限额以内完成,并取得较好的投资效益和社会效益。

4.1 概 述

4.1.1 投资与工程项目总投资

1. 投资

当投资作为动词用时,它指投资主体在社会经济活动中为实现某种预定的生产、经营目标而预先垫付资金的经济行为。当投资作为名词用时,它表示投入资源的数量,通常用货币单位来表示。可从不同角度将投资进行分类,如图 4-1 所示。

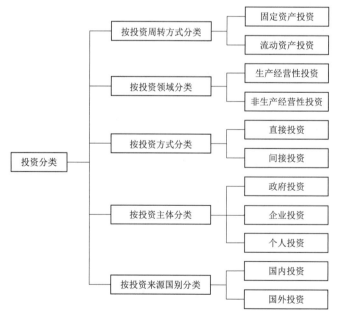

图 4-1 投资类别

2. 工程项目总投资

工程项目总投资是为完成工程项目建设并达到使用要求或生产条件，在建设期内预计或实际投入的全部费用总和。生产性建设项目总投资包括建设投资、建设期利息和流动资金三部分；非生产性建设项目总投资包括建设投资和建设期利息两部分。其中建设投资和建设期利息之和对应于固定资产投资。生产性建设项目总投资构成如图4-2所示。

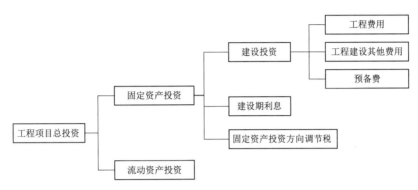

图 4-2 生产性建设项目总投资构成

4.1.2 风电场投资项目划分

以陆上风电场为例，风电场投资项目应划分为施工辅助工程、设备及安装工程、建筑工程和其他费用四部分，如图4-3所示。

1. 施工辅助工程

施工辅助工程指为辅助主体工程施工而修建的临时性工程及采取的措施，包括施工交通工程、施工供电工程、风电机组安装平台工程、其他施工辅助工程和安全文明施工措施。若施工辅助工程中有与建筑工程、设备及安装工程相结合的项目则列入相应的永久工程中。

（1）施工交通工程。施工交通工程指为风电场工程建设服务的临时交通工程，包括公路、桥（涵）的新建、改（扩）建及加固等。

（2）施工供电工程。施工供电工程指从现有电网向场内引接的10kV及以上电压等级供电线路、35kV及以上电压等级的供电设施工程。

（3）风电机组安装平台工程。风电机组安装平台工程指为塔筒、风电机组等设备在现场组装和安装需修建的场地工程。

（4）其他施工辅助工程。其他施工辅助工程指除上述以外的施工辅助工程。如大型吊装机械进出场、施工供水工程、施工围堰工程、山区风电场临时设施的场地平整工程等。大型吊装机械进出场指施工机械台班费定额中A类机械的进出场。

（5）安全文明施工措施。安全文明施工措施指施工企业按照安全生产、文明施工

图 4-3　风电场投资项目划分

要求，在施工现场需采取的相应措施。

2. 设备及安装工程

设备及安装工程指构成风电场固定资产项目的全部设备及安装工程，包括发电场设备及安装工程、集电线路设备及安装工程、升压变电站设备及安装工程、其他设备及安装工程。

（1）发电场设备及安装工程。发电场设备及安装工程指在风电场内的发电设备及安装，包括风电机组、塔筒（架）、风电机组出线、机组变压器、接地。

（2）集电线路设备及安装工程。集电线路设备及安装工程指风电场内集电电缆、集电架空线路、接地等设备及安装工程。

（3）升压变电站设备及安装工程。升压变电站设备及安装工程指在升压变电站内的升压变电、配电、控制保护等设备及安装，包括主变压器系统、配电装置设备、无功补偿系统、站（备）用电系统、电力电缆、接地、监控系统、交（直）流系统、通信系统、远程自动控制及电量计量系统、分系统调试、电气整套系统调试、电气特殊项目试验等。

（4）其他设备及安装工程。其他设备及安装工程指除上述工程之外的其他设备及安装，包括采暖通风及空调系统、室外照明系统、消防及给排水系统、劳动安全与职业卫生设备、生产运维车辆、集控中心设备分摊及其他需要单独列项的设备等。

3. 建筑工程

建筑工程指构成风电场固定资产项目的建（构）筑物工程，包括发电场工程、集电线路工程、升压变电站工程、交通工程、其他工程。

（1）发电场工程。发电场工程指发电场内各种建（构）筑物工程，包括风电机组基础工程、风电机组出线工程、机组变压器基础工程、风电机组及机组变压器接地工程。

（2）集电线路工程。集电线路工程指集电电缆线路土建工程、集电架空线路土建工程、集电架空线路接地土建工程。

（3）升压变电站工程。升压变电站工程指升压变电站内构筑物工程，包括场地平整、主变压器基础工程、无功补偿装置基础工程、配电设备基础工程、配电设备构筑物工程、生产建筑工程、辅助生产建筑工程、现场办公及生活建筑工程、室外工程等。其中生产建筑工程包括中央控制室（楼）、配电装置室（楼）、无功补偿装置室等；辅助生产建筑工程包括污水处理室、消防水泵房、消防设备间、柴油发电机房、锅炉房、仓库、车库等；现场办公及生活建筑工程包括办公室、值班室、宿舍、食堂、门卫室等；室外工程包括围墙、大门、站区道路、站区地面硬化、站区绿化、其他室外工程等，其中其他室外工程包括站内给水管、排水管、检查井、雨水井、污水井、井盖、阀门、化粪池、排水沟等。

（4）交通工程。交通工程指风电场对外交通和场内交通。对外交通指进风电场道路及升压变电站外的进站道路，场内交通指发电厂内检修道路。

（5）其他工程。其他工程指除上述以外的工程，包括环境保护工程、水土保持工程、劳动安全与职业卫生工程、安全监测工程、消防设施及生产生活供水工程、防洪（潮）设施工程、集中生产运行管理设施分摊及其他需要单独列项的工程等。

4. 其他费用

其他费用指为完成工程建设项目所需，但不属于设备购置费、安装工程费、建筑工程费的其他相关费用，包括项目建设用地费、工程前期费、项目建设管理费、生产准备费、科研勘察设计费和其他税费。

4.1.3　风电场项目投资构成

仍以陆上风电场为例，风电场项目投资由设备购置费、建筑安装工程费、其他费用、预备费和建设期利息组成。

4.1.3.1　设备购置费

设备购置费由设备原价、运杂费、运输保险费和采购保管费组成。

1. 设备原价

国产设备原价指设备出厂价。进口设备原价由设备到岸价和进口环节征收的关税、增值税、手续费、商检费、港口费等组成。

2. 运杂费

运杂费指设备由厂家运至工地安装现场所发生的一切费用，包括运输费、调车费、装卸费、包装绑扎费及其他杂费。

3. 运输保险费

运输保险费指设备在运输过程中发生的保险费用。

4. 采购保管费

采购保管费指设备在采购、保管过程中发生的各项费用。

4.1.3.2　建筑安装工程费

建筑安装工程费由直接费、间接费、利润和税金组成。

1. 直接费

直接费指建筑及安装工程施工过程中直接消耗在工程项目建设中的活劳动和物化劳动。由基本直接费和其他直接费组成。

（1）基本直接费。基本直接费指在正常的施工条件下，施工过程中消耗的构成工程实体的各项费用。由人工费、材料费、施工机械使用费组成。

1）人工费。人工费指企业支出的直接从事建筑及安装工程施工的生产工人的费用。由基本工资、辅助工资和社会保障费组成。

a. 基本工资。基本工资由技能工资和岗位工资组成。技能工资指根据不同技术岗位对劳动技能的要求和职工实际具备的劳动技能水平所确定的工资；岗位工资指根据职工所在岗位的职责、技能要求、劳动强度和劳动条件的差别所确定的工资。

b. 辅助工资。辅助工资指在基本工资之外，需支出给职工的工资性收入，包括施工津贴、非作业日停工工资等。非作业日指职工学习、培训、调动工作、探亲、休假，因气候影响的停工，女工哺乳期，6 个月以内的病假，产、婚、丧假等。

c. 社会保障费。社会保障费指按国家有关规定和有关标准计提的基本养老保险费、失业保险费、医疗保险费、生育保险费、工伤保险费、住房公积金。

2）材料费。材料费指用于建筑及安装工程项目中消耗的材料费、装置性材料费和周转性材料摊销费。由材料原价、包装费、运输保险费、材料运杂费、材料采购及保管费、包装品回收费组成。各项组成内容均不含增值税。

a. 材料原价。材料原价指材料出厂价或指定交货地点的价格。

b. 包装费。包装费指材料在运输和保管过程中的包装费和包装材料的正常折旧摊销费。

c. 运输保险费。运输保险费指材料在运输途中发生的保险费用。

d. 材料运杂费。材料运杂费指材料从供货地至工地分仓库或指定堆放点所发生的全部费用，包括运输费、装卸费、调车费、转运费及其他杂费。

e. 材料采购及保管费。材料采购及保管费指为组织采购、供应和保管材料过程中所需要的各项费用。由采购费、仓储费、工地保管费及材料在运输、保管过程中发生的损耗组成。

f. 包装品回收费。包装品回收费指材料的包装品在材料运至工地分仓库或指定堆放点耗用后的剩余价值。

3）施工机械使用费。施工机械使用费指消耗在建筑安装工程项目上的施工机械折旧费、设备修理费、安装拆卸费、机上人工费、动力燃料费、保险费、车船使用税及年检费。

a. 施工机械折旧费。施工机械折旧费指施工机械在规定的使用期内回收原值的台班折旧摊销费用。

b. 设备修理费。设备修理费指施工机械使用过程中，为了使机械保证正常运转所需替换设备、零件的费用，随机配备工具、附具的摊销和维护费用，日常保养所需的润滑油、擦拭用品及机械保管等费用。

c. 安装拆卸费。安装拆卸费指施工机械进出工地的安装、拆卸、试运转及辅助设施的摊销费用。

d. 机上人工费。机上人工费指施工机械使用时机上操作所配备人员的人工费用。

e. 动力燃料费。动力燃料费指施工机械正常运转所需的水、电、油料等费用。

f. 保险费、车船使用税及年检费。保险费、车船使用税及年检费指施工机械在使用过程中发生的税费。

（2）其他直接费。其他直接费指为完成工程建设项目施工，发生于该工程施工前和施工过程中非工程实体项目的费用。由冬雨季施工增加费、夜间施工增加费、特殊地区施工增加费、施工工具用具使用费、临时设施费和其他组成。

1）冬雨季施工增加费。冬雨季施工增加费指按照合理的工期要求，必须在冬雨季期间连续施工需要增加的费用，包括采暖养护、防雨、防潮、防滑、防冻、除雪等措施增加的费用以及由于采取以上措施增加工序、降低工效而发生的费用。

2）夜间施工增加费。夜间施工增加费指因夜间施工所发生的施工现场照明设备摊销及照明用电等费用。

3）特殊地区施工增加费。特殊地区施工增加费指在寒冷、酷热等特殊地区施工而需增加的费用。

4）施工工具用具使用费。施工工具用具使用费指施工生产所需不属于固定资产的生产工具、检验试验用具的摊销和维护费用。

5）临时设施费。临时设施费指施工企业为满足现场正常生产、生活需要，在现场建设生活、生产用临时建筑物、构筑物和其他临时设施所发生的建设、维修、拆除等费用。

6）其他。其他指除上述以外的费用。由工程定位复测费（施工测量控制网费用）、工程点交费、检验试验费、施工排水费、施工通信费、场地清理费、工程建设项目移交前的维护费（含已安装设备的检修及调整）等组成。检验试验费指建筑材料、构件和建筑安装物进行一般鉴定、检查所发生的费用，包括自设试验室进行试验所耗用的材料和化学用品费用等，以及技术革新和研究试验费；不包括新结构、新材料的试验费和建设单位要求对具有出厂合格证明的材料进行检验、对构件进行破坏性试验及其他特殊要求检验试验的费用。

2. 间接费

间接费指建筑及安装产品的生产过程中，为工程建设项目服务而不直接消耗在特定产品对象上的费用。由企业管理费、企业计提费、财务费、进退场费和定额标准测定编制费组成。

（1）企业管理费。企业管理费指施工企业组织施工生产和经营管理所发生的费用。由管理人员工资及社会保障费、办公费、差旅交通费、固定资产使用费、工具用具使用费、保险费、税金及教育费附加、技术转让费、技术开发费、业务招待费、投标费、广告费、公证费、诉讼费、法律顾问费、审计费和咨询费，以及应由施工企业负责的施工辅助工程设计费、工程图纸资料和工程设计费等组成。

（2）企业计提费。企业计提费指施工企业按照国家规定计提的费用。由管理及生产人员的职工福利费、劳动保护费、工会经费、教育经费、危险作业意外伤害保险费组成。

（3）财务费。财务费指施工企业为筹集资金而发生的各项费用。由施工企业在生产经营期利息支出、汇兑净损失、调剂外汇手续费、金融机构手续费、保函手续费以及在筹资过程中发生的其他财务费用组成。

（4）进退场费。进退场费指施工企业为工程建设项目施工进场和完工退场所发生的人员和施工机械（不包括施工机械台班费定额中的 A 类机械）迁移费用。

（5）定额标准测定编制费。定额标准测定编制费指施工企业为进行企业定额标准测定、制（修）订以及行业定额标准编制提供基础数据所需的费用。

3. 利润

利润指按风电场工程建设项目市场情况应计入建筑及安装工程费用中的盈利。

4. 税金

税金指按国家税法规定应计入建筑及安装工程费用中的增值税。

4.1.3.3　其他费用

其他费用构成如图 4-4 所示。

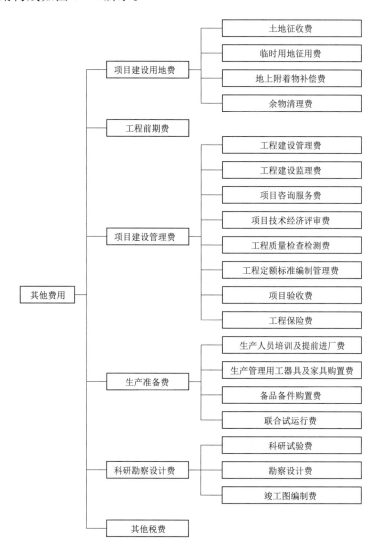

图 4-4　其他费用构成

1. 项目建设用地费

项目建设用地费指为获得工程建设所需的场地并且符合国家、地方相关法律法规规定应支付的相关费用，由土地征收费、临时用地征用费、地上附着物补偿费、余物清理费等组成。

2. 工程前期费

工程前期费指预可行性研究报告审查完成以前（或风电场工程筹建前）开展各项工作发生的费用。由建设单位管理性费用，前期设立测风塔、购置测风设备及测风费用，进行工程规划、预可行性研究以及为编制上述设计文件所进行勘察、研究试验等发生的费用组成。

3. 项目建设管理费

项目建设管理费指工程建设项目在筹建、建设、联合试运行、竣工验收、交付使用过程中所发生的管理费用，由工程建设管理费、工程建设监理费、项目咨询服务费、项目技术经济评审费、工程质量检查检测费、工程定额标准编制管理费、项目验收费和工程保险费组成。

（1）工程建设管理费。工程建设管理费指项目法人为保证项目建设的正常进行，从工程筹建至竣工验收所需要的费用，由管理设备及用具购置费、人员经常费和其他管理性费用组成。

1）管理设备及用具购置费。管理设备及用具购置费指为了工程建设管理需购置的交通设备、检验试验设备、办公及生活设备和其他用于开办工作发生的设备购置费。

2）人员经常费。人员经常费包括建设管理人员的基本工资、辅助工资、社会保障费、职工福利费、劳动保护费、职工教育经费、工会经费、危险作业意外伤害保险费、办公费、差旅交通费、会议及接待费、技术图书资料费、零星固定资产购置费、低值易耗品摊销费、工具器具使用费、修理费、水电费、采暖费、通信费等。

3）其他管理性费用。其他管理性费用包括土地使用税、房产税、合同公证费、调解诉讼费、审计费、工程建设项目移交生产前的维护和运行费、房屋租赁费、印花税、保险费以及其他属于管理性质开支的费用。

（2）工程建设监理费。工程建设监理费指在工程建设项目开工后，根据工程建设管理的实施情况委托监理单位在工程建设过程中，对工程建设的质量、进度和投资进行监理（包含环境保护工程和水土保持工程监理）以及设备监造所发生的全部费用。

（3）项目咨询服务费。项目咨询服务费指对工程开发建设管理过程中有关技术、经济和法律问题进行咨询服务所发生的费用。包括环境影响评价报告书（表）、水土保持方案报告书（表）、土地预审及勘界报告、压覆矿产资源调查报告、安全预评价报告、地质灾害评估报告、接入系统设计报告、节能评估报告、社会稳定风险分析报告、项目备案申请报告等编制费用，招标代理、造价咨询服务（招标控制价、执行概算等编制，工程结算审核，竣工结算编制及审核等）、竣工决算报告编制等费用。

（4）项目技术经济评审费。项目技术经济评审费指对项目安全性、可靠性、先进性、经济性进行评审所发生的费用，包括项目预可行性研究、可行性研究、招标设计、施工图设计等各阶段设计报告审查，专题、专项报告审查或评审等费用。

（5）工程质量检查检测费。工程质量检查检测费指根据行业建设管理的有关规定和要求，由质量检测机构对工程建设质量进行检查、检测、检验所发生的费用。

（6）工程定额标准编制管理费。工程定额标准编制管理费指根据行业管理部门授权或委托编制、管理风电场工程定额和造价标准，以及进行相关基础工作所需要的费用。

（7）项目验收费。项目验收费指项目法人根据国家有关规定进行工程验收所发生的费用，包括工程竣工前进行主体工程、环境保护、水土保持、工程消防、劳动安全与职业卫生、工程档案、工程竣工决算等专项验收及工程竣工验收所发生的费用。

（8）工程保险费。工程保险费指工程建设期间，为工程可能遭受自然灾害和意外事故造成损失后能得到风险转移或减轻，对建筑及安装工程、永久设备而投保的工程一切险、财产险、第三者责任险等。

4．生产准备费

生产准备费指项目法人为准备正常的生产运行所需发生的费用，包括生产人员培训及提前进厂费、生产管理用工器具及家具购置费、备品备件购置费、联合试运行费。

（1）生产人员培训及提前进厂费。由生产人员培训费和提前进厂费组成：

1）生产人员培训费。生产人员培训费指工程在竣工验收投产前，生产单位为保证投产后生产正常运行，需对运行维护人员与管理人员进行培训所发生的费用。

2）生产人员提前进厂费。生产人员提前进厂费指提前进厂人员的基本工资、辅助工资、社会保障费、职工福利费、劳动保护费、职工教育经费、工会经费、危险作业意外伤害保险费、办公费、差旅交通费、会议及接待费、技术图书资料费、零星固定资产购置费、低值易耗品摊销费、工器具使用费、修理费、水电费、采暖费、通信费等以及其他属于生产筹建期间需要开支的费用。

（2）生产管理用工器具及家具购置费。生产管理用工器具及家具购置费指为保证正常生产运行管理所需购置的办公、生产和生活用工器具及家具费用，不包括随设备配备的专用工具购置费。

（3）备品备件购置费。备品备件购置费指为保证工程正常生产运行，在安装及试运行期，需准备的各种易损或消耗性备品备件和专用材料的购置费，不包括随设备采购的备品备件购置费。

（4）联合试运行费。联合试运行费指进行整套设备带负荷联合试运行期间所发生的费用并扣除试运行发电收入后的净支出。

5．科研勘察设计费

科研勘察设计费指为工程建设而开展的科学研究试验、勘察设计等工作所发生的费用，包括科研试验费、勘察设计费及竣工图编制费。科研试验费指在工程建设过程中为解决工程技术问题，进行必要的科学试验所发生的费用；勘察设计费指可行性研究、招标设计和施工图设计阶段发生的勘察费、设计费；竣工图编制费指为能够全面真实反映工程建设项目施工结果图样而进行汇总编制所需的费用。

6．其他税费

其他税费指根据国家有关规定需要缴纳的费用，包括水土保持补偿费等。

4.1.3.4　预备费

预备费由基本预备费和价差预备费组成。基本预备费指用于解决可行性研究设计范围以内的设计变更，预防自然灾害应采取的措施，以及弥补一般自然灾害所造成损失中工程保险未能赔付部分而预留的工程费用。价差预备费指在工程建设过程中，因国家政策调整、材料和设备价格变化，人工费和其他各种费用标准调整、汇率变化等引起投资增加而预留的费用。

4.1.3.5　建设期利息

建设期利息指为筹措工程建设资金在建设期内发生并按规定允许在投产后计入固定资产原值的债务资金利息，由银行借款和其他债务资金的利息以及其他融资费用组成。其他融资费用指某些债务融资中发生的手续费、承诺费、管理费、信贷保险费等。

4.1.4　风电场项目投资构成实例

1. 工程概况

某风电场项目计划装机容量 49.5MW，拟安装 33 台单机容量为 1500kW 的风电机组，建设期为 1 年。配套工程包括：新建 1 座综合楼、1 座 110kV 升压站，新建 33 台风电机组基础、33 台箱式变压器基础，新建场内输变电线路、检修道路等。主要设备运输拟采用公路运输。项目主要工程量如表 4-1 所示。

表 4-1　项目主要工程量表

序号	项　　目	工程量	序号	项　　目	工程量
1	基础土石开挖/m³	45768.2	5	检修道路/km	11.5
2	基础回填/m³	30976.5	6	架空线路/km	12.5
3	基础混凝土/m³	24269.5	7	征用土地/m²	7858.79
4	基础钢筋/t	1309.98			

2. 总投资构成

本项目总投资构成如表 4-2 所示，可以看出，设备及安装工程占比超过 70%。

表 4-2　项目总投资构成表

序号	工程或费用名称	设备购置费/万元	建安工程费/万元	其他费用/万元	合计/万元	占总投资比例/%
一	施工辅助工程		514.06		514.06	1.36
1	施工道路		389.24		389.24	
2	施工用水工程		20.00		20.00	
3	施工供电工程		30.00		30.00	
4	其他施工辅助工程		74.82		74.82	
二	设备及安装工程	28015.62	2429.56		30445.18	80.50
1	发电设备及安装工程	26375.98	2050.50		28426.48	

续表

序号	工程或费用名称	设备购置费/万元	建安工程费/万元	其他费用/万元	合计/万元	占总投资比例/%
2	升压变电站设备及安装工程	1006.90	138.14		1145.04	
3	控制保护设备及安装工程	354.68	52.04		406.72	
4	其他设备及安装工程	278.06	32.81		310.87	
5	其他		156.07		156.07	
三	建筑工程		3884.57		3884.57	10.27
1	发电场工程		2103.04		2103.04	
2	升压变电站工程		98.41		98.41	
3	房屋建筑工程		719.68		719.68	
4	所内道路		14.22		14.22	
5	交通工程		552.73		552.73	
6	其他工程		396.50		396.50	
四	其他费用			2988.09	2988.09	7.90
1	项目建设用地费			294.89	294.89	
2	项目建设管理费			2114.99	2114.99	
3	生产准备费			313.81	313.81	
4	勘察设计费			254.40	254.40	
5	其他税费			10.00	10.00	
	一至四部分投资合计				37831.90	
五	基本预备费				756.65	2.00
	工程静态投资（一至五部分合计）					
六	价差预备费					
七	110kV升压站土建及公用电气设备分摊（3230万元）				−1615.00	
	建设投资小计				36973.55	97.76
八	建设期利息				846.20	2.24
	工程总投资（一至八部分合计）				37819.74	100

注：表中数据误差为保留两位小数进行四舍五入所致。

4.2 风电场项目工程造价编制

4.2.1 投资估算的编制

4.2.1.1 编制步骤

投资估算编制一般包含静态投资部分、动态投资部分与流动资金估算部分，主要包括如下步骤：

（1）分别估算各单项工程所需建筑工程费、设备及工器具购置费、安装工程费，在汇总各单项工程费用的基础上，估算工程建设其他费用和基本预备费，完成工程项目静态投资部分的估算。

（2）在静态投资部分的基础上，估算价差预备费和建设期利息，完成工程项目动态投资部分的估算。

（3）估算流动资金。

（4）估算建设项目总投资。

投资估算编制的具体流程如图 4-5 所示。

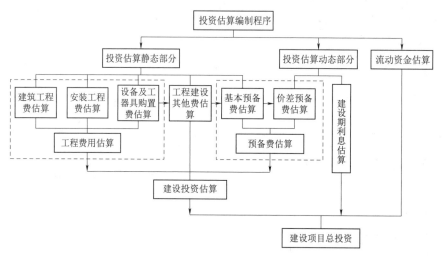

图 4-5　投资估算编制流程

4.2.1.2　编制方法

1. 生产能力指数法

生产能力指数法又称指数估算法，它是根据已建成的类似项目生产能力和投资额来粗略估算同类但生产能力不同的拟建项目静态投资额的方法，其计算公式为

$$C_2 = C_1 \left(\frac{Q_2}{Q_1} \right)^x f \tag{4-1}$$

式中　C_1——已建成类似项目的静态投资额；

　　　C_2——拟建项目静态投资额；

　　　Q_1——已建类似项目的生产能力；

　　　Q_2——拟建项目的生产能力；

　　　x——生产能力指数，正常情况下，$0 \leqslant x \leqslant 1$；

　　　f——不同时期、不同地点的定额、单价、费用和其他差异的综合调整系数。

2. 设备系数法

设备系数法是指以拟建项目的设备购置费为基数，根据已建成的同类项目的建筑安装工程费和其他工程费等与设备价值的百分比，求出拟建项目建筑安装工程费和其

他工程费，进而求出项目的静态投资。其计算公式为

$$C = E(1 + f_1 P_1 + f_2 P_2) + I \qquad (4-2)$$

式中　C——拟建项目的静态投资；

　　　　E——拟建项目根据当时当地价格计算的设备购置费；

　　P_1、P_2——已建成类似项目中建筑安装工程费及其他工程费与设备购置费的比例；

　　f_1、f_2——不同建设时间、地点而产生的定额、价格、费用标准等差异的调整系数；

　　　　I——拟建项目的其他费用。

3. 指标估算法

指标估算法是指依据投资估算指标，对各单位工程或单项工程费用进行估算，进而估算建设项目总投资的方法。具体如下：

(1) 建筑工程费用＝单位实物工程量的建筑工程费×实物工程总量。

(2) 设备购置费根据项目主要设备表及价格、费用资料编制，工器具购置费按设备购置费的一定比例计取。

(3) 安装工程费＝设备原价×设备安装费率或安装工程费＝设备吨重×单位重量(吨)安装费指标。

(4) 工程建设其他费用应结合拟建项目的具体情况，根据国家和各行业部门、工程所在地地方政府的有关工程建设其他费用定额（规定）和计算办法估算。

(5) 基本预备费＝(工程费用＋工程建设其他费用)×基本预备费费率。

4.2.1.3 投资估算的分析计算

1. 建筑工程费的编制

(1) 主体建筑工程。主体建筑工程应按照设计规模、建设标准和主要工程量套用相应的估算指标或类似工程的实际投资资料进行编制。

(2) 房屋建筑工程。房屋建筑工程可根据设计采用的不同类型房屋建筑工程乘工程所在地相应的房屋建筑工程单位造价指标进行编制。

(3) 交通工程。交通工程应根据设计提供的工程量乘工程所在地相应交通工程单位造价指标进行编制。单位造价指标应分场外、场内公路，根据调查或类似工程资料经分析后确定。

(4) 其他辅助工程。其他辅助工程可按占主体建筑工程的 $10\% \sim 20\%$ 计算。其他辅助工程所包含的项目中，如有费用高、工程量大的项目，可根据工程实际情况单独列项处理，并相应减少上述百分率。

2. 安装工程费的编制

(1) 主要设备安装费。主要设备安装费按占设备原价的百分比进行估算。其中风电机组和塔筒（架）可根据类似或分析资料确定；出线设备和升压变电站主要电气设备按占设备费的百分比或参考类似工程资料估算；电缆（供电线路）按米（千米）造

价指标估算。

（2）其他设备安装工程费。其他设备安装工程费可按主要设备安装工程的比例或单位千瓦指标估算。

3. 设备购置费的编制

（1）设备原价。主要设备采用制造厂家现行的出厂价格逐项计算，如用以往年度价格时，应视年份的不同考虑调整系数，其中升压变电站主要电气设备也可按单位千瓦指标或参考类似工程资料估算；次要设备可参照行业主管部门的综合定额、扩大指标或类似工程投资资料中次要设备占主要设备价格的比例计算；如果引进设备采用离岸价（FOB），还应计入国外段运输费和保险费，其费用标准应按各进口公司现行的运费单价或运费费率定额进行计算。

（2）设备运杂费。设备运杂费分主要设备和其他设备，均按占设备原价的百分比计算，列入设备费内。

（3）运输保险费。国产设备运输保险费率可按工程所在省（自治区、直辖市）的规定计算。若省（自治区、直辖市）无规定的，可按中国人民保险公司的有关规定执行或按设备原价的 0.4% 计算，进口设备国内段运输保险费按相应规定或参考其他类似工程资料确定。

（4）采购保管费。采购保管费按设备原价及运杂费之和的 0.2%~0.5% 计算。

（5）大件运输措施费。大件运输措施费可按设备原价的 0.2%~0.5% 或按确定的设计方案分析计算；如在运输过程中不发生加固和改建工程，不计列此项费用。

（6）运杂综合费率的计算公式为

$$运杂综合费率 = 运杂费率 + (1 + 运杂费率) \times 采购保管费率 + 运输保险费率 + 大件运输措施费率$$

4. 工程建设其他费编制

工程建设其他费由项目建设管理费、生产准备费、勘察设计费和其他费用组成。

（1）项目建设管理费的编制。

1）工程前期费包括以下方面：

a. 管理性费用可根据项目实际发生和有关规定分析计列。

b. 规划及预可行性研究勘察设计工作所发生的费用，包括风电场选址、测量、资源评估等工作，其计算标准可按建筑安装工程费及设备购置费合计的 0.9%~1.1%（或按勘察设计费的 40%）计列。

c. 风电特许权项目如发生工程咨询代理费，其计算标准按有关规定计算。

2）工程建设管理费的计算公式为

$$工程建设管理费 = (建筑工程费 + 安装工程费) \times 费率$$

3）建设场地占用及清理费。建设场地占用及清理费根据批准的建设用地、临时用地面积和各省（自治区、直辖市）人民政府制定颁发的各项补偿费、安置补助费标准分类进行计算。

4）工程建设监理费的计算公式为

$$工程建设监理费＝（建筑工程费＋安装工程费）×费率 \quad (4-3)$$

5）项目技术经济评审费的计算公式为

$$项目技术经济评审费＝（建筑工程费＋安装工程费）×费率 \quad (4-4)$$

（2）生产准备费的编制的计算公式为

$$生产准备费＝（建筑工程费＋安装工程费）×费率 \quad (4-5)$$

（3）勘察设计费的编制。勘察设计费应按相关规定计算。

（4）其他费用的编制。

1）定额编制管理费的计算公式为

$$定额编制管理费＝（建筑工程费＋安装工程费）×费率 \quad (4-6)$$

2）工程保险费的计算公式为

$$工程保险费＝（建筑工程费＋安装工程费＋设备购置费）×费率 \quad (4-7)$$

3）工程质量监督检测费的计算公式为

$$工程质量监督检测费＝（建筑工程费＋安装工程费）×费率 \quad (4-8)$$

5. 预备费

（1）基本预备费的计算公式为

$$基本预备费＝一至三部分投资合计×费率 \quad (4-9)$$

（2）价差预备费。国内资金按国家现行有关规定计算，国外采购设备按调查的价差水平在审查时核定。

6. 建设期贷款利息

按不同资金来源、贷款利率，以及投资各方同股同权的原则计算。有限责任公司和股份有限公司建设的项目，利率按股东会协商一致的利率计算；或按中国人民银行规定的现行贷款利率进行计算。

7. 静态投资

$$静态投资＝一至三部分投资合计＋基本预备费 \quad (4-10)$$

8. 工程总投资

$$工程总投资＝静态投资＋价差预备费＋建设期贷款利息 \quad (4-11)$$

4.2.2 设计概算的编制

4.2.2.1 设计概算文件组成

根据《陆上风电场工程设计概算编制规定及费用标准》（NB/T 31011—2019）规定，风电场工程设计概算由封面、签字盖章扉页、编制说明、设计概算表、设计概算附表组成。

1. 编制说明

编制说明应包括工程概况、编制原则及依据、基础价格、取费标准、各部分投资编制情况、其他需要说明的问题、主要技术经济指标表等。

（1）工程概况。工程概况应概述工程的建设地点、建设规模、对外交通运输条件、主要工程量、施工工期、有关自然地理条件、地质地貌情况、资金来源和资本金比例，说明工程总投资、工程静态投资、单位千瓦投资，单位电量投资等主要指标。

（2）编制原则及依据。编制原则及依据应说明设计概算编制所采用的有关标准规范及规定、定额及费用标准、设计文件及图纸、编制期价格水平等。

（3）基础价格。基础价格应说明人工预算单价、主要材料预算价、主要设备价格及其他基础价格的确定依据和成果。

（4）取费标准。取费标准应说明设备安装工程单价、建筑工程单价计算所采用的费率标准。

（5）各部分投资编制情况。各部分投资编制情况应说明施工辅助工程、设备及安装工程、建筑工程、其他费用、预备费、建设期利息各部分投资的编制方法。

（6）其他需要说明的问题。其他需要说明的问题指除上述内容以外需要在设计概算中说明的问题。

（7）主要技术经济指标。主要技术经济指标宜按表 4-3 设置。

表 4-3　主 要 技 术 经 济 指 标

工程名称		风电机组设备价格/（元/kW）		
建设地点		塔筒（架）设备价格/（元/t）		
设计单位		风电机组基础造价/（万元/座）		
建设单位		升压变电站/（万元/座）		
装机规模/MW		主要工程量	土石方开挖/m³	
单机容量/kW			土石方回填/m³	
年上网电量/万 kWh			混凝土/m³	
年等效满负荷小时数/h			钢筋/t	
工程静态投资/万元			塔筒/t	
建设期利息/万元			桩/根或 m 或 m³	
工程总投资/万元		建设用地面积	永久用地/亩	
单位千瓦静态投资/（元/kW）			临时用（租）地/亩	
单位千瓦投资/（元/kW）		总工期/月		
单位电量投资/（元/kWh）		生产单位定员/人		

2. 设计概算表

设计概算表包括工程总概算表、施工辅助工程概算表、设备及安装工程概算表、建筑工程概算表、其他费用概算表、分年度投资计算表。

3. 设计概算附表

设计概算附表包括安装工程单价汇总表、建筑工程单价汇总表、施工机械台班费汇总表、混凝土材料单价计算表、建筑工程单价分析表、安装工程单价分析表。

4.2.2.2 设计概算构成及计算

风电场项目设计概算由施工辅助工程概算、设备及安装工程概算、建筑工程概算、其他费用概算、预备费和建设期利息组成。

1. 施工辅助工程概算

(1) 施工交通工程投资,按设计工程量乘单价计算,或根据工程所在地区单位造价指标计算。

(2) 施工供电工程投资,按设计工程量乘单价计算,或根据工程所在地区单位造价指标计算。投资计算范围包括从现有电网向场内引接的 10kV 及以上电压等级供电线路、35kV 及以上电压等级的供电设施工程,但不包括供电线路和变配电设施的维护费用,该项费用以摊销费的形式计入施工用电价格中。

(3) 风电机组安装平台工程投资,根据设计工程量乘单价计算。

(4) 其他施工辅助工程投资,根据施工组织设计方案及工程实际情况分析计算。

(5) 安全文明施工措施费,按建筑安装工程费(不含按单位造价指标计算的项目投资及安全文明施工措施费本身)的百分率计算。

2. 设备及安装工程概算

设备及安装工程投资按设备购置费和安装工程费分别进行编制。

(1) 设备购置费,按设备清单工程量乘设备价格计算。生产运维车辆购置费根据生产运行维护管理需要的数量乘相应单价计算。集控中心设备分摊按建设单位规划方案分析确定。

(2) 安装工程费,可按以下两种方式计算:

1) 安装工程单价为消耗量或价目表形式时,按设计的设备清单工程量乘安装工程单价计算;甲供装置性材料按含税价在设备及安装工程概算表中单独计列。

2) 安装工程单价为费率形式时,按设备原价乘安装费率计算。

3. 建筑工程概算

(1) 发电场工程、集电线路工程投资,按工程量乘工程单价计算。

(2) 升压变电站工程投资,按工程量乘工程单价或单位造价指标计算。其中:

1) 升压变电站工程中场地平整、主变压器基础工程、无功补偿装置基础工程、配电设备基础工程及配电设备构筑物投资按工程量乘工程单价计算。

2）生产建筑工程、辅助生产建筑工程、现场办公及生活建筑工程投资按房屋建筑面积乘单位造价指标计算；现场房屋建筑面积由设计确定，单位造价指标根据工程所在地的房屋建筑工程造价指标及有关资料分析计算；项目划分可根据实际设计方案进行调整。

3）室外工程包括围墙、大门、站区绿化、站区道路、站区硬化、给水管、排水管，检查井、雨水井、污水井、井盖、阀门、化粪池、排水沟等。其中围墙、大门、站区绿化、站区道路、站区硬化单独列项计算，其他室外工程投资按生产建筑工程、辅助生产建筑工程、现场办公及生活建筑工程、室外工程（不含其他室外工程）投资之和的百分率计算。

（3）交通工程投资，按设计工程量乘工程单价计算，或根据工程所在地区单位造价指标计算。

（4）其他工程投资。

1）环境保护工程、水土保持工程、劳动安全与职业卫生工程各专项投资，按专项设计报告所计算投资分析计列。

2）安全监测工程、消防设施及生产生活供水工程、防洪（潮）设施工程投资应根据设计工程量乘单价计算。

3）集中生产运行管理设施分摊按建设单位规划方案分析确定。

4．其他费用概算

（1）项目建设用地费，根据设计确定的用地面积和各省（自治区、直辖市）人民政府颁发的各项标准分类进行计算。

（2）工程前期费。

1）建设单位管理性费用，前期设立测风塔、购置测风设备及测风费用等可根据项目实际发生情况分析计列；规划费用按实际发生费用及规划风电场总装机规模分摊计算；预可行性研究费用按勘察设计费计算标准计算。

2）项目建设管理费按以下分项计算：

a. 工程建设管理费按建筑及安装工程费为基数的百分率计算。

b. 工程建设监理费按建筑及安装工程费为基数的百分率计算。

c. 项目咨询服务费按建筑及安装工程费为基数的百分率计算。

d. 项目技术经济评审费按建筑及安装工程费为基数的百分率计算。

e. 工程质量检查检测费按建筑及安装工程费为基数的百分率计算。

f. 工程定额标准编制管理费按建筑及安装工程费为基数的百分率计算。

g. 项目验收费按建筑及安装工程费为基数的百分率计算。

h. 工程保险费按建筑及安装工程费、设备购置费之和为基数的百分率计算。

3）生产准备费按以下分项计算：

a. 生产人员培训及提前进厂费，按建筑及安装工程费的百分率计算。

b. 生产管理用工器具及家具购置费，按建筑及安装工程费的百分率计算。

c. 备品备件购置费按设备购置费的百分率计算；当风电机组设备价格中已包含备品备件时，计算基数应扣除相应的设备费用。

d. 联合试运行费按安装工程费为基数的百分率计算，并扣减试运行期的发电收入。

4）科研勘察设计费按以下分项计算：

a. 科研试验费按建筑及安装工程费的百分率计算。

b. 风电场工程勘察设计按规划阶段、预可行性研究阶段、可行性研究阶段、招标设计阶段、施工图设计阶段五阶段划分。规划费用及预可行性研究费用在工程前期费中计列；预可行性研究费用按可行性研究、招标设计、施工图设计三阶段工程勘察设计费之和的百分率计算；勘察设计费指可行性研究、招标设计和施工图设计阶段发生的勘察费、设计费，以建筑安装工程费为基数分别按勘察费率、设计费率计算。

c. 竣工图编制费按可行性研究、招标设计、施工图设计三阶段工程设计费之和的百分率计算。

5）其他税费按国家有关法规以及省（自治区、直辖市）颁发的有关文件计算。

5. 预备费

（1）基本预备费，按施工辅助工程投资、设备及安装工程投资、建筑工程投资、其他费用四部分费用之和的百分率计算。

（2）价差预备费，应根据施工年限，以分年投资（含基本预备费）为基础计算。价差预备费应从编制概算所采用的价格水平年的次年开始计算。风电场工程年度价格指数根据行业定额和造价管理机构发布的价格指数确定。

6. 建设期利息

建设期利息应根据项目投资额度、资金来源及投入方式，从工程筹建期开始，以分年度投资（扣除资本金）为基数逐年计算，银行贷款利率采用编制期中国人民银行规定的五年期及以上基准贷款利率。

第一组（批）风电机组投产前发生的工程贷款利息全都计入工程建设投资；第一组（批）风电机组投产后，应按投产容量对利息进行分割，分别转入基本建设投资和生产运营成本。

7. 工程总投资

工程静态投资为施工辅助工程投资、设备及安装工程投资、建筑工程投资、其他费用、基本预备费五部分费用之和。工程总投资为工程静态投资、价差预备费、建设期利息三项之和。

若工程建设项目投资包括送出工程时，送出工程投资计列在风电场工程总投资之后。

4.2.3 施工图预算编制

施工图预算是以施工图设计文件为依据,按照规定的程序、方法和依据,在施工图设计阶段,对工程项目的费用进行的预测与估计。

根据建设项目实际情况,施工图预算可采用三级或二级预算编制形式。当建设项目有多个单项工程时,应编制三级预算。三级预算由建设项目总预算、单项工程综合预算、单位工程预算组成。当建设项目只有一个单项工程时,应采用二级预算编制形式,二级预算指建设项目总预算和单位工程预算。

1. 单位工程施工图预算的编制

(1) 建筑安装工程费计算。建筑安装工程费应根据施工图设计文件、预算定额(或综合单价)以及人工、材料及施工机械台班等价格资料进行计算。主要编制方法有单价法和实物量法。其中单价法分为定额单价法和工程量清单单价法,在单价法中,使用较多的还是定额单价法。

1) 定额单价法。定额单价法又称工料单价法或预算单价法。定额单价法计算建筑安装工程费的公式为

$$建筑安装工程预算造价 = \sum(分项工程量 \times 分项工程工料单价)$$
$$+ 企业管理费 + 利润 + 规费 + 税金 \qquad (4-12)$$

采用定额单价法编制施工图预算的流程如图 4-6 所示。

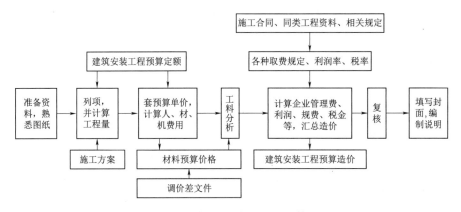

图 4-6 定额单价法编制施工图预算流程图

a. 准备资料,熟悉图纸。收集相关资料,包括定额、取费标准、工程量计算规则、材料预算价格以及市场价格等。熟悉施工图纸,了解设计意图。

b. 列项,并计算工程量。根据定额规定,将单位工程分解成若干个分项工程。根据工程量计算规则和施工图纸计算各分项工程的工程量。列项计算时,应避免漏算或重复计算。

c. 套用定额预算单价,计算人、材、机费用。将定额中分项工程的预算单价与其

工程量相乘，得到该分项工程的人、材、机费用。汇总分项工程的人、材、机费用后，就得到单位工程的人、材、机费用。

d. 工料分析。将定额中分项工程的材料和人工的消耗量乘以该分项工程的工程量，得到分项工程工料消耗量，最后将各分项工程工料消耗量加以汇总，得出单位工程人工、材料的消耗数量。

e. 按计价程序计取其他费用，并汇总造价。根据规定的税率、费率和相应的计取基础，分别计算企业管理费、利润、规费和税金。将上述费用与人、材、机费用相加，求出单位工程预算造价。

f. 复核。对项目列项、计算公式、计算结果、套用单价、取费费率、数据精确度等进行全面复核，及时发现差错并修改，以保证预算的准确性。

g. 填写封面，编制说明。

2）实物法。实物法编制施工图预算的流程如图4-7所示。

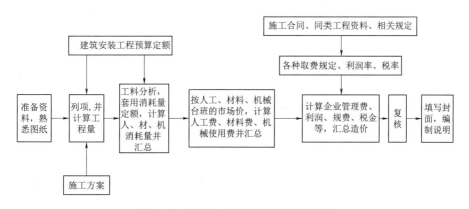

图4-7 实物法编制施工图预算流程图

a. 准备资料，熟悉施工图纸。收集相关资料，包括定额、取费标准、工程量计算规则、材料预算价格以及市场价格等。熟悉施工图纸，了解设计意图。

b. 列项，并计算工程量。根据定额规定，将单位工程分解成若干个分项工程。根据工程量计算规则和施工图纸计算各分项工程的工程量。列项计算时，应避免漏算或重复计算。

c. 套用消耗量定额，计算人工、材料、机械台班消耗量。根据预算人工定额所列各类人工工日的数量，乘以各分项工程的工程量，计算出各分项工程所需各类人工工日的数量，统计汇总后确定单位工程所需的各类人工工日消耗量。同理，根据预算材料定额、预算机械台班定额分别确定出工程各类材料消耗数量和各类施工机械台班数量。

d. 计算并汇总人工费、材料费和机械使用费。根据当时当地工程造价管理部门定期发布的或企业根据市场价格确定的人工工资单价、材料预算价格、施工机械台班单价分别乘以人工、材料、机械消耗量，汇总即得到单位工程人工费、材料费和施工机械使用费。

e. 计算其他各项费用，汇总造价。本步骤与定额单价法相同。

f. 复核。对项目列项、计算公式、计算结果、套用单价、取费费率、数据精确度等进行全面复核，及时发现差错并修改，以保证预算的准确性。

g. 填写封面，编制说明。

（2）设备及工器具购置费计算。设备购置费由设备原价和设备运杂费构成；未到达固定资产标准的工器具购置费一般以设备购置费为计算基数，按照规定的费率计算。设备及工器具购置费计算方法及内容可参照设计概算编制的相关内容。

（3）单位工程施工图预算书编制。单位工程施工图预算由建筑安装工程费和设备及工器具购置费组成，将计算好的建筑安装工程费和设备及工器具购置费相加，即得到单位工程施工图预算，即

$$单位工程施工图预算＝建筑安装工程预算＋设备及工器具购置费 \qquad (4-13)$$

2. 单项工程综合预算的编制

单项工程综合预算造价由组成该单项工程的各个单位工程预算造价汇总而成，其计算公式为

$$单项工程施工图预算＝\sum 单位建筑工程费＋\sum 单位设备及安装工程费 \qquad (4-14)$$

3. 建设项目总预算的编制

建设项目总预算由组成该建设项目的各个单项工程综合预算，以及经计算的工程建设其他费、预备费和建设期利息和铺底流动资金汇总而成，其计算公式为

$$总预算＝\sum 单项工程施工图预算＋工程建设其他费$$
$$＋预备费＋建设期利息＋铺底流动资金 \qquad (4-15)$$

工程建设其他费、预备费、建设期利息及铺底流动资金具体编制方法可参照相关教材的内容。

4.2.4 工程量清单计价

电力建设工程施工发承包及其实施阶段的工程造价由分部分项工程费、措施项目费、其他项目费、投标人采购设备（材料）费等组成。使用国有资金投资或国有资金为主的电力建设工程项目，应采用工程量清单计价。分部分项工程、措施项目和其他项目清单必须采用全费用综合单价计价。

4.2.4.1 招标工程量清单编制

招标工程量清单是工程量清单计价的基础，应作为编制最高投标限价、投标报价、计算或调整工程量、施工索赔等的依据之一。

1．招标工程量清单编制依据

（1）工程量清单计价规范和现行电力行业计量规范。

（2）国家或省级、行业建设主管部门颁发的计价依据和办法。

（3）电力建设工程设计文件及相关资料。

（4）与建设工程有关的标准、规范、技术资料。

（5）拟定的招标文件，招标期间的补充通知、答疑纪要等。

（6）施工项目情况、地勘水文资料、工程特点及常规施工方案。

（7）其他相关资料。

2．招标工程量清单文件构成

招标工程量清单应以单位（项）工程进行编制，由分部分项工程量清单、措施项目清单、其他项目清单、投标人采购设备（材料）表、招标人采购材料表组成。

（1）总说明应包括工程概况、其他说明等内容。

（2）分部分项工程量清单必须载明项目编码、项目名称、项目特征、计量单位和工程量。必须根据现行电力建设工程工程量清单计算规范规定的项目编码、项目名称、项目特征、计量单位和工程量计算规则进行编制。

（3）措施项目清单必须按照现行电力建设工程工程量清单计算规范的规定编制。应结合拟建工程的实际情况列项。

（4）其他项目清单应按照以下内容列项：暂列金额、暂估价、计日工、施工总承包服务费、拆除工程费、招标人供应材料与设备卸车费。

1）暂列金额应根据工程特点，按有关计价规定估算。

2）暂估价中的材料暂估单价应根据工程造价信息或参照市场价格估算，列出明细表；专业工程暂估价应分不同专业，按有关计价规定估算，列出明细表。

3）计日工应列出项目和数量。

4）施工总承包服务费应列出服务项目及其内容等。

5）拆除工程费的清单按有关计价规定，列出明细表。

（5）投标人采购设备（材料）表应根据拟建工程的具体情况，详细列出采购设备（材料）名称、型号规格、计量单位、数量等内容。

（6）招标人采购材料表应根据拟建工程的具体情况，详细列出采购材料名称、型号规格、计量单位、数量、单价、交货地点及方式等内容。

4.2.4.2 最高投标限价编制

对于国有资金投资的电力建设工程招标，招标人应编制最高投标限价。投标人的投标报价高于最高投标限价的，其投标应予拒绝。

1．最高投标限价编制依据

（1）国家或省级、行业建设主管部门颁发的计价依据和办法。

（2）电力建设工程设计文件及相关资料。

（3）拟定的招标文件及招标工程量清单。

（4）与建设工程相关的标准、规范、技术资料。

（5）施工现场情况、工程特点及常规施工方案。

（6）工程造价管理机构发布的工程造价信息；工程造价信息没有发布的，参照市场价。

（7）其他的相关资料。

2．计价规定

（1）分部分项工程和措施项目应根据拟定的招标文件中的招标工程量清单项目的特征描述及有关要求计价，并应符合下列规定：

1）全费用综合单价中应包括招标文件中划分的应由投标人承担的风险范围及其费用，招标文件中没有明确的，如是电力工程造价咨询人编制，应提请招标人明确；如是招标人编制，应予明确。

2）招标文件提供了暂估单价的材料，应按提供的单价计入全费用综合单价。

（2）措施项目中的金额应根据拟定的招标文件中的措施项目清单按规定计价。

（3）其他项目费应按下列规定计价：

1）暂列金额应按招标工程量清单中列出的金额填写。

2）暂估价中的材料单价应按招标工程量清单中列出的单价计入全费用综合单价。

3）暂估价中的专业工程金额应按招标工程量清单中列出的金额填写。

4）计日工应按招标工程量清单中列出的项目，根据工程特点和有关计价依据确定全费用综合单价。

5）施工总承包服务费应根据招标工程量清单列出的内容和要求估算。

6）拆除工程费用应根据招标工程量清单中列出的内容按有关规定计列。

7）招标人供应材料、设备的卸车费按行业有关规定计算。

4.2.4.3　投标报价编制

投标报价不得低于工程成本。投标人必须按照招标工程量清单填报价格，项目编码、项目名称、项目特征、计量单位、工程量必须与招标工程量清单一致。投标报价高于最高投标限价的应予废标。投标人可根据工程实际情况结合施工组织设计，对招标人所列的措施项目清单进行增补。

1．投标报价编制依据

（1）国家或省级、行业建设主管部门颁发的计价依据和办法。

（2）企业定额。

（3）招标文件、招标工程量清单及其补充通知、答疑纪要等。

（4）电力建设工程设计文件及相关资料。

（5）施工现场情况、工程特点及投标时拟定的施工组织设计或施工方案。

（6）与建设工程相关的标准、规范、技术资料。

（7）市场价格信息或工程造价管理机构发布的工程造价信息。

（8）其他的相关资料。

2. 计价规定

（1）分部分项工程和措施项目中应依据招标文件及其招标工程量清单项目中的特征描述确定全费用综合单价计算，并应符合下列规定：

1）全费用综合单价中应包括招标文件中划分的应由投标人承担的风险范围及其费用，招标文件中没有明确的，应提请招标人明确。

2）招标工程量清单中提供了暂估单价的材料，应按提供的单价计入全费用综合单价。

（2）措施项目中金额应根据招标文件及投标时拟定的施工组织设计或施工方案，按计价规范的规定自主确定。

（3）其他项目费应按下列规定报价：

1）暂列金额按招标人在招标工程量清单中列出的金额填写。

2）材料暂估价按招标人在招标工程量清单中列出的单价计入全费用综合单价。

3）专业工程暂估价按招标人在招标工程量清单中列出的金额填写。

4）计日工按招标人在招标工程量清单中列出的项目和数量，自主确定全费用综合单价并计算计日工费用。

5）施工总承包服务费应根据招标工程量清单中列出的内容和提出的要求自主确定。

6）拆除工程费用应根据招标工程量清单中列出的内容和提出的要求自主报价。

7）招标人供应材料、设备的卸车费可根据工程实际情况，参照有关规定自主报价。

（4）招标工程量清单与计价表中列明的所有需要填写单价和合价的项目，投标人均应填写且只允许有一个报价。未填写单价和合价的项目，视为此项费用已包含在已标价工程量清单中其他项目的单价和合价之中。竣工结算时，此项目不得重新组价予以调整。

（5）投标报价应当与分部分项工程费、措施项目费及其他项目费、投标人采购设备（材料）费等合计的金额一致。

4.2.5　风电场建设工程量清单计价实例

1. 工程概况

某风电场位于新疆维吾尔自治区东北部、昌吉回族自治州境内。设计装机 66 台

1500kW 风电机组（包括三期 33 台套，四期 33 台套），轮毂高度为 75m，总装机容量 99MW。风电机组采用 1500kW 低温型风电机组。

2. 招标范围及要求

北塔山风电场风电机组及塔筒吊装施工分为 A 和 B 两个标段，A 标段为三期 49.5MW 工程风电机组及塔筒吊装施工，B 标段为四期 49.5MW 工程风电机组及塔筒吊装施工。A 标段包含以下工作内容：

（1）安装。

1）塔筒各个部位的吊装。

2）机舱吊装。

3）发电机的吊装。

4）三片叶片和轮毂的地面组装和吊装。

5）变频器、地面控制柜等塔筒基础平台设备安装。

6）塔筒外部人梯、内部爬梯、电梯（如有）安装。

7）塔筒接地。

8）风电机组吊装完成后，机舱、塔筒内的线缆安装（包括塔筒内全部电缆、通信线缆敷设和二次接线、电缆预留段连接、接地等），电气一次、二次设备及材料施工安装至各控制及开关柜。

9）螺栓、塔筒内饰件、电缆、接地线缆、风速仪、风向仪等的安装。

10）消防设施安放等。

（2）卸车与保管。

1）投标人负责招标人移交的风电机组设备、塔筒（包括螺栓）、备品备件、专用工具的现场卸车、建档、保管、看护，以及设备临时堆放场的规划与建设。

2）投标人负责建设堆放设备所需库房，负责临时堆放场地的租赁。

3）防水及防腐处理、各节塔筒、机舱、轮毂等需要密封部位的密封。

4）严格按照厂家现场安装规范手册进行吊装，在风电机组未完成受电（并网）的情况下采取必要的措施防止风电机组设备损坏。积极配合静态调试，免费提供调试时使用的发电机及油品，保证风电机组调试时所需电能，并配合 240h 试运行期间工作及各项消缺工作。

5）承担施工期间全天候安全保卫工作及施工照明的责任。

6）负责设备运输车辆的领路工作，采取措施（如牵引等）协助运输车辆将设备运抵现场，并承担费用。

7）设备防盗，承担移交（风电机组全部并网发电）前的一切盗窃损失，制订有效的防盗方案并实施到位。

8）投标人负责风电机组（机舱、轮毂、叶片、塔筒、控制柜、辅助设备等）的场内二次转运（如有）。

9）必要的道路维护及修理。

（3）其他。

1）油漆（吊装、卸货及其他原因造成的油漆损坏的补漆）及风电机组安装完成后在塔筒底部喷漆编号。

2）塔筒安装后使用不褪色涂料对螺栓进行编号。

3）吊装前的风电机组、叶片、塔筒等设备的清洁和吊装验收前的机舱、塔筒内清洁工作。

4）塔筒连接螺栓现场抽检，并由有检测资质的第三方出具检测报告（费用由投标人承担）。

5）投标人应当到北塔山风电场三期工程进行现场物料、道路、场地、环境等考察。

6）施工用水、用电由投标人自行解决。

3. 投标报价汇总表及明细表

本报价以企业内部施工定额为主，结合《电力建设工程预算定额》《电力建设工程施工机械台班费用定额》《陆上风电场工程设计概算编制规定及费用标准》（NB/T 31011—2011）、《火力发电工程建设预算编制与计算规定》等标准。

人、材、机单价以市场价为基础，其中：人工单价为 210 元/工日，400t 履带吊 11000 元/台班，50t 汽车吊为 2000 元/台班，装载机 800 元/台班，30t 平板运输车 800 元/台班。

税率为 3.41%，管理费为人工费的 78.3%，利润为（人工费＋材料费＋机械费＋管理费）×3%。

A 标段投标报价汇总表及部分相关明细表如表 4-4～表 4-7 所示。

表 4-4　A 标段投标报价汇总表

序号	工程项目名称	工程量/台（套）	综合单价/元	合计/元
一	安装工程分部工程量清单项目			3278621.28
1.1	风力发电机组安装	33	99352.16	3278621.28
1.2	风机设备二次倒运			0.00
二	措施项目			412410.45
2.1	临时设施费			68195.32
2.2	安全文明施工措施费			49179.32
2.3	大型机械进场及安拆费			295035.81
三	专用工器具			390000.00
3.1	电动液压张拉器	1	160000.00	160000.00

续表

序号	工程项目名称	工程量/台（套）	综合单价/元	合计/元
3.2	电动液压张拉器（备用）	1	160000.00	160000.00
3.3	液压扳手（备用）	0	0.00	0.00
3.4	反向平衡法兰专用吊具	1	70000.00	70000.00
四	其他项目			406968.27
4.1	规费			258974.07
4.2	税金			147994.20
五	总　计			4488000.00

表 4－5　分部工程清单计价表

序号	名　称	项目特征描述	计量单位	工程量	单价	合价
1	风电机组（机舱、轮毂、叶片等）	轮毂高度 75m	台套	33	65451.84	2159910.72
2	塔筒（含附件、控制柜等）	轮毂高度 75m，塔筒分4节	台套	33	33900.32	1118710.56
3	合　计					3278621.28

表 4－6　措施项目清单计价表

序号	项目名称	计算基础	费率/%	金额/元	备注
1	临时设施费	直接工程费	4.96	68195.32	
2	安全文明施工措施费	直接工程费	2.60	49179.32	
3	大型机械进场及安拆费			295035.81	
4	合　计			412410.45	

表 4－7　风电机组及塔筒吊装施工单价分析表

序号	项目名称	单位	数量	单价/元			
				人工费	材料费	机械费	管理费和利润
1	塔架及附件安装	台套	1	6445.84	0.00	21420.00	6034.48
2	机舱、发电机、叶轮及附件安装	台套	1	10878.00	0.00	44150.00	10423.84
3	清单综合单价			99352.16			

4.3　编 制 资 金 使 用 计 划

通过编制资金使用计划，可以确定施工阶段投资控制的目标值，并为筹集资金提供依据。依据项目分解方法不同，项目资金使用计划的编制方法也有所不同，主要有以下三种。

1. 按投资构成编制资金使用计划

风电场项目投资由设备购置费、建筑及安装工程费、其他费用、预备费和建设期贷款利息组成，每一部分费用还可以作进一步的划分，从而形成资金使用计划。

2. 按子项目编制资金使用计划

风电场项目可以逐级分解为单项工程、单位工程、分部分项工程，因而总投资也可分解为单项工程、单位工程、分部分项工程投资，从而形成资金使用计划。

3. 按时间进度编制资金使用计划

建设项目的投资总是分阶段、分期支出的，各期的数值与项目进度计划有关。在进度计划的基础上，确定每项活动的费用，并按年（月）累加求和，即可得到资金使用计划。其编制步骤如下：

（1）编制项目进度计划。

（2）确定进度计划中每一项活动的投资。

（3）计算项目每年（月）的投资，如表4-8所示。

（4）计算项目逐年（月）累计投资，如表4-8所示。

表4-8 按月编制的资金使用计划表

时间/月	1	2	3	4	5	6	7	8
投资/万元	20	50	70	80	65	35	20	10
累计投资/万元	20	70	140	220	285	320	340	350

（5）绘制S形曲线，如图4-8所示。

进度计划的非关键路线中存在许多有时差的活动，通过改变这些活动的开工和完工时间，就可以调整S形曲线的形状，最终形成一条包络曲线，也称为"香蕉"曲线，如图4-9所示。若项目中的所有活动都按最早时间来安排，则形成最早曲线；若项目中的所有活动都按最迟时间来安排，则形成最迟曲线。

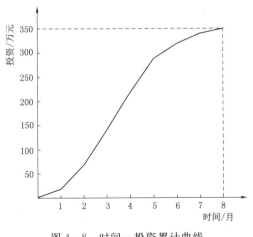

图4-8 时间—投资累计曲线

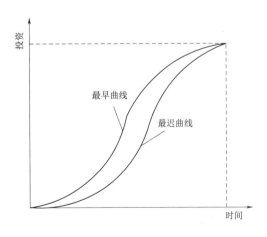

图4-9 "香蕉"曲线

一般而言，所有活动都按最迟时间来安排，对节约建设资金贷款利息是有利的，但同时也降低了项目按期竣工的保证率，因此，必须合理地确定活动的开工和完工时间，达到既节约投资，又满足项目总工期的要求。

4.4　风电场项目投资控制

4.4.1　决策阶段投资控制

4.4.1.1　项目建设方案比选

风电场项目由于受资源、市场、建设条件等因素的限制，可以设计出在建设场址、建设规模、产品方案、工艺流程等方面的不同组合方案。通过方案比选，从中挑选出最佳方案，为项目决策提供依据。

1. 方案比选应遵循的原则

为了提高工程建设投资效果，建设项目设计方案比选应遵循以下三个原则。

（1）建设项目设计方案比选要协调好技术先进性和经济合理性的关系。即在满足设计功能和采用合理先进技术的条件下，尽可能降低投入。

（2）建设项目设计方案比选除考虑一次性建设投资的比选外，还应考虑项目运营过程中的费用比选，即项目寿命期的总费用比选。

（3）建设项目设计方案比选要兼顾近期与远期的要求，即建设项目的功能和规模应根据国家和地区远景发展规划，适当留有发展余地。

2. 方案比选的内容

多方案比选是一个复杂的系统工程，涉及许多因素。多方案比选主要包括工艺方案比选、规模方案比选、选址方案比选，甚至包括污染防治措施方案比选等。无论哪一类方案比选，均包括技术方案比选和经济效益比选两个方面。

（1）技术方案比选。由于工程项目的技术内容不同，技术方案比较的内容、重点和方法也各不相同。总的比选原则应是在满足技术先进适用、符合社会经济发展要求的前提下，选择能更好地满足决策目标的方案。技术方案比选方法有经验判断法、方案评分法、层次分析法、模糊数学综合评价法等。

（2）经济效益比选。由于不同投资方案产出品的质量、数量、投资、费用和收益的大小不同，发生的时间、方案的寿命期也不尽相同，因此，在比较各种不同方案时，要保证备选方案之间的可比性。

经济效益比选的方法有静态差额投资收益率法、静态差额投资回收期法、差额投资内部收益率法、净现值法、净现值率法、年值法、总费用现值比较法、年费用比较法等。

【案例 4 - 1】　箱式变电站高压侧接线方式比较选择。

箱式变电站高压侧合适的电压等级有 6.3kV、10.5kV 和 35kV。通常来说，影响风电场箱式变电站高压侧电压选择的技术经济指标有箱式变电站额定电压（kV）、输送容量（MW）、主要电缆截面（mm²）、回路数、电缆总长（km）、线路电压损失（%）、线路电能损（万 kWh/a）、开关柜数量以及相关设备的投资等。

某风电场项目，装机容量 49.5MW，建设场地较长，约 8km，箱式变电站 33 台，由于 6.3kV 电压较低，使得电能损耗较大，设备投资较多，明显不合理。10.5kV 和 35kV 方案比较如表 4 - 9 所示。

表 4 - 9　10.5kV 和 35kV 方案比较表

序号	项　　　　目	方案 1	方案 2	备注
1	技术指标			
1.1	箱式变电站额定电压/kV	10.5	35	
1.2	输送容量/MW	49.5	49.5	
1.3	主要电缆截面/mm²	3×240	3×240	
1.4	回路数	7	3	
1.5	电缆总长/km	36	20	折算成三相
1.6	线路电压损失/%	8.5	2.1	最严重的一个回路
1.7	线路电能损耗/(万 kWh/a)	110	22	
1.8	开关柜数量	12	8	
2	经济指标			
2.1	开关柜投资/万元	115	150	
2.2	箱式变电站投资/万元	825	1155	
2.3	电缆投资/万元	1720	980	
2.4	投资合计/万元	2660	2285	

可见，35kV 方案比 10.5kV 方案损耗小、投资省，因此箱式变电站高压侧的电压选择 35kV 较为合适。

4.4.1.2　项目投资估算的审查

为了保证项目投资估算的准确性和估算质量，必须加强对项目投资估算的审查工作，项目投资估算的审查部门和单位，在审查项目投资估算时，应重点审查以下几点。

1. 编制依据的时效性、准确性

估算项目投资所需的数据资料很多，如已建同类型项目的投资、设备和材料价格、运杂费率、有关的定额、指标、标准，以及有关规定等，这些资料既可能随时间而发生不同程度的变化，又因工程项目内容和标准的不同而有所差异。因此，必须注意其时效性。同时根据工艺水平、规模大小、自然条件、环境因素等对已建项目与拟建项目在投资方面形成的差异进行调整。

2. 投资估算方法的科学性、适用性

投资估算方法有许多种，每种估算方法都有各自适用条件和范围，并具有不同的精确度，如果使用的投资估算方法与项目的客观条件和情况不相适应，或者超出了该方法的适用范围，那就不能保证投资估算的质量了。

3. 编制内容与拟建项目规划要求的一致性

（1）审查投资估算包括的工程内容与规划要求是否一致，是否漏掉了某些辅助工程、室外工程等的建设费用。

（2）审查项目投资估算中生产装置的技术水平和自动化程度是否符合规划要求的先进程度。

4. 费用项目、费用数额的真实性

（1）审查费用项目与规划要求、实际情况是否相符，有否漏项或重项，估算的费用项目是否符合国家规定，是否针对具体情况作了适当的增减。

（2）审查是否考虑了物价上涨和汇率变动对投资额的影响，考虑的波动变化幅度是否合适。

（3）审查项目投资主体自有的稀缺资源是否考虑了机会成本，沉没成本是否剔除。

（4）审查是否考虑了采用新技术、新材料以及现行标准和规范比已运行项目的要求提高所需增加的投资额，考虑的额度是否合适。

4.4.1.3　项目设计概算的审查

1. 编制依据的审查

（1）合法性审查。采用的各种编制依据必须经过国家或授权机关的批准，符合国家的编制规定。未经过批准的不得以任何借口采用，不得强调特殊理由擅自提高费用标准。

（2）时效性审查。对定额、指标、价格、取费标准等各种依据，都应根据国家有关部门的现行规定执行。对颁发时间较长、已不能全部适用的应按有关部门规定的调整系数执行。

（3）适用范围审查。各主管部门、各地区规定的各种定额及其取费标准均有其各自的适用范围，特别是各地区的材料预算价格区域性差别较大，在审查时应给予高度重视。

2. 概算内容的审查

（1）审查建设规模、建设标准、配套工程等是否符合原批准的可行性研究报告或立项批文的标准。

（2）审查工程量是否正确。工程量的计算是否根据初步设计图纸、概算定额、工程量计算规则和施工组织设计的要求进行，有无多算、重算和漏算，尤其对工程量大、造价高的项目要重点审查。

（3）审查材料用量和价格。审查主要材料的用量数据是否正确，材料预算价格是否符合工程所在地的价格水平，材料价差调整是否符合现行规定及其计算是否正确等。

（4）审查设备规格、数量和配置是否符合设计要求，是否与设备清单相一致，设备预算价格是否真实，设备原价和运杂费的计算是否正确，非标准设备原价的计价方法是否符合规定，进口设备的各项费用的组成及其计算程序、方法是否符合国家主管部门的规定。

（5）审查建筑安装工程的各项费用的计取是否符合国家或地方有关部门的现行规定，计算程序和取费标准是否正确。

（6）审查工程建设其他费用。审查各项费率或计取标准是否按国家、行业有关部门规定计算，有无随意列项、有无多列、交叉计列和漏项等。

（7）审查总概算文件的组成内容，是否完整地包括了建设项目从筹建到竣工投产为止的全部费用组成。

（8）审查技术经济指标。技术经济指标计算方法和程序是否正确，综合指标和单项指标与同类型工程指标相比，是偏高还是偏低，其原因是什么。

4.4.1.4 限额设计

限额设计就是按照批准的可行性研究报告及投资估算控制初步设计，按照批准的初步设计总概算控制技术设计和施工图设计，同时各专业在保证达到使用功能的前提下，按分配的投资额控制设计，严格控制不合理的变更，保证总投资不被突破。

（1）限额设计目标。在初步设计开始前，根据批准的可行性研究报告及其投资估算确定限额设计的目标。限额设计目标值既不能太高，又不能太低。目标值过低会造成这个目标值很容易被突破，限额设计无法实施；目标值过高会造成投资浪费现象严重。总额度一般控制在工程费用的90%左右。

（2）投资分配。设计任务书获批准后，设计单位在设计之前应在设计任务书的总框架内将投资先分解到各专业，然后再分配到各单项工程和单位工程，作为进行初步设计的造价控制目标。这种分配往往不是只凭设计任务书就能办到，而是要进行方案设计，在此基础上做出决策。

（3）在限额下进行初步设计。初步设计应严格按分配的造价控制目标进行设计。在初步设计开始之前，项目总设计师应将设计任务书规定的设计原则、建设方针和投资限额向设计人员交底，将投资限额分专业下达到设计人员，发动设计人员认真研究实现投资限额的可能性，切实进行多方案比选，对各个技术经济方案的关键设备、工艺流程、总图方案、总图建筑和各项费用指标进行比较和分析，从中选出既能达到工程要求，又不超过投资限额的方案，作为初步设计方案。

（4）在限额下进行施工图设计。已批准的初步设计及初步设计概算是施工图设计的依据，在施工图设计中，无论是建设项目总造价，还是单项工程造价，均不应该超过初步设计概算造价。如果不满足，应修改施工图设计，直到满足限额要求。

4.4.1.5　价值工程

价值工程（Value Engineering，VE），又称价值分析，是通过对产品进行功能分析，使之以最低的总成本，可靠地实现产品的必要功能，从而提高产品价值的一套科学的技术经济方法。价值工程的目标是提高研究对象的价值，这里的"价值"定义可用公式表示为

$$V = \frac{F}{C} \qquad\qquad (4-16)$$

式中　　V——价值；

　　　　F——功能；

　　　　C——成本或费用。

根据式（4-16），可得出五种提高价值的途径，具体如下：

（1）在提高功能水平的同时，降低成本。

（2）在保持成本不变的情况下，提高功能水平。

（3）在保持功能水平不变的情况下，降低成本。

（4）成本稍有增加，但功能水平大幅度提高。

（5）功能水平稍有下降，但成本大幅度下降。

【案例 4-2】　某升压变电站工程存在 A、B、C 三个设计方案，通过专家调查和技术经济分析，得到如表 4-10 所示的数据。问题：列表计算各方案的成本系数、功能系数和价值系数，并确定最优方案。

表 4-10　三种方案五种功能评分表

方案功能	方案			功能重要系数
	A	B	C	
F1	8.5	9	8	0.15
F2	8	10	10	0.20
F3	10	7	9	0.25
F4	9	8	9	0.30
F5	8.5	8	7	0.10
单方造价/(元/m²)	1825.00	1518.00	1626.00	1.0

（1）功能得分为

$$F_A = 8.5 \times 0.15 + 8 \times 0.20 + 10 \times 0.25 + 9 \times 0.30 + 8.5 \times 0.10 = 8.93$$

$$F_B = 9 \times 0.15 + 10 \times 0.20 + 7 \times 0.25 + 9 \times 0.30 + 8.5 \times 0.10 = 8.60$$

$$F_C = 8.5 \times 0.15 + 10 \times 0.20 + 9 \times 0.25 + 9 \times 0.30 + 9 \times 0.10 = 8.85$$

总得分：
$$\sum F_i = F_A + F_B + F_C = 26.38$$

（2）功能系数为

$$\phi_A = 8.93/26.38 = 0.3385$$

$$\phi_B = 8.60/26.38 = 0.3260$$

$$\phi_C = 8.85/26.38 = 0.3355$$

（3）价值系数。价值系数等于功能系数除以成本系数，其计算如表4-11所示。

（4）最优方案。三个方案中，B方案的价值系数最大，因此B方案为最优方案。

表 4-11 价值系数计算表

方案名称	单方造价 /（元/m²）	成本系数	功能系数	价值系数	最优方案
A	1825.00	0.3673	0.3385	0.9216	
B	1518.00	0.3055	0.3260	1.0671	最优
C	1626.00	0.3272	0.3355	1.0254	
合 计	4969.00	1.00	1.00		

4.4.2 施工阶段投资控制

4.4.2.1 工程计量

工程计量指按照合同约定的工程量计算规则、图纸及变更指示等进行工程量的计算。工程量计算规则应以相关的国家标准、行业标准等为依据，由合同当事人在专用合同条款中约定。除专用合同条款另有约定外，工程量的计量按月进行。

1. 工程计量的依据

计量依据一般有质量合格证书、工程量清单计价规范、技术规范中的"计量支付"条款和设计图纸。也就是说，计量时必须以这些资料为依据。

（1）质量合格证书。对于承包商已完成的工程，并不是全部进行计量，而只是质量达到合同标准的已完成的工程才予以计量，即只有质量合格的工程才予以计量。

（2）工程量清单计价规范和技术规范。工程量清单计价规范和技术规范是确定计量方法的依据，因为工程量清单计价规范和技术规范的计量支付条款规定了清单中每一项工程的计量方法，同时还规定了按规定的计量方法确定的单价所包括的工作内容和范围。

（3）设计图纸。单价合同以实际完成的工程量进行结算，但被监理工程师计量的工程数量，并不一定是承包商实际施工的数量。工程师对承包商超出设计图纸要求增加的工程量和自身原因造成返工的工程量不予计量。

2．工程计量的方法

（1）均摊法。所谓均摊法，就是对清单中某些项目的合同价款，按合同工期平均计量。例如，保养气象记录设备的费用，每月均有发生，所以可以采用均摊法进行计量支付。

（2）凭据法。所谓凭据法，就是按照承包商提供的凭据进行计量支付。例如，建筑工程险保险费、第三方责任险保险费、履约保证金等项目，一般按凭据法进行计量支付。

（3）估价法。所谓估价法，就是按合同文件的规定，根据监理工程师估算的已完成的工程价值支付。例如，承包商为工程师提供用车，可采用估价法进行计量支付。

（4）断面法。断面法主要用于取土坑或填筑路堤土方的计量。对于填筑土方工程，一般规定计量的体积为原地面线与设计断面所构成的体积。采用这种方法计量，在开工前承包商需测绘出原地形的断面，并需经工程师检查，作为计量的依据。

（5）图纸法。在工程量清单中，许多项目采取按照设计图纸所示的尺寸进行计量。例如，混凝土构筑物的体积、钻孔桩的桩长等。

4.4.2.2　工程变更

工程变更是指合同成立后，在尚未履行或尚未完全履行时，当事人双方依法经过协商，对合同内容进行修订或调整达成协议的行为。在工程项目（尤其是大型工程项目）施工过程中，工程变更具有普遍性。

1．工程变更的范围

（1）增加或减少合同中的任何工作，或追加额外的工作。

（2）取消合同中的任何工作，但转由他人实施的工作除外。

（3）改变合同中的任何工作的质量标准或其他特性。

（4）改变工程的基线、标高、位置和尺寸。

（5）改变工程的时间安排或实施顺序。

2．工程变更的程序

（1）提出工程变更。根据工程实施的实际情况，发包人、监理人和承包人都可以根据需要提出工程变更。

1）发包人提出变更。发包人提出变更的，应通过监理人向承包人发出变更指示，变更指示应说明计划变更的工程范围和变更的内容。

2）监理人提出变更。监理人提出变更的，需要向发包人以书面形式提出变更建议，说明变更范围、内容和理由，以及该变更对合同价格和工期的影响。

3）承包人提出变更。承包人提出变更的，应向监理人提交变更建议，说明变更的内容和理由，以及实施该变更对合同价格和工期的影响。

（2）工程变更批准。对于监理人提出的变更建议，发包人同意变更的，由监理人向承包人发出变更指示。发包人不同意变更的，监理人无权擅自发出变更指示。

对于承包人提出的变更建议，监理人应在规定时间内进行审查并报送发包人，发包人应在规定时间内进行审批。该变更建议经发包人批准的，监理人应及时向承包人发出变更指示，由此引起的合同价格调整按照约定执行。发包人不同意变更的，监理人应书面通知承包人。

（3）变更执行。承包人收到经发包人签认的变更指示后，方可实施变更。未经许可，承包人不得擅自对工程的任何部分进行变更。

3. 工程变更的估价

（1）变更估价原则。因非承包人原因导致的工程变更，对应的综合单价按下列方法确定：

1）已标价工程量清单或预算书有相同项目的，按照相同项目单价认定。

2）已标价工程量清单或预算书中无相同项目，但有类似项目的，参照类似项目的单价认定。

3）已标价工程量清单或预算书中无相同项目及类似项目的，按照合理的成本与利润构成的原则，由合同当事人协商确定变更事项的单价。

（2）变更估价程序。承包人应在收到变更指示后，在规定时间内向监理人提交变更估价申请。监理人应在收到承包人提交的变更估价申请后，在规定时间内审查完毕并报送发包人，发包人应在规定时间内审批完毕。监理人对变更估价申请有异议的，应通知承包人修改后重新提交。发包人逾期未完成审批或未提出异议的，视为认可承包人提交的变更估价申请。

4.4.2.3 工程索赔

索赔是在工程承包合同履行中，当事人一方由于另一方未履行合同所规定的义务或者出现了应当由对方承担的风险而遭受损失时，向另一方提出赔偿要求的行为。工程索赔是双向的，既包括承包人向发包人的索赔，也包括发包人向承包人的索赔。工程实践中，发包人向承包人的索赔处理更方便，可以通过冲账、扣拨工程款、扣保证金等实现对承包人的索赔，而承包人对发包人的索赔则相对困难一些。

1. 索赔产生的原因

（1）当事人违约。当事人违约常常表现为没有按照合同约定履行自己的义务。发包人违约常常表现为没有为承包人提供合同约定的施工条件、未按照合同约定的期限和数额付款等。监理工程师未能按照合同约定完成规定工作，如未能及时发出图纸、指令等也视为发包人违约。承包人违约的情况则主要是没有按照合同约定的质量、期限完成施工，或者由于不当行为给发包人造成其他损害。

（2）不可抗力事件。不可抗力事件可以分为自然事件和社会事件。自然事件主要是不利的自然条件和客观障碍，如在施工过程中遇到了无法预料的情况（如地下水、地质断层等）。社会事件则包括国家政策、法律、法令的变更，发生战争、罢工等。

（3）合同缺陷。合同缺陷表现为合同文件规定不严谨甚至矛盾，合同中的遗漏或错误。在这种情况下，监理工程师应当给予解释，如果这种解释将导致成本增加或工期延长，发包人应当给予补偿。

（4）合同变更。合同变更表现为设计变更、施工方法变更、追加或者取消某项工作、合同规定的其他变更等。

（5）工程师指令。工程师指令有时也会产生索赔，如工程师指令让承包人加速施工、进行某项额外工作、更换某些材料、采取某些措施等。

（6）其他第三方原因。其他第三方原因常常表现为与工程有关的第三方的问题而引起的对本工程的不利影响。

2. 索赔的分类

（1）按索赔的合同依据分类。

1）合同中明示的索赔。指承包人所提出的索赔要求，在该工程项目的合同文件中有文字依据，承包人可以据此提出索赔要求，并取得经济补偿。这些在合同文件中有文字规定的合同条款，称为明示条款。

2）合同中默示的索赔。指承包人的索赔要求，虽然在工程项目的合同条款中没有专门的文字叙述，但可以根据该合同的某些条款的含义，推断出承包人有索赔权。这种索赔要求，有权得到相应的经济补偿。

（2）按索赔目的分类。

1）工期索赔。由于非承包人责任的原因而导致施工进度延误，承包人要求顺延合同工期的索赔，称为工期索赔。一旦工期索赔获得批准，合同工期应相应顺延。

2）费用索赔。当施工的客观条件改变导致承包人增加开支，要求对超出计划成本的附加开支给予补偿，以挽回不应由他承担的经济损失，称为费用索赔。

（3）按索赔事件的性质分类。

1）工程延误索赔。因发包人未按合同要求提供施工条件，如未及时交付设计图纸、施工现场、道路等，或因发包人指令工程暂停或不可抗力事件等原因造成工期拖延的，承包人对此提出索赔。这是工程中常见的一类索赔。

2）工程变更索赔。由于发包人或监理工程师指令增加或减少工程量、增加附加工程、修改设计、变更工程顺序等，造成工期延长和费用增加，承包人对此提出索赔。

3）合同被迫终止的索赔。由于发包人或承包人违约以及不可抗力事件等原因造成合同非正常终止，无责任的受害方因其蒙受经济损失而向对方提出索赔。

4）工程加速索赔。由于发包人或工程师指令承包人加快施工速度，缩短工期，引起承包人人力、财力、物力的额外开支而提出的索赔。

5）意外风险和不可预见因素索赔。在工程实施过程中，因人力不可抗拒的自然灾害、特殊风险以及一个有经验的承包人通常不能合理预见的不利施工条件或外界障碍，如地下水、地质断层、溶洞、地下障碍物等引起的索赔。

6）其他索赔。例如，因货币贬值、汇率变化、物价工资上涨、政策法令变化等原因引起的索赔。

3．索赔处理的程序

根据合同约定，承包人认为有权得到费用补偿和（或）延长工期的，应按以下程序向发包人提出索赔：

（1）承包人应在知道或应当知道索赔事件发生后 28 天内，向监理人递交索赔意向通知书，并说明发生索赔事件的事由；承包人未在前述 28 天内发出索赔意向通知书的，丧失要求费用补偿和（或）延长工期的权利。

（2）承包人应在发出索赔意向通知书后 28 天内，向监理人正式递交索赔报告；索赔报告应详细说明索赔理由以及要求的补偿金额和（或）延长的工期，并附必要的记录和证明材料。

（3）索赔事件具有持续影响的，承包人应按合理时间间隔持续递交索赔通知，说明持续影响的实际情况，列出累计要求的费用补偿金额和（或）工期延长天数。

（4）在索赔事件影响结束后 28 天内，承包人应向监理人递交最终索赔报告，说明最终要求索赔的金额和（或）延长的工期，并附必要的记录和证明材料。

4．工期索赔的计算

（1）工期索赔中应当注意的问题。

1）划清施工进度拖延的责任。因承包人的原因造成施工进度滞后，属于不可原谅的延期；只有承包人不应承担任何责任的延误，才是可原谅的延期。可原谅延期，又可细分为可原谅并给予补偿费用的延期和可原谅但不给予补偿费用的延期。有时工期延期的原因中可能包含有双方责任，此时监理工程师应进行详细分析，分清责任比例，只有可原谅延期部分才能批准顺延合同工期。

2）被延误的工作应是处于施工进度计划关键线路上的工作。位于关键线路上的工作进度滞后，会影响到竣工日期。另外，位于非关键线路上的工作拖延的时间超过了其总时差，也会影响到总工期。

（2）工期索赔的计算方法。如果延误的工作为关键工作，则总延误的时间为该工作的延误时间；如果延误的工作为非关键工作，当该工作延误时间超过总时差而成为关键工作时，则总延误时间为该工作延误时间与其总时差的差值；若该工作延误后仍为非关键工作，则不存在工期索赔问题。

【案例 4 - 3】 某工程项目的进度计划如图 4 - 10 所示（单位：周），总工期为 13 周，在实施过程中发生了延误，工作②—④由原来的 1 周延至 2 周，工作③—⑥由原来的 2 周延至 3 周，工作④—⑤由原来的 1 周延至 3 周，其中工作②—④的延误是因承包商自身原因造成的，其余均由非承包商原因造成。试分析承包商应向发包人索赔的工期为多少天？

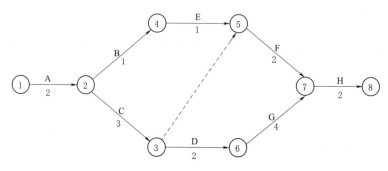

图 4 - 10 进度计划网络图

解： 将非承包商原因造成延误的持续时间代入原网络计划，即得到工程实际进度网络图，如图 4 - 11 所示。可以发现实际总工期变为 14 周，总工期延误了 1 周。因此，承包商可以向业主要求延长工期 1 周。

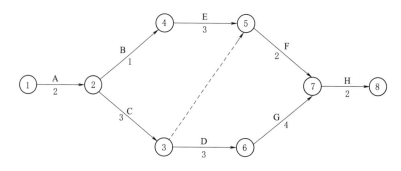

图 4 - 11 实际进度网络图

5. 费用索赔的计算

（1）可索赔的费用。

1）人工费。人工费包括增加工作内容的人工费、停工损失费和工作效率降低的损失费等累计，但不能简单地用计日工费计算。

2）设备费。设备费可采用机械台班费、机械折旧费、设备租赁费等几种形式。

3）材料费。

4）保函手续费。工程延期时，保函手续费相应增加，反之，取消部分工程且发包人与承包人达成提前竣工协议时，承包人的保函金额相应折减，则计入合同价内的保函手续费也应扣减。

5）贷款利息。

6）保险费。

7）利润。

8）管理费。此项又可分为现场管理费和公司管理费两部分，由于两者的计算方法不一样，因此在计算过程中应区别对待。

（2）费用索赔的计算方法。

1）实际费用法。该方法是按照索赔事件所引起损失的费用项目分别分析计算索赔值，然后将各费用项目的索赔值汇总，即可得到总索赔费用值。这种方法以承包商为某项索赔工作所支付的实际开支为依据，但仅限于由于索赔事项引起的、超过原计划的费用，故也称额外成本法。在这种计算方法中，需要注意的是不要遗漏费用项目。

2）总费用法。总费用法就是当发生多次索赔事件以后，重新计算该工程的实际总费用，实际总费用减去投标报价时的估算总费用，即为索赔金额。不少人对采用该方法计算索赔费用持批评态度，因为实际发生的总费用中可能包括了承包商的原因，如施工组织不善而增加的费用；同时投标报价估算的总费用也可能为了中标而过低。因此，这种方法只有在难以采用实际费用法时才应用。

3）修正的总费用法。这种方法是对总费用法的改进，即在总费用计算的原则上，去掉一些不确定的可能因素，对总费用法进行相应的修改和调整，使其更加合理。

【案例4-4】 某建设单位和施工单位签订了施工合同，合同中约定：建筑材料由建设单位提供；由于非施工单位原因造成的停工，机械补偿费为200元/台班，人工补偿费为50元/工日；总工期为120天，竣工时间提前奖励为3000元/天，误期损失赔偿费为5000元/天。经项目监理机构批准的施工进度计划如图4-12所示（单位：天）。

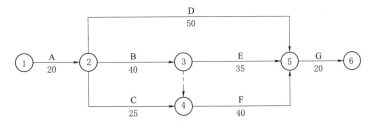

图4-12 施工进度计划网络图

施工过程中发生如下事件：①由于建设单位要求对 B 工作的施工图纸进行修改，致使 B 工作停工 3 天（每停 1 天影响 30 工日，10 台班）；②由于机械租赁单位调度的原因，施工机械未能按时进场，使 C 工作的施工暂停 5 天（每停 1 天影响 40 工日，10 台班）；③由于建设单位负责供应的材料未能按计划到场，E 工作停工 6 天（每停 1 天影响 20 工日，5 台班）。请逐项说明上述事件中施工单位能否得到工期延长和停工损失补偿。

解：①B 工作停工 3 天，应批准工期延长 3 天，因属建设单位原因且 B 工作处在关键线路上；费用可以索赔，应补偿停工损失 = $3 \times 30 \times 50 + 3 \times 10 \times 200 = 10500$（元）。

②C 工作停工 5 天，工期索赔不予批准，停工损失不予补偿，因属施工单位原因。

③E 工作停工 6 天，应批准工期延长 1 天，该停工虽属建设单位原因，但 E 工作有 5 天总时差，停工使总工期延长 1 天；费用可以索赔，应补偿停工损失 = $6 \times 20 \times 50 + 6 \times 5 \times 200 = 12000$（元）。

4.4.2.4　价格调整

1. 物价波动引起的价格调整

（1）采用价格指数调整价格差额。因人工、材料和设备等价格波动影响合同价格时，根据投标函附录中的价格指数和权重表约定的数据，计算差额并调整合同价格，其计算公式为

$$\Delta P = P_0 \left(A + B_1 \frac{F_{t1}}{F_{o1}} + B_2 \frac{F_{t2}}{F_{o2}} + \cdots + B_n \frac{F_{tn}}{F_{on}} - 1 \right) \quad (4-17)$$

式中　　　　　ΔP——需调整的价格差额；

P_0——承包人已完成工程量的金额，不包括价格调整、质量保证金的扣留和支付、预付款的支付和扣回，对于工程变更的部分，若已按现行价格计价的，也不应计入 P_0 内；

A——定值权重（即不调部分的权重）；

B_1，B_2，…，B_n——各可调因子的变值权重（即可调部分的权重）；

F_{t1}，F_{t2}，…，F_{tn}——各可调因子的现行价格指数；

F_{o1}，F_{o2}，…，F_{on}——各可调因子的基本价格指数。

（2）采用价格信息调整价格差额。施工期内，因人工、材料、设备和机械台班价格波动影响合同价格时，人工、机械使用费按照国家或省、自治区、直辖市建设行政管理部门、行业建设管理部门或其授权的工程造价管理机构发布的人工成本信息、机械台班单价或机械使用费系数进行调整；需要进行价格调整的材料，监理人确认需调整的材料单价及数量，作为调整工程合同价格差额的依据。

2. 法律变化引起的价格调整

因法律变化导致承包人在合同履行中所需要的工程费用发生增减时，合同双方通过协商确定需调整的合同价款。

4.4.2.5 工程价款结算

工程价款结算是指施工企业在工程实施过程中，按照承包合同的规定完成一定的工作内容并经验收质量合格后，向建设单位（业主）收取工程价款的一项经济活动。

1. 工程价款结算的方式

（1）按月结算与支付。实行按月支付进度款，竣工后进行清算。目前，我国建筑安装工程项目中，大部分是采用这种结算办法。

（2）分段结算与支付。按照工程形象进度，划分不同阶段来支付工程进度款。阶段划分要在合同中明确。分段结算也可以按月预支工程款。

（3）竣工后一次结算。当建设项目投资较小时，可以实行工程价款每月月中预支，竣工后一次结算。

2. 工程价款结算的依据

（1）发包方与承包方签订的具有法律效力的工程合同和补充协议。

（2）国家及上级有关主管部门颁发的有关工程造价的政策性文件及相关规定和标准。

（3）按国家规定定额及相关取费标准结算的工程项目，应依据施工图预算、设计变更技术核定单和现场用工用料、机械费用的签证等进行结算。

（4）实行招投标的工程项目，以中标价为结算主要依据的，如发生中标范围以外的工作内容，则依据双方约定结算方式进行结算。

3. 工程预付款

工程预付款是指建设工程施工合同订立后，由发包人按照合同约定，在正式开工前预先支付给承包人的工程款。

（1）预付款的支付。

1）预付款的支付额度。发包人根据工程的特点、工期长短、市场行情、供求规律等因素，招标时在合同条件中约定工程预付款的百分比。工程预付款的比例原则上不低于合同金额的 10%。

2）预付款的支付时间。发包人应在双方签订合同后的一个月内或不迟于约定开工日期前 7 天内预付工程款。

（2）预付款的扣回。发包人支付给承包人的工程预付款属于预支性质，随着工程的逐步实施后，原已支付的预付款应以充抵工程价款的方式陆续扣回。一般是在承包人完成金额累计达到合同总价的一定比例后，由承包人开始向发包人还款，还款方式

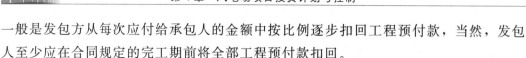

一般是发包方从每次应付给承包人的金额中按比例逐步扣回工程预付款，当然，发包人至少应在合同规定的完工期前将全部工程预付款扣回。

（3）预付款的担保。预付款担保是指承包人与发包人签订合同后领取预付款前，承包人向发包人提供的担保。其主要作用是保证承包人能够按合同规定的目的使用并及时偿还发包人已支付的全部预付金额。

预付款担保的主要形式为银行保函。预付款担保的金额通常与发包人的预付款是等值的。

4. 工程进度付款

（1）承包人提交进度款支付申请。承包人应在每个付款周期末，向监理人提交进度付款申请单。进度付款申请单应包括下列内容：

1）截至本次付款周期末已实施工程的价款。

2）应增加和扣减的变更金额。

3）应增加和扣减的索赔金额。

4）应支付的预付款和扣减的返还预付款。

5）应扣减的质量保证金。

6）根据合同应增加和扣减的其他金额。

（2）发包人签发进度款支付证书。监理人在收到承包人进度付款申请单以及相应的支持性证明文件后的14天内完成核查，提出发包人到期应支付给承包人的金额以及相应的支持性材料，经发包人审查同意后，由监理人向承包人出具经发包人签认的进度付款证书。

（3）发包人支付进度款。发包人应在监理人收到进度付款申请单后的28天内，将进度应付款支付给承包人。发包人不按期支付的，按专用合同条款的约定支付逾期付款违约金。

（4）工程进度款的修正。若发现已签发的任何支付证书有错、漏或重复的数额，发包人有权予以修正，承包人也有权提出修正申请。经发承包双方复核同意修正的，应在本次进度款中支付或扣除。

5. 质量保证金

（1）质量保证金的扣留。监理人应从第一个付款周期开始，在发包人的进度付款中，按专用合同条款的约定扣留质量保证金，直至扣留的质量保证金总额达到专用合同条款约定的金额或比例为止。质量保证金的计算额度不包括预付款的支付、扣回以及价格调整的金额。

（2）质量保证金的返还。缺陷责任期满时，承包人向发包人申请应返还承包人的质量保证金金额，发包人应在14天内会同承包人按照合同约定的内容核实承包人是否完成缺陷责任。如无异议，发包人应当在核实后将质量保证金返还给承包人。

6. 竣工结算

（1）承包人提交竣工付款申请单。工程接收证书颁发后，承包人应按合同约定的份数和期限向监理人提交竣工付款申请单，并提供相关证明材料。竣工付款申请单应包括竣工结算合同总价、发包人已支付承包人的工程价款、应扣留的质量保证金、应支付的竣工付款金额。

（2）发包人审核竣工付款申请单。监理人在收到承包人提交的竣工付款申请单后的 14 天内完成核查，提出发包人到期应支付给承包人的价款，并送发包人审核。发包人应在收到后 14 天内审核完毕。监理人向承包人出具经发包人签认的竣工付款证书。

承包人对发包人签认的竣工付款证书有异议的，发包人可出具竣工付款申请单中承包人已同意部分的临时付款证书。存在争议的部分，按合同约定办理。

（3）发包人支付价款。发包人应在监理人出具竣工付款证书后的 14 天内，将应支付款支付给承包人。

4.4.2.6 投资偏差分析

1. 偏差分析方法

投资偏差分析的方法很多，这里着重介绍挣值法。挣值法（earned value method，EVM）作为一项先进的项目管理技术，最初是美国国防部于 1967 年首次确立的。

（1）挣值分析。

1）计划价值。计划价值（PV）是为计划工作分配的经批准的预算，项目的总计划价值又被称为完工预算（BAC）。

2）挣值。挣值（EV）是对已完成工作的测量值，用该工作的批准预算来表示，是已完成工作的经批准的预算。

3）实际成本。实际成本（AC）是在给定时段内，执行某活动而实际发生的成本，是为完成与挣值相对应的工作而发生的总成本。

（2）偏差分析。

1）进度偏差。进度偏差（SV）是测量进度绩效的一种指标，表示为挣值与计划价值之差，即 $SV = EV - PV$。当 SV 为负值时，表示进度延误；当 SV 为正值时，表示进度提前。

2）投资偏差。投资偏差（CV）是测量项目投资绩效的一种指标，等于挣值减去实际成本，即 $CV = EV - AC$。当 CV 为负值时，表示投资超支；当 CV 为正值时，表示投资节约。

3）进度绩效指数。进度绩效指数（SPI）是测量进度效率的一种指标，表示为挣值与计划价值之比，即 $SPI = EV/PV$。当 $SPI < 1$ 时，表示进度延误；当 $SPI > 1$

时，表示进度提前。

4）投资绩效指数。投资绩效指数（CPI）是测量投资效率的一种指标，表示为挣值与实际成本之比，即 $CV = EV/AC$。当 $CPI < 1$ 时，表示投资超支；当 $CPI > 1$ 时，表示投资节约。

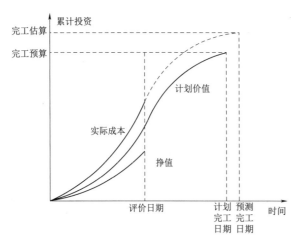

图 4-13　计划价值、挣值和实际成本

（3）趋势分析及预测。趋势分析旨在审查项目绩效随时间的变化情况，以判断绩效是正在改善还是正在恶化。图形分析技术有助于了解截至目前的绩效情况，并把发展趋势与未来的绩效目标进行比较，如完工预算（BAC）与完工估算（EAC）、预测完工日期与计划完工日期的比较，如图 4-13 所示。

随着项目进展，项目团队可根据项目绩效，对完工估算进行预测。常用以下三种方法计算完工估算的值

1) $$EAC = AC + (BAC - EV) \tag{4-18}$$

2) $$EAC = \frac{BAC}{CPI} \tag{4-19}$$

3) $$EAC = AC + \frac{BAC - EV}{CPI \times SPI} \tag{4-20}$$

【案例 4-5】　某建设项目合同约定的施工工期为 8 个月，2020 年 1 月开始正式施工，施工单位按合同工期要求编制了施工进度时标网络计划，如图 4-14 所示。各工作计划工程量及单价如表 4-12 所示。

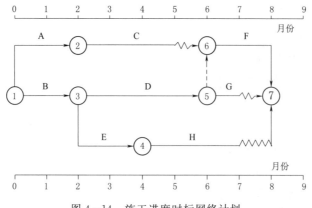

图 4-14　施工进度时标网络计划

表 4 - 12　各工作计划工程量及单价

工作	A	B	C	D	E	F	G	H
计划工程量/m³	800	700	500	900	600	400	300	240
单价/(元/ m³)	100	80	60	80	40	30	60	200

项目施工至 6 月末，经调查，工作 H 的开始时间比原计划推迟 1 个月，工作 H 已完成实际工程量为 $100m^3$，尚需完成工程量为 $200m^3$，工作 D 的实际单价比计划单价增加了 10%。

问题：（1）列表计算 PV、EV 和 AC。

　　　（2）计算进度偏差和投资偏差。

解：（1）计算工作的计划价值。假定施工匀速，则各项工作的计划价值如图 4 - 15 中箭线下方的数值，该数值表示每月的计划价值。

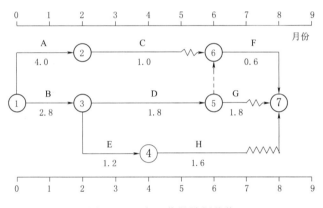

图 4 - 15　各工作的计划价值

（2）计算工作的实际成本。截至 6 月末，各项工作的实际成本如图 4 - 16 中箭线下方的数值，该数值表示每月的实际成本。

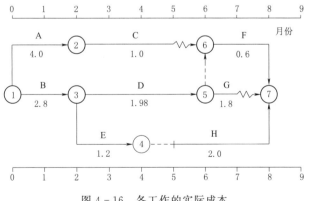

图 4 - 16　各工作的实际成本

（3）计算工作的挣值。截至 6 月末，各项工作的挣值如图 4－17 中箭线下方的数值，该数值表示每月的挣值。

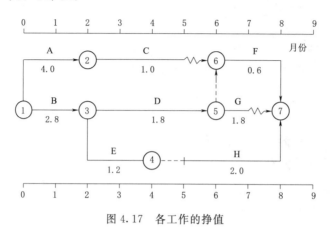

图 4.17　各工作的挣值

（4）列表计算项目的计划价值、挣值、实际成本及其累计值，如表 4－13 所示。

表 4－13　计　算　结　果　　　　　　　　　　单位：万元

项　目	1 月	2 月	3 月	4 月	5 月	6 月
计划价值	6.8	6.8	4.0	4.0	4.4	3.4
累计计划价值	6.8	13.6	17.6	21.6	26	29.4
每月挣值	6.8	6.8	4.0	4.0	2.8	3.8
累计挣值	6.8	13.6	17.6	21.6	24.4	28.2
每月实际成本	6.8	6.8	4.18	4.18	2.98	3.98
累计实际成本	6.8	13.6	17.78	21.96	24.94	28.92

（5）计算投资偏差和进度偏差。截至 6 月末，项目投资偏差和进度偏差分别为

$$SV = EV - PV = 28.2 - 29.4 = -1.2 \quad \text{进度拖延}$$

$$CV = EV - AC = 28.2 - 28.92 = -0.72 \quad \text{投资超支}$$

（6）计算完工预算和完工估算

$$BAC = 29.4 + 4 + 0.6 = 34.0$$

$$EAC = AC + (BAC - EV) = 28.92 + (34.0 - 28.2) = 34.72$$

2. 投资偏差原因分析

导致不同项目产生投资偏差的原因具有一定的共性，因而可以通过对已建项目的投资偏差原因进行归纳、总结，为制定新建项目的预防措施提供依据。一般来说，产生项目投资偏差的原因如图 4－18 所示。

3. 纠偏措施

纠偏首先要确定纠偏的主要对象，上面介绍的偏差原因中，有些是无法避免和控制的，如客观原因和物价上涨，充其量只能对其中少数原因做到防患于未然，力求减

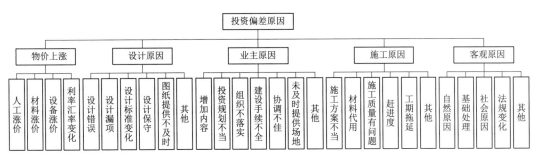

图 4-18 投资偏差原因

少该原因所产生的经济损失。施工原因所导致的经济损失通常是由承包商自己承担。因此，这些偏差原因都不是纠偏的主要对象。纠偏的主要对象是业主原因和设计原因造成的投资偏差。在确定了纠偏的主要对象之后，就需要采取有针对性的纠偏措施。纠偏可采用组织措施、经济措施、技术措施和合同措施等。

第5章　风电场项目质量计划与控制

建设工程质量不仅关系工程的适用性和建设项目投资效果，而且关系到人民群众生命财产的安全。因此，在工程建设中自始至终把"质量第一"作为对工程质量控制的基本原则。

5.1　概　　述

5.1.1　质量与质量目标

1. 质量

质量是指一组固有特性满足要求的程度。术语"质量"可使用形容词如差、好或优秀来修饰。上述定义可以从以下方面去理解：

（1）质量不仅是指过程的质量，也可以是产品的质量，甚至是质量管理体系的质量。过程是指一组将输入转化为输出的相互关联或相互作用的活动。产品是指过程的结果，产品通常有四种类别：服务（如运输）、软件（如计算机程序、字典）、硬件（如发动机机械零件）、流程性材料（如润滑油）。质量管理体系是指在质量方面指挥和控制组织的管理体系。

（2）特性是指可区分的特征，包括物理特性、功能特性、感官特性、时间特性等。特性可以区分为固有的特性和赋予的特性。固有的特性是指与生俱来的、本来就有的，如螺栓的直径、重量。赋予的特性是指不是本来就有的，而是后来增加的特性，如螺栓的价格、螺栓的供货时间。

（3）要求是指明示的（如合同、技术规范、图纸等的要求）、通常隐含的（如惯例、一般的做法等的要求）或必须履行的（如法律、法规等的要求）需要和期望。要求不相同，意味着质量水准不相同。

（4）顾客和其他相关方对产品、过程或质量管理体系的要求是动态的、发展的和相对的。顾客和其他相关方的要求会随着时间、地点、环境的变化而变化，如随着技术的发展、生活水平的提高，人们对产品、过程或质量管理体系会提出新的要求。

2. 质量目标

质量目标是组织在质量方面所追求的目的，质量目标通常依据质量方针制定。质量目标应遵循 SMART 原则制定。简单来说，质量目标必须是明确的（specific）、可度量的（measurable）、可实现的（attainable）、相关联的（relevant）和有时限的（time -based）。质量目标不能太高也不能太低，应根据质量成本理论，确定合适的质量目标（水平）。

（1）质量成本的构成。组织为了保证和改善其产品和服务的质量，需要付出成本代价。质量成本是指为了保证满意的质量而发生的费用以及没有达到质量标准所造成的损失。根据上述定义，一般将质量成本分成两个部分：运行质量成本和外部质量保证成本。运行质量成本又包括预防成本、鉴定成本、内部故障成本、外部故障成本四部分，前两项之和统称为可控成本，后两项之和统称为损失成本或结果成本。质量成本的构成如图 5 - 1 所示。

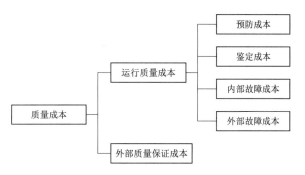

图 5 - 1　质量成本的构成

1）预防成本。预防成本指预防产生故障或不合格品所需要的各项费用，主要包括质量工作费、质量培训费、质量奖励费、质量改进措施费、质量评审费和质量情报及信息费等。

2）鉴定成本。鉴定成本指评定产品是否满足规定质量要求所需的试验、检验和验证方面的成本。一般包括进货检验费、工序检验费、成品检验费、检测试验设备的维护费、检测试验设备的折旧费、检验人员的工资及附加费等。

3）内部故障成本。内部故障成本指在产品出厂前，由于产品本身存在的缺陷所带来的经济损失，以及处理不合格品所花费的一切费用的总和。一般包括废品损失、返工或返修损失、因质量问题发生的停工损失、质量事故处理费、质量降等降级损失等。

4）外部故障成本。外部故障成本指产品出厂后，在用户使用过程中由于产品的缺陷或故障所引起的一切费用总和。一般包括索赔损失、退货或退换损失、保修费用、诉讼损失费、折价损失等。

5）外部质量保证成本。在合同环境条件下，根据用户提出的要求，为提供客观证据所支付的费用，统称为外部质量保证成本。例如，为满足用户要求，进行质量体系认证和产品质量认证所发生的费用等。

（2）质量成本曲线。质量成本与质量水平之间存在一定的变化关系，反映这种变化关系的曲线称为质量成本曲线，如图 5-2 所示。

从图 5-2 可以看出，内外部故障成本（C1）是随产品质量水平的提高而单调下降；预防鉴定成本（C2）随产品质量水平的提高而单调上升。可以证明，一定存在一个最佳质量目标（合格率），使得总质量成本最低。

为便于分析，可以将质量总成本曲线划分为三个区域，分别为质量改进区、质量成本控制区（或适宜区）和质量至善论区，如图 5-3 所示。

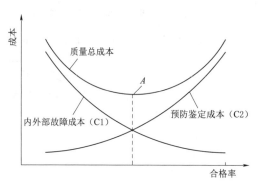

图 5-2　质量水平与质量成本之间的关系　　　　图 5-3　质量水平区域划分

1）Ⅰ区是质量改进区。该区域故障成本大于 70%，而预防成本小于 10%，在这个区域中，质量总成本偏高主要是由于质量管理水平低所造成的，为此，企业应加强质量保证工作和检验工作，采取各种预防措施来提高产品质量水平，以减少不良损失，使质量总成本趋于下降。

2）Ⅱ区是质量成本控制区。该区域故障成本约为 50%，而预防成本约为 10%，这个区域是质量总成本处于最低水平的区域，如没有更有效的改善措施，企业应把质量工作重点转入到维持和控制现有的产品质量水平上。

3）Ⅲ区为质量至善论区。该区域故障成本小于 40%，而鉴定成本则大于 50%，此时出现了产品质量过剩，应放宽检验水平或重新审查产品标准，为此，企业应采取抽样检验的方法，减少全检比例以降低鉴定成本或者结合客户实际需要来修订产品标准，消除由于提供不必要的质量而增加的质量成本。

5.1.2　建设工程质量的形成过程

工程建设的不同阶段，对工程项目质量的形成起着不同的作用和影响。

1. 项目可行性研究阶段

项目可行性研究是在项目建议书的基础上，对各种可能的拟建方案和建成投产后的经济效益、社会效益和环境效益等进行技术经济分析、预测和论证，并从中选择出最佳建设方案，作为项目决策和设计的依据。在此过程中，需要确定工程项目的质量要求，并与投资目标相协调。

2．项目决策阶段

项目决策阶段是通过项目可行性研究和项目评估，对项目的建设方案做出决策，使项目的建设充分反映业主的意愿，并与地区环境相适应，做到投资、质量、进度三者协调统一。因此，项目决策阶段需要确定工程项目应达到的质量目标和水平。

3．工程勘察与设计阶段

工程地质勘察是为建设场地选择和工程设计与施工提供地质资料依据。而工程设计是根据建设项目总体需求和地质勘察报告，对工程的外形和内在的实体进行筹划、研究、构思、设计和描绘，形成设计说明书和图纸等相关文件，使得质量目标和水平具体化，为施工提供直接依据。

4．工程施工阶段

工程施工是指按照设计图纸和相关文件的要求，在建设场地上将设计意图付诸实现，形成工程实体的活动。因此，工程施工活动决定了设计意图能否体现，直接关系到工程的安全可靠、使用功能的保障等。在一定程度上，工程施工是形成实体质量的决定性环节。

5．工程竣工验收

工程竣工验收就是对工程施工质量通过检查评定、试车运转，考核施工质量是否达到设计要求；是否符合决策阶段确定的质量目标和水平。因此，工程竣工验收是保证最终产品质量的最后一道防线。

5.1.3　影响风电场项目质量的因素

影响项目质量的因素有人（Man）、材料（Material）、机械设备（Machine）、方法（Method）和环境（Enviroment），简称4M1E。

（1）人。人指人的文化程度、技术水平、劳动态度、质量意识和身体状况等。

（2）材料。材料泛指各类原材料、构配件、半成品等。

（3）机械设备。机械设备指各类设备和工器具等。

（4）方法。方法指工艺方法、操作方法和施工方案等。

（5）环境。环境指生产现场的温度、湿度、噪音、振动、照明等。

5.1.4　质量管理的原则

1．以顾客为关注焦点

质量管理的首要关注点是满足顾客要求并且努力超越顾客期望。其主要益处包括：

1）提升顾客价值。

2）增强顾客满意。

3）增进顾客忠诚。

4）增加重复性业务。

5）提高组织的声誉。

6）扩展顾客群。

7）增加收入和市场份额。

2. 领导作用

各级领导建立统一的宗旨和方向，并创造全员积极参与实现组织的质量目标的条件。其主要益处包括：

1）提高实现组织质量目标的有效性和效率。

2）组织的过程更加协调。

3）改善组织各层级、各职能间的沟通。

4）开发和提高组织及其人员的能力，以获得期望的结果。

3. 全员积极参与

整个组织内各级人员的积极参与，是提高组织创造和提供价值能力的必要条件。其主要益处包括：

1）组织内人员对质量目标有更深入的理解，以及更强的加以实现的动力。

2）在改进活动中，提高人员的参与程度。

3）促进个人发展、主动性和创造力。

4）提高人员的满意程度。

5）增强整个组织内的相互信任和协作。

6）促进整个组织对共同价值观和文化的关注。

4. 过程方法

将活动作为相互关联、功能连贯的过程组成的体系来理解和管理时，可更加有效和高效地得到一致的、可预知的结果。其主要益处包括：

1）提高关注关键过程的结果和改进机会的能力。

2）通过由协调一致的过程所构成的体系，得到一致的、可预知的结果。

3）通过过程的有效管理、资源的高效利用及跨职能壁垒的减少，尽可能提升其绩效。

4）使组织能够向相关方提供关于其一致性、有效性和效率方面的信任。

5. 改进

改进对于组织保持当前的绩效水平，对其内、外部条件的变化做出反应，并创造新的机会，都是非常重要的。其主要益处包括：

1）提高过程绩效、组织能力和顾客满意。

2）增强对调查和确定根本原因及后续的预防和纠正措施的关注。

3）提高对内外部风险和机遇的预测和反应能力。

4）增加对渐进性和突破性改进的考虑。

5）更好地利用学习来改进。

6）增强创新的动力。

6．循证决策

决策是一个复杂的过程，并且总是包含某些不确定性。基于数据和信息的分析和评价的决策，更有可能产生期望的结果。其主要益处包括：

1）改进决策过程。

2）改进对过程绩效和实现目标的能力的评估。

3）改进运行的有效性和效率。

4）提高评审、挑战和改变观点和决策的能力。

5）提高证实以往决策有效性的能力。

7．关系管理

利益相关方能影响本组织的绩效。当组织管理与所有相关方的关系，以尽可能有效地发挥其在组织绩效方面的作用时，持续成功更有可能实现。对供方及合作伙伴网络的关系管理是尤为重要的。其主要益处包括：

1）通过对每一个与相关方有关的机会和限制的响应，提高组织及其有关相关方的绩效。

2）对目标和价值观，与相关方有共同的理解。

3）通过共享资源和人员能力，以及管理与质量有关的风险，增强为相关方创造价值的能力。

4）具有管理良好、可稳定提供产品和服务的供应链。

5.2 风电场项目质量计划

项目质量计划就是确定项目的质量目标并规定达到质量目标的途径和相关资源。它是项目计划的重要组成部分之一，项目质量计划应与项目其他计划（如投资计划和进度计划）同时编制，因为项目质量计划规定的质量目标的高低以及达到质量目标的途径必然会影响到项目的投资和工期。

5.2.1 项目质量计划的依据

项目组织一旦决定制订质量计划，就应确定制订质量计划的依据，质量计划的依据包括如下一些内容。

1. 质量方针与质量目标

质量方针是组织（如公司等）的最高管理者正式发布的该组织总的质量宗旨和方向。它体现了该组织成员的质量意识和质量追求，是组织内部的行为准则，也体现了客户的期望和对客户的承诺。

2. 项目的要求

项目的要求是制定质量计划的关键依据。因为它说明了该项目的可交付成果和项目目标，明确了项目有关各方在质量方面的具体要求。项目要求中还经常包含可能影响质量计划的技术要点和其他注意事项的详细内容。

3. 标准和规则

项目组织在制订质量计划时必须考虑到特定领域中可能影响到项目的标准和规则。例如，制定项目质量验收计划时，建筑工程的分部、分项工程宜按《建筑工程施工质量验收统一标准》进行划分。

4. 其他过程的输出

在制定项目质量计划时，除了要考虑上述三项内容以外，还要考虑项目管理其他过程的输出内容。例如，在制定项目质量计划时，还要考虑项目采购计划的输出，从而对分包商或供应商提出相应的质量要求。

5.2.2 项目质量计划的内容

质量计划要明确项目组织如何具体工作以实现它的质量目标，包括规定由谁、在何时、利用哪些资源、依据什么样的程序、根据什么标准来实施项目，从而满足项目质量目标。项目质量计划通常包括如下内容：

（1）要达到的质量目标，包括总目标与分目标。

（2）质量管理工作流程及说明。

（3）相关人员的职责和权限。

（4）项目实施中的作业程序和指导书。

（5）各个阶段适用的试验、检查、检验和评审计划。

（6）质量目标的测量方法。

（7）质量改进计划与程序。

（8）为达到项目质量目标必须采取的其他措施，如更新检验技术、研究新的工艺方法和设备、用户的监督等。

【案例5-1】 某风电场项目项目经理、项目技术负责人的质量管理职责。

1. 项目经理质量管理责任

（1）认真贯彻执行国家、行业关于工程质量的法律、法规、规范和标准。

（2）负责领导和组织本工程质量管理的全面工作，确定工程质量目标，组织研究制订工程项目质量计划；主持工程质量领导小组会议或质量工作会议。

（3）督促检查项目部质量管理工作的开展情况，确保实现质量目标。

（4）随时掌握工程质量情况，对影响工程质量的重大技术性问题，组织有关人员进行检查。

（5）负责组织抓好质量管理教育，领导全项目人员开展质量活动，对工程质量的薄弱环节和重大质量问题，组织质量攻关。

（6）带领全项目部管理人员，高起点、高标准、高要求地统筹抓好质量管理工作。

（7）负责工程回访和质量保修工作。

2. 项目技术负责人质量管理责任

（1）认真贯彻执行国家、行业关于工程质量的法律、法规、规范和标准。

（2）组织本项目贯彻实施公司质量管理体系文件，健全质量管理制度，规范质量管理工作。

（3）主持编制并组织实施项目工程施工组织设计和质量保证措施，创优规划。

（4）参加质量管理小组会议或质量工作会议，提出项目质量目标和质量保证技术措施。

（5）主持本项目的质量事故分析会，对因技术原因造成的工程质量事故负技术领导责任。

（6）定期组织质量检查和质量评定工作，研究质量改进措施。

（7）指导质检员、施工班组的工作，对不符合质量标准的分部、分项工程责令返工，并对违反施工程序和操作规程的班组和个人实施罚款。

（8）协助项目经理处理重大责任事故，并组织有关部门分析原因，提出防治、改进措施。

（9）经常听取质量检查的汇报，积极支持技术检查部门的工作，努力提高工程质量。

（10）负责组织基层领导定期召开质量分析会议，征求意见，采纳合理化建议，抓好质量管理工作。

【案例 5-2】 某风电场项目质量总目标和分目标。

1. 质量总目标

确保工程质量全面实现达标投产和国家电力行业优质工程。争创鲁班奖。

2. 质量分目标

（1）建筑工程质量指标。分项工程合格率 100%，分部工程合格率 100%，单位工程优良率 100%。

（2）安装工程质量指标。分项工程合格率 100%，分项工程优良率不小于98.5%，分部工程优良率 100%，单位工程优良率 100%。

5.3　风电场项目施工质量控制

5.3.1　施工质量控制内容

建设工程施工是实现工程设计意图并形成工程实体的阶段，是质量控制的重点阶段。施工阶段的质量控制按工程实体质量形成的时间可划分为施工准备质量控制、施工过程质量控制和竣工验收质量控制，如图 5-4 所示。

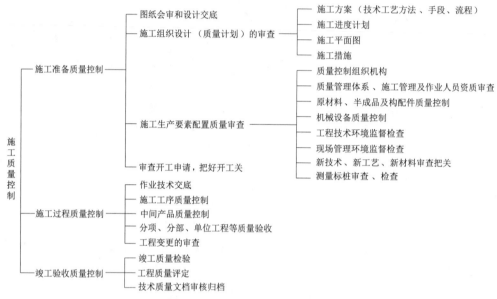

图 5-4　施工阶段质量控制内容

5.3.1.1　施工准备质量控制

施工准备指建设工程开工前的施工准备，这是确保施工质量的先决条件。施工准备质量控制主要包括图纸会审和设计交底、施工组织设计审查、施工生产要素配置质量审查及审查开工申请等内容。

1. 图纸会审和设计交底

（1）图纸会审。图纸会审指建设单位、监理单位、施工单位等相关单位，在设计交底前熟悉和审查施工图纸的活动。其目的有两点：一是及时发现图纸中可能存在的差错；二是使各参建单位熟悉设计图纸，了解工程特点和设计意图，找出需要解决的技术难题，并制定解决方案。

（2）设计交底。设计交底是指在施工图完成并经有关审查机构审查合格后，设计单位按法律规定的义务就施工图设计文件向建设单位、施工单位和监理单位作出详细说明的活动。其目的是让建设单位、施工单位和监理单位能正确了解设计意图，加深对设计文件特点、难点、疑点的理解，掌握关键工程部位的质量要求。

设计交底一般由建设单位负责组织，设计单位先进行设计交底，然后转入对图纸会审问题清单的解答。设计交底活动结束后，由设计单位整理会议纪要，与会各方签字后，即成为施工的依据之一。

2. 施工组织设计审查

工程项目开工之前，总监理工程师应组织专业监理工程师审查施工单位编制的施工组织设计并提出审查意见，再经总监理工程师审核、签认后报建设单位。施工组织设计审查包括：

（1）编审程序应符合相关规定。

（2）施工进度、施工方案及工程质量保证措施应符合施工合同要求。

（3）资金、劳动力、材料、设备等资源供应计划应满足工程施工需要。

（4）安全技术措施应符合工程建设强制性标准。

（5）施工总平面布置应科学合理。

施工组织设计报审应填写技术文件报审表，如表5-1所示。

表 5-1 技术文件报审表

工程名称：	编号：

致：   （项目监理机构）
 	
    我单位完成了_____技术文件的编制，并按规定程序完成了相关内部审批手续，请予以审查。
 	
    附件：1. 施工组织设计____份。
          2. 施工现场质量管理记录____份。
            ……<div align="right">施工单位（盖章）：
项目经理（签字）：
年 月 日</div>	

专业监理工程师审查意见：<div align="right">专业监理工程师（签字）： 年 月 日</div>	
项目监理机构审查意见：<div align="right">项目监理机构（盖章）： 总监理工程师（签字和盖章）： 年 月 日</div>	

3. 施工生产要素配置质量审查

（1）质量控制组织机构。总监理工程师应组织审核施工单位现场组织机构的形式是否与施工承包模式相适应、质量管理人员的职责分工是否合理、质量管理人员的专业是否满足工程需要、质量管理人员的数量是否满足工程需要及派驻现场人员的进场计划与施工质量控制工作是否匹配等。

（2）现场质量管理体系的审查。施工单位应在规定时间内向监理工程师报送现场质量管理体系的有关资料，包括组织机构、各项管理制度等，监理工程师对报送的相关资料进行审核，并进行实地检查。

（3）施工组织机构及人员的质量控制。施工单位在现场应设置组织机构，配备相应的人员。必须坚持执业资格注册制度和作业人员持证上岗制度，对所选派的施工项目经理、技术人员、管理人员、生产工人进行教育和培训，使其质量意识和能力能满足施工质量控制的要求。

（4）材料构配件采购订货的控制。

1）凡由施工单位负责采购的原材料、半成品或构配件，在采购订货前应向监理工程师申报。

2）对于半成品或构配件，应按设计文件和图纸要求数量采购订货，质量应满足有关标准和设计的要求，交货期应满足施工及安装进度安排的需要。

3）供货方应向订货方提供质量文件，用以表明其提供的货物能够完全达到订货方提出的质量要求。

（5）施工机械配置的控制。

1）审查所需的施工机械设备型号及数量，是否按已批准的计划备妥；审查所准备的施工机械设备是否都处于完好的可用状态。

2）对需要定期检定的设备应检查施工单位提供的检定证明。例如测量仪器、检测仪器等应按规定进行定期检定。

（6）工艺方案的质量控制。施工工艺的先进合理是直接影响工程质量的关键因素，因此，施工中应尽可能采用技术先进、经济合理、安全可靠的工艺方案。

（7）施工环境因素的控制。施工环境因素主要包括自然环境、管理环境和施工作业环境。

1）自然环境因素控制。自然环境因素控制包括严寒季节的防冻、夏天的防高温、地下水位较高时的井点降水、施工场地的防洪与排水等。

2）管理环境因素控制。管理环境因素控制包括现场组织机构的设立、管理制度、人员的配备，质量责任制度的落实等。

3）作业环境因素控制。作业环境因素控制包括施工现场的给水排水、水电供应、施工照明、场地空间以及交通运输。施工单位要认真落实各项保证措施，严格执行相关管理制度和施工纪律，保证上述环境条件良好。

（8）测量标桩检查审核。施工单位对建设单位移交的原始基准点、基准线和标高等测量控制点要进行复核，并将复测结果报监理工程师审核，经批准后施工单位才能据以进行测量放线，建立施工测量控制网，同时，施工单位应做好基桩的保护工作。基准点复测成果应填写施工控制测量/线路复测成果报审表，如表5-2所示。

表5-2　施工控制测量/线路复测成果报审表

工程名称：		编号：	
致：　　　　　（项目监理机构） 　　我单位组织对工程控制网/线路进行了施工控制测量，现报上 _____ 施工控制测量/线路复测成果和相关原始记录，请予以查验。 　　附件：1. 施工控制网测量/线路复测依据资料。 　　　　　2. 施工控制测量成果表（含计算书）。 　　　　　…… 　　　　　　　　　　　　　　　施工单位（盖章）： 　　　　　　　　　　　　　　　测量工程师（签字）： 　　　　　　　　　　　　　　　技术负责人（签字）： 　　　　　　　　　　　　　　　年　　月　　日			
专业监理工程师审查意见： 　　　　　　　　　　　　　　　专业监理工程师（签字）： 　　　　　　　　　　　　　　　年　　月　　日			
项目监理机构审查意见： 　　　　　　　　　　　　　　　项目监理机构（盖章）： 　　　　　　　　　　　　　　　总监理工程师（签字和盖章）： 　　　　　　　　　　　　　　　年　　月　　日			

4. 审查开工申请

监理工程师应审查施工单位报送的工程开工报审表及相关资料，如表5-3所示。具备开工条件时，由总监理工程师签发开工指令，并报建设单位。现场开工应具备的条件如下：

（1）施工许可证已获政府主管部门批准。

（2）征地拆迁工作能满足工程进度的需要。

（3）施工组织设计已获总监理工程师批准。

（4）施工单位现场管理人员已到位，机具、施工人员已进场，主要工程材料已落实。

（5）进场道路及水、电、通信已满足开工条件。

表 5－3　工 程 开 工 报 审 表

工程名称：		编号：	
致：_____（项目监理机构） 　　我单位承担的_____工程，已完成了开工前的各项准备工作，具备开工条件，特申请于___年__月___日开工，请审批。 　　附件：1. 施工组织设计已审批。 　　　　　2. 施工单位安全生产许可资质已审查。 　　　　　…… 　　　　　　　　　　　　　　　　　　　　　　施工单位（盖章）： 　　　　　　　　　　　　　　　　　　　　　　项目经理（签字）： 　　　　　　　　　　　　　　　　　　　　　　　年　　月　　日			
项目监理机构审查意见： 　　　　　　　　　　　　　　　　　　　　　　项目监理机构（盖章）： 　　　　　　　　　　　　　　　　　　　　　　总监理工程师（签字和盖章）： 　　　　　　　　　　　　　　　　　　　　　　　年　　　月　　　日			
建设单位审批意见： 　　　　　　　　　　　　　　　　　　　　　　建设单位（盖章）： 　　　　　　　　　　　　　　　　　　　　　　项目代表（签字）： 　　　　　　　　　　　　　　　　　　　　　　　年　　　月　　　日			

5.3.1.2　施工过程质量控制

施工过程质量控制包括作业技术交底，施工工序质量控制，中间产品质量控制，检验批、分项工程和分部工程质量验收以及工程变更的审查等。

1. 作业技术交底

施工单位做好技术交底，是取得好的施工质量的条件之一。为此，每一分项工程开始实施前，相关专业技术人员向参与施工的人员进行技术性交代，其目的是使施工人员对工程特点、质量要求、施工方法与措施及安全等方面有一个较详细的了解，以便于科学地组织施工。技术交底要紧紧围绕和具体施工有关的操作者、机械设备、使用的材料、构配件、工艺、方法、施工环境、具体管理措施等方面进行，交底中要明确做什么、谁来做、如何做、作业标准和要求是什么、什么时间完成等内容。

2. 施工工序质量控制

工程实体质量是由施工工序质量决定的，施工工序质量控制主要包括工序施工条件控制和工序施工效果控制。

（1）工序施工条件控制。所谓工序施工条件控制主要是指对影响工序质量的各种因素进行控制，换言之，就是要使各工序能在良好的条件下进行，以确保工序的质量。影响工序质量的因素包括：①人的因素，如施工操作者和有关人员是否符合上岗要求；②材料因素，如材料质量是否符合标准以及能否使用；③施工机械设备因素，诸如其规格、性能、数量能否满足要求，质量有无保障；④方法因素，如拟采用的施工方法及工艺是否恰当；⑤环境因素，如施工的环境条件是否良好等。笼统地说，这些因素应当符合规定的要求或保持良好状态。

（2）工序施工效果控制。工序施工效果的控制主要指对工序产品质量特征指标的控制，项目组织对工序产品采取一定的检测手段进行检验，然后根据检验的结果分析、判断该工序施工的质量（效果）。其控制步骤如下：

1）检测。采用必要的检测手段，对抽取的样品进行检验，测定其质量特性指标（例如混凝土的抗拉强度）。

2）分析。对检验所得的数据通过直方图法、排列图法或管理图法等进行分析。

3）判断。根据分析的结果，如数据是否符合正态分布；是否在上下控制线之间；是否在公差（质量标准）规定的范围内；是属于正常状态或异常状态；是偶然性因素引起的质量变异，还是系统性因素引起的质量变异等，对工序的质量予以判断，从而确定该道工序是否达到质量标准。

4）纠正或认可。如发现质量不符合规定标准，应寻找原因并采取措施纠正；如果质量符合要求则予以确认。

3. 中间产品质量控制

建设项目的中间产品一般指砂石骨料、砂浆拌和物、混凝土拌和物以及混凝土预制构件等成品或者半成品。对于现场拌制混凝土拌和物，首先，要控制水泥、粗细骨料、水、矿物掺和料、外加剂等原材料的质量，原材料进场时，供方应按规定向需方提供质量证明文件。质量证明文件应包括各种检验报告与合格证等，外加剂产品还应提供使用说明书。其次，混凝土配合比应满足混凝土施工性能要求，原材料的投料方式及搅拌时间等应满足混凝土搅拌技术要求和混凝土拌和物质量要求。最后，混凝土拌和物性能（力学性能、耐久性等）应满足设计和施工要求，在搅拌地点应对混凝土拌和物进行抽样检验。

【案例 5-3】　风电机组基础混凝土施工质量控制。

风电机组基础是支撑高耸结构物的独立基础，风电机组塔筒高达 70～80m，其顶部装有机舱、轮毂及叶片，同时侧向还有较大的风荷载作用，因此要求风电机组基础具有较高的承载能力、抗变形能力以及抗颠覆能力，其施工质量是保证风电机组能否正常运行的基本前提。

为了保证风电机组基础的施工质量，应对风电机组基础施工关键工序进行严格控制，主要包括以下内容：

（1）基坑开挖。基坑开挖完成后及时组织地质勘察单位、设计单位、监理单位检查基底地质情况，若存在地质缺陷，如软弱夹层、破碎带、溶洞等，应根据实际情况采取混凝土换填找平等方式处理，以保证基础和地基之间的完整性、牢固性，确保基底强度满足设计承载力要求。

（2）锚栓组合件安装。依据预应力锚栓基础图纸要求，核对安装下锚板的预埋件数量、尺寸和位置是否正确；下锚板上面到预埋件的距离满足图纸的设计要求，下锚板的中心对应基础中心，允许最大偏差为5mm；调节支撑螺栓，使下锚板达到图纸设计标高，且下锚板的水平度不超过3mm。锚栓穿入下锚板后，下锚板下方应全部加上垫片，同时将下方的螺母拧紧到300N·m，不得遗漏；下锚板下方局部垫层浇筑前应进行隐蔽工程验收，经监理验收签证、确认合格（无遗漏且拧紧）后方可浇筑。调整上锚板，使上、下锚板同心，同心度允许偏差应满足不大于3mm；上、下锚板同心后，调整上锚板的水平度，上锚板水平度（浇筑前）应满足不大于1.5mm；钢筋绑扎、支模后，混凝土浇筑前应复查上锚板的水平度，达到要求后，方可浇筑混凝土。

（3）钢筋绑扎。钢筋品种和质量必须符合设计要求和有关现行标准（规范）的规定；钢筋接头必须符合设计要求和有关现行规范规定；钢筋规格、数量和位置必须符合设计要求和有关现行规范规定；钢筋应平直、洁净；调直钢筋表面不应有划伤、锤痕；钢筋的弯钩长度和角度应符合设计要求和有关现行规范规定；钢筋骨架的绑扎不应有变形，缺扣、松扣数量不大于10%且不集中；骨架和受力钢筋长度偏差±10mm，宽度和高度偏差不大于5mm，受力筋的间距偏差±10mm，受力筋的排距偏差±5mm；钢筋网片长度偏差±10mm，对角线偏差不大于10mm，网眼几何尺寸偏差±20mm；箍筋间距偏差±10mm；主筋保护层偏差±3mm。

（4）模板安装。模板支撑结构必须具有足够的强度、刚度和稳定性，严禁产生不允许的变形；预埋件、预留孔（洞）应齐全、正确、牢固；模板接缝宽度不大于1.5mm；模板与混凝土接触面无黏浆，隔离剂涂刷均匀；模板内部清理干净无杂物；预埋件制作安装应符合相关规范规定；轴线位移不大于5mm；截面尺寸偏差4～5mm；表面平整度偏差不大于5mm。

（5）基础混凝土浇筑。在混凝土浇筑过程中应注意保护锚栓组合件，用塑料薄膜把上锚板及锚栓上部（标高+0.35m以上）全部包裹好，以免其在浇筑混凝土时受到污染或损坏；混凝土浇筑现场采用泵送、溜槽等多种入仓方式，增加入仓面，缩短浇筑时间，避免施工缝的出现；注意控制混凝土自由下落高度不超过2m，浇入仓面的混凝土必须随浇筑随平仓，不得堆积；宜采用直径50mm的软轴振捣棒及时振捣，以"梅花形"方式插入振捣，快插、慢拔至混凝土表面开始泛浆即换位，控制间距40～60cm，振捣到位，无漏振、过振现象，确保浇筑质量。应特别注意上锚板下方和下锚板上方混凝土的浇筑质量；在浇筑到±0.0m时复检上锚板水平度，并做相应调整。

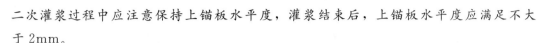

二次灌浆过程中应注意保持上锚板水平度，灌浆结束后，上锚板水平度应满足不大于 2mm。

（6）混凝土养护。混凝土浇筑结束后的 12～18h 内，开始进行洒水养护或覆盖薄膜蓄水养护，使混凝土表面经常保持湿润状态；外露表面应及时覆盖保温，防止产生收缩裂缝；加强混凝土温度监测。应在基础混凝土强度达到设计允许拆模强度时方可拆除模板。

（7）基坑回填。基底处理必须符合设计要求及有关现行规范规定；回填料必须符合现行规范及设计文件要求；顶面标高偏差±50mm；表面平整度偏差不大于 20mm。

4．分项工程、分部工程和单位工程等质量验收

质量验收是指在施工单位自行检查评定合格的基础上，由质量验收责任方组织，工程建设相关单位参加，对检验批、分项、分部、单位工程等的质量进行抽样检验，对技术文件进行审核，并根据设计文件和相关标准以书面形式对工程质量是否达到合格做出确认。

风力发电工程的施工与验收涉及很多规范和标准，例如《混凝土结构工程施工质量验收规范》（GB 50204—2015）、《砌体结构工程施工质量验收规范》（GB 50203—2011）、《建筑工程施工质量验收统一标准》（GB 50300—2013）、《风力发电工程施工与验收规范》（GB/T 51121—2015）、《电气装置安装工程质量检验及评定规程》（DL/T 5161.1～17—2018）、《电力建设施工质量验收及评定规程 第 1 部分：土建工程》（DL/T 5210.1—2012）等。不同行业和专业的验收规范在验收项目划分、验收程序、验收指标等方面存在一定的差异。本节以《建筑工程施工质量验收统一标准》和《风力发电工程施工与验收规范》为例，介绍质量验收的有关知识。

按现行《建筑工程施工质量验收统一标准》，建筑工程施工质量验收划分为单位工程验收、分部工程验收、分项工程验收及检验批验收。建筑工程开工前，施工单位应按有关规定，编制所承担工程的质量验收范围划分表。监理单位应对各施工单位编制的质量验收范围划分表进行审核，经建设单位确认后执行。

（1）检验批质量验收。检验批指按同一的生产条件或按规定的方式汇总起来供检验用的，由一定数量样本组成的检验体。检验批是工程验收的最小单位，是整个建设工程质量验收的基础。检验批质量验收合格应符合下列规定：

1）主控项目和一般项目的质量经抽样检验合格。

2）具有完整的施工操作依据、质量检查记录。

主控项目是保证工程安全和使用功能的重要检验项目，是对安全、卫生、环境保护和公众利益起决定性作用的检验项目，它决定该检验批的主要性能。例如，混凝土、砂浆的强度，钢结构的焊缝强度等。一般项目指除主控项目以外的检验项目，一般项目虽不像主控项目那样重要，但它对项目的使用功能、建筑美观等仍然有较大影响。

检验批的质量合格与否主要取决于对主控项目和一般项目的检验结果，但主控项目的检验结果具有否决权。检验批质量验收记录应按表 5－4 的格式填写。

表 5－4　检验批质量验收记录

单位工程名称			分部工程名称		分项工程名称	
施工单位			项目负责人		检验批容量	
分包单位			分包单位 项目负责人		检验批部位	
施工依据				验收依据		
验收项目		设计要求	实际抽样数量	检查记录		检查结果
主控 项目	1					
	2					
	3					
	…					
一般 项目	1					
	2					
	3					
	…					
施工单位检查结果			专业工长： 项目专业质量检查员： 　　年　　月　　日			
监理单位验收结论			专业监理工程师： 　　年　　月　　日			

　　（2）分项工程质量验收。分项工程由一个或若干个检验批组成。分项工程的质量验收是在检验批质量验收的基础上进行的。分项工程质量验收合格应符合下列规定：

　　1）分项工程所含的检验批均应符合合格质量规定。

　　2）分项工程所含的检验批的质量验收记录应完整。

　　分项工程质量验收记录应按表 5－5 的格式填写。

　　（3）分部工程质量验收。分部工程质量验收是在其所含分项工程质量验收的基础上进行的，分部工程质量验收合格应符合下列规定：

　　1）所含分项工程的质量均应验收合格。

　　2）质量控制资料应完整。

　　3）有关安全、节能、环境保护和主要使用功能的抽样检验结果应符合相应规定。

　　4）观感质量应符合要求。所谓观感质量指通过观察和必要的测试所反映的工程外在质量和功能状态。观感质量验收由个人凭主观印象作出判断，评价的结论为"好""一般"和"差"三种。

　　分部工程应由总监理工程师组织施工单位项目负责人和项目技术负责人等进行验收并按表 5－6 记录。

表 5-5　分项工程质量验收记录

单位工程名称				分部工程名称		
分项工程数量				检验批数量		
施工单位		项目负责人			项目技术负责人	
分包单位		分包单位项目负责人			分包内容	
序号	检验批名称	检验批容量	部位/区段	施工单位检查结果		监理单位验收结论
1						
2						
...						
说明:						
施工单位检查结果		项目专业技术负责人: 　年　月　日				
监理单位验收结论		专业监理工程师: 　年　月　日				

表 5-6　分部工程质量验收记录

单位工程名称		分部工程数量		分项工程数量	
施工单位		项目负责人		技术负责人	
分包单位		分包单位负责人		分包内容	
序号	子分部工程名称	分项工程名称	检验批数量	施工单位检查结果	监理单位验收结论
1					
2					
...					
质量控制资料					
安全和功能检验结果					
观感质量检验结果					
综合验收结论					
施工单位 项目负责人: 　年　月　日	勘察单位 项目负责人: 　年　月　日		设计单位 项目负责人: 　年　月　日	监理单位 总监理工程师: 　年　月　日	

（4）单位工程验收。根据《风力发电工程施工与验收规范》，风力发电工程单位工程验收可分为风力发电机组基础与安装工程、风力发电工程建筑工程、升压站设备安装调试工程、场内电力线路工程及交通工程五类进行。每个单位工程可分为若干个分部工程，在各分部工程验收合格后，施工单位应向建设单位提出单位工程验收申请。

1）风电机组基础与安装工程。每台风电机组基础与安装工程为一个单位工程，应包括风力发电机组基础、风力发电机组安装、监控系统、箱式变电站、防雷接地网等分部工程，验收时应包括下列工作内容：

a. 检查各分部工程验收记录、报告及有关施工中的关键工序和隐蔽工程检查、签证记录等资料。

b. 检查风电机组及其他设备的规格型号、技术性能指标及技术说明书、试验记录、合格证件、安装图纸、备品配件和专用工具、器具及其清单等。

c. 提出缺陷处理意见。

d. 验收签证，并给出评定意见。

2）风力发电工程建筑工程。风力发电工程建筑工程应包括升压站电气设备基础、中控楼和生活设施等工程，各分部工程应符合施工设计图纸、设计更改联系单及施工技术要求，验收时应包括下列工作内容：

a. 检查风力发电工程建筑工程。

b. 检查各分部工程施工记录及有关材料的合格证、试验报告等。

c. 检查各主要工艺、隐蔽工程验收记录，检查施工缺陷处理情况。

d. 政府管理部门要求的专项验收应按相关规定组织报验并取得批复。

e. 对检查中发现的遗留问题提出处理意见。

f. 验收签证，并给出评定意见。

3）升压站设备安装调试工程。升压站设备安装调试工程应包括升压站主变压器、高压电气设备、直流系统、通信系统、图像监控系统、火灾报警系统、低压配电系统、接地装置、电力电缆等分部工程，验收时应包括下列工作内容：

a. 检查电气安装与调试工程，各分部工程应符合设计要求。

b. 检查制造厂提供的产品说明书、试验记录、合格证件、安装图纸、备品配件和专用工具及其清单。

c. 检查安装调试记录和报告、各分部工程验收记录和报告及施工中的关键工序检查签证记录等资料。

d. 提出缺陷处理意见。

e. 验收签证，并给出评定意见。

4）场内电力线路工程。场内电力线路工程可分为架空电力线路、电力电缆线路或架空线和电缆混合电力线路，各分部工程应符合设计要求，验收时应包括下列工作内容：

a. 检查电力线路工程。

b. 检查施工记录、中间验收记录、隐蔽工程验收记录、各分部工程自检验收记录及工程缺陷整改情况报告等资料。

c. 在冰冻、雷电严重的地区，应重点检查防冰冻、防雷击的安全保护设施。

d. 提出缺陷处理意见。

e. 验收签证，并给出评定意见。

5）交通工程。交通工程应包括路基、路面、排水沟、涵洞、桥梁等内容，各分部工程质量应符合设计要求，验收时应包括下列工作内容。

a. 检查施工记录、分部工程自检验收记录等有关资料。

b. 提出工程缺陷处理要求。

c. 验收签证，并给出评定意见。

单位工程验收结束后，建设单位应向项目法人单位报告验收结果，工程合格应签发单位工程完工验收鉴定书，单位工程完工验收鉴定书内容与格式如表5－7所示。

表 5－7 单位工程完工验收鉴定书内容与格式

××单位工程完工验收鉴定书
前言（简述验收主持单位、参加单位、验收时间与地点等）
一、工程概况
（1）工程位置（部位）及任务
（2）工程主要建设内容
包括工程规模、主要工程量。
（3）工程建设有关单位
包括建设、设计、施工、主要设备制造、监理、咨询、质量监督等单位。
二、工程建设情况
包括施工准备、开工日期、完工日期、验收时工程面貌、实际完成工程量（与设计、合同对比）、工程建设中采用的主要措施及其效果、工程缺陷处理情况等。
三、工程质量验收情况
（1）分部工程质量核定意见
（2）外观评价
（3）单位工程总体质量核定意见
四、存在的主要问题及处理意见
包括处理方案、措施、责任单位、完成时间以及复验责任单位等。
五、验收结论
包括对工程工期、质量、技术要求是否达到批准的设计标准、工程档案资料是否符合要求，以及是否同意交工等，均应有明确的结论。
六、验收组成员签字
见"××单位工程完工验收组成员签字表"。
七、参建单位代表签字
见"××单位工程参建单位代表签字表"。
××单位工程完工验收　　　　　　　　　　　××单位工程完工验收组 主持单位（盖章）：　　　　　　　　　　　　组长（签字）： 　　年　　月　　日　　　　　　　　　　　　　年　　月　　日

（5）启动验收。根据《风力发电工程施工与验收规范》启动验收可分为单台机组启动验收和整套启动验收。单台机组启动试运行工作结束后，应及时组织单台机组启动验收，当风电机组数量较多时可分批次进行。工程最后一台风电机组启动验收结束后，应及时组织工程整套启动验收。单台机组启动验收工作由单位工程验收小组进行；工程整套启动验收工作由启动验收委员会进行，启动验收委员会在首批风电机组启动并网前组建。

1）单台机组启动验收。单台机组启动验收应包括下列工作内容：

a. 检查风电机组的调试记录、安全保护试验记录及不少于 240h 的连续并网运行记录。

b. 按照合同及技术说明书的要求，核查风电机组各项性能技术指标。

c. 检查风电机组自动、手动启停操作控制状况。

d. 检查风电机组各部件温度。

e. 检查风电机组的滑环及电刷工作情况。

f. 检查齿轮箱、发电机、油泵电动机、偏航电动机、风扇电机的工作情况，各部件应转向正确、运行正常、无异声。

g. 检查控制系统中软件版本和控制功能，各种参数设置应符合运行设计要求。

h. 检查各种信息参数，确保显示正常。

i. 对验收检查中的缺陷提出处理意见。

j. 签署启动验收意见。

2）工程整套启动验收。工程整套启动验收应包括下列工作内容：

a. 审议工程建设总结报告及设计、监理、施工等总结报告，检查各阶段质量监督检查提出问题的闭环处理情况。

b. 工程资料应齐全完整，并按相关档案管理规定归档。

c. 检查历次验收记录与报告；抽查施工、安装调试等记录，必要时进行现场复核。

d. 检查工程投运的安全保护设施与措施。

e. 各台风电机组遥控功能测试应正常。

f. 检查中央监控与远程监控工作情况。

g. 检查设备质量及各台风电机组不少于 240h 的试运行结果。

h. 检查历次验收所提出的问题处理情况。

i. 检查水土保持方案落实情况。

j. 检查工程投运的生产准备情况。

k. 检查工程整套启动情况。

l. 协调处理启动验收中的有关问题，对重大缺陷与问题提出处理意见。

m. 确定工程移交生产期限，并提出移交生产前应完成的准备工作。

n. 对工程作出总体评价。

o. 签发工程整套启动验收鉴定书，并给出评定意见。

（6）移交生产验收。根据《风力发电工程施工与验收规范》，移交生产前的准备工作完成后，建设单位应及时向生产单位进行移交。若建设单位既承担工程建设，又承担投产后的运行生产管理，则由建设单位工程建设管理部门向运行管理部门移交。根据工程实际情况，移交生产验收可在工程竣工验收前进行。

移交生产验收应包括下列工作内容：

1）检查工程整套启动验收中所发现的设备缺陷消缺处理情况，设备状态应良好。

2）检查设备、备品配件、专用工器具。

3）检查图纸、资料记录和试验报告。

4）检查安全标示、安全设施、指示标志、设备标牌，各项安全措施应落实到位。

5）检查设备质量情况。

6）检查风电机组实际功率特性和其他性能指标，确保符合相关要求。

7）检查生产准备情况。

8）对遗留的问题提出处理意见。

9）对生产单位（部门）提出运行管理要求与建议。

10）签署移交生产验收交接书。

5. 工程变更的审查

工程变更是指在合同实施过程中，当合同状态改变时，为保证工程顺利实施所采取的对原合同文件的修改与补充，并相应调整合同价格和工期的一种措施。施工过程中，由于勘察设计失误、外界自然条件的变化、建设单位要求的改变等，均会引起工程变更。做好工程变更的控制工作，也是施工过程质量控制的一项重要内容。

（1）施工单位提出的变更及处理。施工单位提出工程变更要求时，应向项目监理机构提交工程变更申请单，详细说明要求修改的内容及理由，并附图和有关文件。变更申请单格式如表5-8所示。总监理工程师经与设计、建设、施工单位研究并作出变更的决定后，签发工程变更单。施工单位按变更单组织施工。

（2）设计单位提出的变更及处理。设计单位提出工程变更要求时，应将设计变更通知及有关附件报送建设单位，建设单位会同监理、施工单位对设计单位提交的设计变更通知进行研究。建设单位作出变更的决定后，总监理工程师签发工程变更单，并将设计单位发出的设计变更通知作为该工程变更单的附件。施工单位按变更单组织施工。

（3）建设单位提出的变更及处理。建设单位提出工程变更要求时，建设单位将变更的要求通知设计单位。设计单位对该要求进行详细研究，并提出设计变更方案。建设单位授权监理工程师研究设计单位所提交的设计变更方案。建设单位作出变更的决定后由总监理工程师签发工程变更单，指示施工单位按变更单组织施工。

表 5-8　工 程 变 更 申 请 单

工程名称：	编号：
致：＿＿＿＿＿＿＿（单位） 　　由于＿＿＿＿＿＿＿原因，兹提出＿＿＿＿＿＿工程变更申请（详细内容见附件），该变更涉及施工图纸编号为：＿＿＿＿，请予以审查。 　　工程量增/减：＿＿＿＿ 　　费用增/减：＿＿＿＿ 　　工期变化：＿＿＿＿ 　　附件：工程变更详细说明。	
<div style="text-align:right">提出单位（盖章）： 负责人（签字）： 日期：</div>	

应当指出的是，监理工程师对于任何一方提出的工程变更要求，都应持十分谨慎的态度，除非是原设计不能保证质量要求，或确有错误，以及无法施工或非改不可的情况。

5.3.1.3　竣工验收质量控制

根据《风力发电工程施工与验收规范》，竣工验收应在主体工程完工且各专项验收及启动验收通过后一年内进行。专项验收一般包括环境保护、水土保持、消防、劳动安全与工业卫生、电能质量检测、工程档案和工程竣工财务决算、节能等验收。

竣工验收工作应包括下列内容：

（1）按批准的设计文件检查工程建成情况。

（2）检查设备状态，核查各单位工程运行状况。

（3）检查移交生产验收遗留问题处理情况。

（4）检查工程档案资料完整性和规范性。

（5）检查各专项验收完成情况。

（6）检查工程建设征地补偿和征地手续处理情况。

（7）审查工程建设情况、工程质量，总结工程建设经验。

（8）审查工程概预算执行情况和竣工决算情况。

（9）对工程遗留问题提出处理意见。

（10）签发竣工验收鉴定书，并给出评定意见。

5.3.2 工程质量事故处理

《关于做好房屋建筑和市政基础设施工程质量事故报告和调查处理工作的通知》（建质〔2010〕111号）规定：工程质量事故是指由于建设、勘察、设计、施工、监理等单位违反工程质量有关法律法规和工程建设标准，使工程产生结构安全、重要使用功能等方面的质量缺陷，造成人身伤亡或者重大经济损失的事故。

5.3.2.1 工程质量事故的等级划分

《关于做好房屋建筑和市政基础设施工程质量事故报告和调查处理工作的通知》规定：根据工程质量事故造成的人员伤亡或者直接经济损失，将工程质量事故分为以下等级：

（1）特别重大事故，是指造成30人以上死亡，或者100人以上重伤，或者1亿元以上直接经济损失的事故。

（2）重大事故，是指造成10人以上30人以下死亡，或者50人以上100人以下重伤，或者5000万元以上1亿元以下直接经济损失的事故。

（3）较大事故，是指造成3人以上10人以下死亡，或者10人以上50人以下重伤，或者1000万元以上5000万元以下直接经济损失的事故。

（4）一般事故，是指造成3人以下死亡，或者10人以下重伤，或者100万元以上1000万元以下直接经济损失的事故。

本等级划分所称的"以上"包括本数，所称的"以下"不包括本数。

5.3.2.2 工程质量事故的处理程序

不同行业和部门关于工程质量事故发生后的处理程序大同小异，本节以房屋建筑和市政基础设施工程为例，介绍质量事故处理流程。

1. 事故报告

（1）工程质量事故发生后，事故现场有关人员应当立即向工程建设单位负责人报告；工程建设单位负责人接到报告后，应于1h内向事故发生地县级以上人民政府住房和城乡建设主管部门及有关部门报告。情况紧急时，事故现场有关人员可直接向事故发生地县级以上人民政府住房和城乡建设主管部门报告。

（2）住房和城乡建设主管部门接到事故报告后，应当依照相关规定逐级上报事故情况，并同时通知公安、监察机关等有关部门，逐级上报事故情况时，每级上报时间不得超过2h。

（3）事故报告应包括下列内容：

1）事故发生的时间、地点、工程项目名称、工程各参建单位名称。

2）事故发生的简要经过、伤亡人数（包括下落不明的人数）和初步估计的直接经济损失。

3）事故的初步原因。

4）事故发生后采取的措施及事故控制情况。

5）事故报告单位、联系人及联系方式。

6）其他应当报告的情况。

（4）事故报告后出现新情况，以及事故发生之日起 30 天内伤亡人数发生变化的，应当及时补报。

2. 事故调查

（1）住房和城乡建设主管部门应当按照有关人民政府的授权或委托，组织或参与事故调查组对事故进行调查，并履行下列职责：

1）核实事故基本情况，包括事故发生的经过、人员伤亡情况及直接经济损失。

2）核查事故项目基本情况，包括项目履行法定建设程序情况、工程各参建单位履行职责的情况。

3）依据国家有关法律法规和工程建设标准分析事故的直接原因和间接原因，必要时组织对事故项目进行检测鉴定和专家技术论证。

4）认定事故的性质和事故责任。

5）依照国家有关法律法规提出对事故责任单位和责任人员的处理建议。

6）总结事故教训，提出防范和整改措施。

7）提交事故调查报告。

（2）事故调查报告应当包括下列内容：

1）事故项目及各参建单位概况。

2）事故发生经过和事故救援情况。

3）事故造成的人员伤亡和直接经济损失。

4）事故项目有关质量检测报告和技术分析报告。

5）事故发生的原因和事故性质。

6）事故责任的认定和事故责任者的处理建议。

7）事故防范和整改措施。

事故调查报告应当附具有关证据材料。事故调查组成员应当在事故调查报告上签名。

3. 事故处理

（1）住房和城乡建设主管部门应当依据有关人民政府对事故调查报告的批复和有关法律法规的规定，对事故相关责任者实施行政处罚。处罚权限不属于本级住房和城乡建设主管部门的，应当在收到事故调查报告批复后 15 个工作日内，将事故调查报告（附具有关证据材料）、结案批复、本级住房和城乡建设主管部门对有关责任者的处理建议等转送有权限的住房和城乡建设主管部门。

（2）住房和城乡建设主管部门应当依据有关法律法规的规定，对事故负有责任的建设、勘察、设计、施工、监理等单位和施工图审查、质量检测等有关单位分别给予罚款、停业整顿、降低资质等级、吊销资质证书其中一项或多项处罚，对事故负有责任的注册执业人员分别给予罚款、停止执业、吊销执业资格证书、终身不予注册其中一项或多项处罚。

5.4　风电场项目质量检验与抽样技术

5.4.1　质量检验

1. 质量检验的定义

质量检验就是对产品的一项或多项质量特性进行观察、测量、试验，并将结果与规定的质量要求进行比较，以判断每项质量特性合格与否的一种活动。通过质量检验，可以判断原材料质量是否符合要求，工序质量是否稳定、已生产出来的产品是否合格等。

2. 质量检验的分类

（1）按产品形成的阶段划分。

1）进货检验。进货检验是指对企业购进的原材料、辅料、外购件、外协件和配套件等入库前的接收检验。它是一种外购物的质量验证活动。其目的是防止不合格品投入到生产中，从而影响制成品质量。

2）过程检验。过程检验又称为工序检验，是指对生产过程中某个工序所完成的在制品、半成品等，通过观察、试验、测量等方法，确定其是否符合规定的质量要求，并提供相应证据的活动。过程检验的目的有两个：一个是判断上述中间产品是否符合规定要求，防止不合格品流入下一工序；另一个是判断工序是否稳定。

3）最终检验。最终检验是指对制成品的一次全面检验，包括性能、精度、安全性、外观等的检验。

（2）按检验的性质划分。

1）破坏性检验。它是指将受检样品破坏了以后才能进行的检验，或在检验过程中，受检样品必然会损坏或消耗的检验，如寿命试验、强度试验等。破坏性检验只能采用抽样检验方式。

2）非破坏性检验。它是指对样品可重复进行检验的检验活动。

（3）按检验的手段划分。

1）理化检验。理化检验是指用机械、电子或化学的方法，对产品的物理和化学性能进行的检验。理化检验通常能测得检验项目的具体数值，精度高，人为误差小。

2）感官检验。感官检验是指凭借检验人员的感觉器官，对产品进行的检验。对产品的形状、颜色、气味等，往往采用感官检验。

（4）按检验的数量划分。

1）全数检验，又称为全面检验，简称全检。它是指对全部产品逐个进行测定，从而判断每个产品是否合格的检验。

2）抽样检验。它是从一批产品抽取一部分产品组成样本，根据对样本的检验结果进而判断产品批是否合格的活动。

3）免于检验。

5.4.2　抽样技术

抽样检验又称抽样检查，是从一批产品中随机抽取少量产品（样本）进行检验，据以判断该批产品是否合格的检验方法。它与全数检验不同之处在于后者需对整批产品逐个进行检验，而抽样检验则根据样本中产品的检验结果来推断整批产品的质量。采用抽样检验可以显著地节省检验的工作量，另外，在破坏性试验（如检验产品的寿命）以及散装产品（如矿产品、粮食）和连续产品（如棉布、电线）等检验中，也都只能采用抽样检验。

5.4.2.1　抽样方法

总的来说，抽样方法分成两类：一是非随机抽样，即进行人为的、有意识的挑选取样，其特点是总体中每个个体被抽取的机会不相等；二是随机抽样，它排除了人的主观因素，使总体中的每一个个体都具有同等的机会被抽取到。常用的随机抽样方法主要有单纯随机抽样、系统抽样、分层抽样、整群抽样、多阶段抽样等。

1. 单纯随机抽样

单纯随机抽样又称简单随机抽样，其方法是对总体中的全部个体逐一编号，然后采用抽签、摇号、查随机数字表、计算机产生随机数等方法确定一个号码，并从总体中抽取出来，连续抽取 n 次，就得到一个容量为 n 的样本。

2. 系统抽样

系统抽样又称等距抽样。在系统抽样中，先将总体从 1 到 N 相继编号，并计算抽样距离 $K = N/n$，然后在区间 $[1, K]$ 中抽一随机整数，记为 $k1$，并从总体中抽取编号为 $k1$ 的个体作为样本的第一个样品，接着从总体中抽取编号为 $k1+K$，$k1+2K$，…，$k1+(n-1)K$ 的个体，最终得到一个容量为 n 的样本。例如：从 120 个人里抽 10 个人，先对总体从 1 号编到 120 号，然后从区间 $[1, 12]$ 中随机抽取一个整数，假如抽到 3 号，接着从总体中抽取 15 号、27 号、39 号、51 号、63 号、75 号、87 号、99 号、111 号，得到一个容量为 10 的样本。

3. 分层抽样

分层抽样法也叫类型抽样法。它是从一个可以分成不同子总体（或称为层）的总体中，按规定的比例从不同层中随机抽取样品的方法。例如：某校抽样调查初中学生读课外书的情况，全校共有学生 485 人，其中初一年级 180 人，初二年级 160 人，初三年级 145 人，如果从全校学生中抽取 120 人进行调查，那么不同年级可视为不同层次，从每一层中抽取的人数可由人数占比确定。三个年级学生人数占全校总人数的比例分别为 37％、33％和 30％，则每年级抽取的人数分别为 44 人、40 人和 36 人，每个年级的学生可通过简单随机抽样方法抽取。

4. 整群抽样

整群抽样又称聚类抽样。它先将总体按照某种标准分成 m 个群，然后用简单随机抽样的方法从总体中抽取若干群，最后对抽中的样本群中的所有个体进行调查。例如，调查某校初三学生患近视眼的情况，全校初三年级共有 10 个班级，将其从 1 到 10 编号，然后采用随机的方法抽到 3 班，最后对 3 班的所有同学进行调查。

5. 多阶段抽样

多阶段抽样又称多级抽样。前四种抽样方法均为一次性直接从总体中抽出样本，称为单阶段抽样。多阶段抽样则是将抽样过程分为几个阶段，结合使用上述方法中的两种或数种。例如，先用整群抽样法从北京市某中等学校中抽出样本学校，再用整群抽样法从样本学校抽选样本班级，最后用系统或单纯随机抽样从样本班级的学生中抽出样本学生。

5.4.2.2 抽样检验方案

抽样检验方案（简称抽样方案）是一套规则，依据它去决定如何抽样（一次抽或分几次抽、抽多少），并根据抽出产品检验的结果决定接收或拒收该批产品。按产品质量特性值的属性，将抽样检验方案分为计数型和计量型抽样检验方案两大类。计数型抽样检验是根据被检样本中的不合格数或不合格品的多少来推断整批产品的接受与否，适用于产品质量特性值服从离散型概率分布的情形。计量型抽样检验是先利用样本特性值数据计算特定的统计量，然后与判定标准比较，以判断产品是否可以接收，适用于产品质量特性值服从或近似服从正态分布的情形。

目前，我国已颁布了几十项抽样检验标准，其适用范围、抽样检验的程序和方法等各有不同，本节仅介绍计数型一次抽样检验的相关内容。

1. 一次抽样检验程序

一次抽样检验，就是从批量 N 中随机抽取 n 个产品组成一个样本，然后对样本中每一个产品进行逐一测量，记下其中的不合格品数 d，如果 $d \leqslant c$，则认为该批产品质量合格予以接收，如果 $d > c$，则认为该批产品质量不合格予以拒收。c 是指允许的不合格品数。一次抽样检验程序如图 5-5 所示。

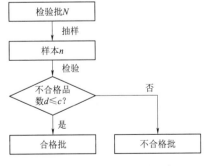

图 5-5 一次抽样检验程序

2. 接收概率

设从不合格品率为 p 的总体 N 中，随机抽取 n 个产品组成样本，则样本中出现 d 个不合格品的概率为

$$prob\ (d)\ =\frac{C_{N\times p}^{d}C_{N-N\times p}^{n-d}}{C_{N}^{n}}$$

假定允许的不合格品数为 c，则接收该批产品的概率为

$$L(p)=\sum_{d=0}^{c}\frac{C_{N\times p}^{d}\ C_{N-N\times p}^{n-d}}{C_{N}^{n}}$$

例如，有一批产品，批量 $N=1000$，批不合格品率为 $p=10\%$，随机抽取 10 个产品组成样本，则样本中出现 0 个不合格品的概率为

$$prob(0)=\frac{C_{100}^{0}C_{900}^{10}}{C_{1000}^{10}}=0.347$$

样本中出现 1 个不合格品的概率为

$$prob(1)=\frac{C_{100}^{1}C_{900}^{9}}{C_{1000}^{10}}=0.389$$

样本中出现 2 个不合格品的概率为

$$prob(2)=\frac{C_{100}^{2}C_{900}^{8}}{C_{1000}^{10}}=0.194$$

假定允许的不合格品数为 2，则接收该批产品的概率为

$$L(p)=prob(0)+prob(1)+prob(2)=0.931$$

接上例，假定批不合格品率改为 $p=5\%$，其他参数不变，则样本中出现 0 个不合格品的概率为

$$prob(0)=\frac{C_{50}^{0}C_{950}^{10}}{C_{1000}^{10}}=0.597$$

样本中出现 1 个不合格品的概率为

$$prob(1)=\frac{C_{50}^{1}C_{950}^{9}}{C_{1000}^{10}}=0.317$$

样本中出现 2 个不合格品的概率为

$$prob(2)=\frac{C_{50}^{2}C_{950}^{8}}{C_{1000}^{10}}=0.074$$

假定允许的不合格品数为 2，则接收该批产品的概率为

$$L(p) = prob(0) + prob(1) + prob(2) = 0.989$$

本例中，在批不合格品率取不同值的情况下，对应的接收概率如表 5-9 所示。

表 5-9 批不合格品率与对应的接收概率

抽检方案	批不合格品率 p	接收概率 $L(p)$	抽检方案	批不合格品率 p	接收概率 $L(p)$
（1000，10，2）	3%	0.997	（1000，10，2）	20%	0.678
	5%	0.989		30%	0.382
	10%	0.931		50%	0.053
	15%	0.821			

注：在 EXCEL 中，可用 combin (m, n) 函数求组合数 C_m^n。

3. 抽样检验特性曲线

根据 $L(p)$ 的计算公式，对于一个具体的抽样方案 (N, n, c)，当检验批的不合格品率 p 已知时，方案的接收概率是可以计算出来的。但在实际中，检验批的不合格品率 p 是未知的，因此对于一个抽样方案，有一个 p 就有一个与之对应的接收概率。如果用横坐标表示自变量 p 的值，纵坐标表示相应的接收概率 $L(p)$，则 p 和 $L(p)$ 构成的一系列点连成的曲线就是抽样检验特性曲线，简称 OC 曲线，如图 5-6 所示。

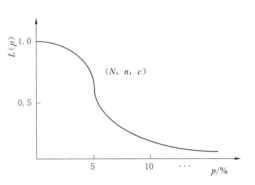

图 5-6 抽样检验特性曲线

上例中，抽样方案 （1000，10，2） 的抽样检验特性曲线如图 5-7 所示。

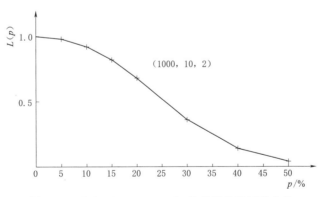

图 5-7 方案 （1000，10，2） 的抽样检验特性曲线

4. OC 曲线分析

根据接收概率的计算公式可知，OC 曲线与抽样方案是一一对应的，即一个抽检方案对应着一条 OC 曲线。假定将上例中的抽检方案改为 （1000，10，1），则批不合格品率与对应的接收概率关系如表 5-10 所示。

表 5-10　批不合格品率与对应的接受概率

抽检方案	批不合格品率 p	接受概率 $L(p)$	抽检方案	批不合格品率 p	接受概率 $L(p)$
(1000,10,1)	3%	0.966	(1000,10,1)	20%	0.375
	5%	0.915		30%	0.148
	10%	0.736		50%	0.010
	15%	0.544			

将抽检方案（1000，10，1）和（1000，10，2）的 OC 曲线绘制在同一坐标系下，如图 5-8 所示。

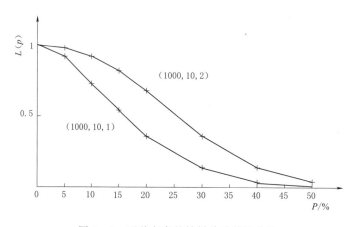

图 5-8　两种方案的抽样检验特性曲线

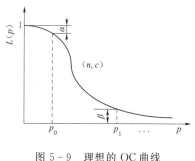

图 5-9　理想的 OC 曲线

上述两种抽样方案究竟哪一种更好呢？一个好的抽样方案应当是：当批质量好（$p \leqslant p_0$）时能以高概率判它合格，予以接收；当批质量差到某个规定界限（$p \geqslant p_1$）时，能以高概率判它不合格，予以拒收；当产品质量变坏，如 $p_0 < p < p_1$ 时，接收概率迅速减小。其理想的 OC 曲线如图 5-9 所示。

只要采用抽样检验，就可能发生两种错误的判断。从图 5-9 可知，当检验批质量比较好（$p \leqslant p_0$）时，如果采用抽样检验，就不可能 100% 接收，而只能以高概率（$1-\alpha$）接收或者低概率（α）拒收这批产品，这种由于抽检原因把合格批判为不合格批而予以拒收的错误称为第一类错误。这种错判会给产品的生产者带来损失，这个拒收的小概率 α，叫做第一类错判概率，又称为生产者风险率，通常 $\alpha = 1\% \sim 5\%$。

当检验批质量比较差（$p \geqslant p_1$）时，如果采用抽样检验，也不可能 100% 拒收，还有低概率（β）接收这批产品的可能性，这种由于抽检原因把不合格批判为合格批而予以接收的错误称为第二类错误。这种错判会给产品的使用者带来损失，这个接收的小概率 β，叫做第二类错判概率，又称为使用者风险率，通常 $\beta = 5\% \sim 10\%$。

一个较好的抽检方案应该由生产方和使用方共同协商，对 p_0 和 p_1 进行通盘考虑，使生产者和使用者的利益都受到保护。一般而言，p_0 取值为 $0.1\% \sim 10\%$，若产品不合格对使用功能影响较大，则 p_0 取小值，p_1 取 $4 \sim 10$ 倍的 p_0 值。

5. OC 曲线与 N、n 和 c 的关系

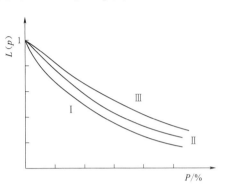

图 5-10　n、c 不变，N 对 OC 曲线的影响

OC 曲线与抽样方案（N，n，c）是一一对应的。当 N、n、c 变化时，OC 曲线必然随着变化。以下讨论 OC 曲线怎样随着 N、n、c 这 3 个参数之一的变化而变化。

（1）当 n、c 不变，N 变化时。图 5-10 中，从左至右分别是 3 个抽检方案 Ⅰ（50，20，0）、Ⅱ（100，20，0）、Ⅲ（1000，20，0）所对应的 3 条 OC 曲线。从图 5-10 中可看出，批量大小对 OC 曲线影响不大，所以当 $N/n \geqslant 10$ 时，就可以采用不考虑批量影响的抽检方案。因此，可以将抽检方案简单地表示为（n，c）。但这决不意味着抽检批量越大越好。因为抽样检验总存在着犯错误的可能，如果批量过大，一旦拒收，则给生产方造成的损失就很大。

（2）当 N、c 不变，n 变化时。如图 5-11 所示，从左至右合格判定数 c 都为 2，而样本大小 n 分别为 200、100、50 时所对应的 3 条 OC 曲线。从图 5-11 中可看出，当 c 一定时，样本大小 n 越大，OC 曲线越陡，抽样方案越严格。

（3）当 N、n 不变，c 变化时。如图 5-12 所示，从左至右当 $n = 100$，c 分别为 2、3、4、5 时所对应的 OC 曲线。从图 5-12 中可看出，当 n 一定时，合格判定数 c 越小，则 OC 曲线倾斜度就越大，抽样方案越严格。

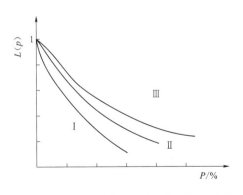
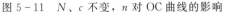

图 5-11　N、c 不变，n 对 OC 曲线的影响

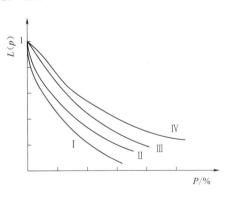

图 5-12　N、n 不变，c 对 OC 曲线的影响

【案例 5 - 4】 水泥和砂子的抽样及检验项目。

水泥和砂子是常用的建筑材料，其批量、抽样数量、抽样方法以及检验项目如表 5 - 11 所示。

表 5 - 11　抽样及检验项目

建筑材料	批 量	抽样数量	抽样方法	检验项目
水泥	袋装水泥以同品种、同强度等级、同出厂编号的水泥至少 200t 为一批。不足 200t 仍作一批（按水泥厂年生产能力确定每批吨数）。当散装水泥运输工具的容量超过该厂规定出厂编号吨数时，允许该编号的数量超过取样规定吨数	样品总量至少 12kg	随机在 20 个以上不同部位抽取等量样品拌匀。取样应有代表性，可连续取	化学指标、凝结时间、安定性、强度等
砂子	采用火车、货船、汽车方式运输时，以 400m³ 或 600t 为一验收批。使用小型运输工具运输时，以 200m³ 或 300t 为一验收批	样品总量不小于 25kg	在料堆取样时，先将取样部位表面铲除，然后由各部位均匀抽取大致相等的砂共 8 份组成一组样品	颗粒级配、细度模数、含泥量、泥块含量、云母含量等

5.5　风电场项目质量控制工具

5.5.1　质量数据及统计规律

1. 质量数据的分类

（1）计量值数据。计量值数据是指可以连续取值的数据，或者说可以用测量工具具体测量出小数点以下数值的数据，如重量 1.25kg、长度 10.35cm、抗压强度 12.78MPa 等。

（2）计数值数据。计数值数据是指只能计数、不能连续取值的数据。如废品的个数、合格的分项工程数、出勤的人数等。计数值数据又可分为计件值数据和计点值数据。计件值数据用来表示具有某一质量标准的产品个数，如总体中的合格品数。计点值数据往往表示个体上的缺陷数、质量问题点数等，如布匹上的疵点数、铸件上的砂眼数等。

2. 质量数据的特征值

质量数据的特征值是由样本数据计算出来的描述样本质量波动规律的指标，常用的有描述数据分布集中趋势的算术平均数、中位数和描述数据分布离散趋势的极差、标准偏差、变异系数等。

（1）样本算术平均数。样本算术平均数又称样本均值，一般用 $\bar{x}$ 表示，其计算公式为

$$\overline{x}=\frac{1}{n}\ (x_1+x_2+\cdots+x_n)$$

式中　　n——样本容量；

x_n——样本中第 n 个样品的质量特性值。

（2）样本中位数 。样本中位数是将样本数据按数值大小顺序排列后，位置居中的数值，用 $\widetilde{x}$ 表示。当样本数 n 为奇数时，位置居中的一位数即为中位数；当样本数 n 为偶数时，取居中两个数的平均值作为中位数。

（3）极差。极差是一组数据中最大值 x_{max} 与最小值 x_{min} 的差值，用 R 表示。其计算公式为

$$R=x_{max}-x_{min}$$

极差 R 反映了这组数据分布的离散程度。

（4）样本标准偏差。样本标准偏差用来衡量数据偏离算术平均值的程度。标准偏差越小，说明这些数据偏离平均值就越少，反之亦然。样本标准差用 S 表示。其计算公式为

$$S=\sqrt{\frac{1}{n-1}\sum_{i=1}^{n}\ (x_i-\overline{x})^2}$$

（5）变异系数。变异系数又称离散系数，是用标准差除以算术平均数得到的相对数，用 C_v 表示。它表示数据的相对离散波动程度。变异系数小，说明数据分布集中程度高，离散程度小。其计算公式为

$$C_v=\frac{S}{\overline{x}}\times100\%$$

【案例 5-5】　从一批产品中随机抽取 5 个产品测其重量，其数据分别为 10.3、9.5、9.6、10.1、10.5，试计算样本的特征参数。

（1）样本算术平均数

$$\overline{x}=\frac{1}{5}\times(10.3+9.5+9.6+10.1+10.5)=10.0$$

（2）样本中位数。将上述 5 个数据按从大到小排序，得到 10.5、10.3、10.1、9.6、9.5。位置居中的数据为 10.1，即样本中位数为 10.1。

（3）极差。上述 5 个数据的最大值为 10.5，最小值为 9.5，极差 $R=10.5-9.5=1$。

（4）样本标准偏差

$$S=\sqrt{\frac{1}{n-1}\sum_{i=1}^{n}\ (x_i-\overline{x})^2}=\sqrt{\frac{1}{5-1}\sum_{i=1}^{5}\ (x_i-10)^2}=0.435$$

（5）变异系数

$$C_v=\frac{S}{\overline{x}}\times100\%=\frac{0.435}{10}=0.0435$$

3. 质量数据的分布规律

在正常条件下，质量数据的分布具有一定的规律性。数理统计证明，产品质量特性的分布，一般符合正态分布规律，正态分布曲线如图 5－13 所示。

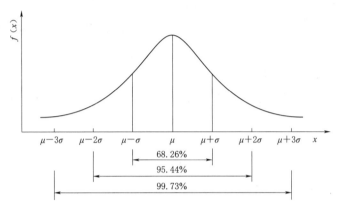

图 5－13　正态分布曲线

从图 5－13 中可以看出：

（1）产品质量数据偏离平均值（μ）在 1 倍标准偏差（σ）以上的概率为 1－0.6826＝0.3174＝31.74％。

（2）产品质量数据偏离平均值（μ）在 2 倍标准偏差（σ）以上的概率为 1－0.9544＝0.0456＝4.56％。

（3）产品质量数据偏离平均值（μ）在 3 倍标准偏差（σ）以上的概率为 1－0.9973＝0.0027＝0.27％。

这就是说，在测试 1000 件产品质量特性值时，就可能有 997 件以上的产品质量特性值落在区间（$\mu-3\sigma$，$\mu+3\sigma$）之内，而出现在这个区间以外的只有不足 3 件。这在质量控制中称为"千分之三"原则或者"3σ 原则"。实践证明，用 $\mu\pm3\sigma$ 作为控制界限，既能保证产品的质量，又合乎经济原则。

5.5.2　常用的质量控制工具

5.5.2.1　直方图

直方图又称质量分布图，是将收集到的质量数据进行分组并统计其频数，然后绘制成直方图，用图形来描述质量分布状态的一种分析方法。

1. 直方图的绘制步骤

直方图由一个纵坐标、一个横坐标和若干个长方形组成。横坐标为质量特性，纵坐标是频数时，直方图为频数直方图；纵坐标是频率时，直方图为频率直方图。

（1）收集整理数据。用随机抽样的方法抽取数据，一般要求数据在 50 个以上。下面结合实例介绍直方图的绘制步骤。

【案例 5 - 6】 某建筑工程浇筑 C30 混凝土，为对其抗压强度进行质量分析，先后收集了 60 份抗压强度试验报告单，经整理如表 5 - 12 所示。

表 5 - 12 混凝土抗压强度

序号	抗压强度数据 x						最大值	最小值
1	26.9	22.5	33.4	35.1	28.5	33.8	35.1	22.5
2	33.2	27.4	20.2	38.0	25.3	28.9	38.0	20.2
3	31.9	28.6	33.7	33.5	29.5	36.8	36.8	28.6
4	37.1	25.5	28.3	37.1	26.8	28.3	37.1	25.5
5	30.4	21.4	28.7	26.7	38.1	20.0	38.1	20.0
6	39.2	39.5	32.9	26.9	19.2	26.0	39.5	19.2
7	28.1	21.6	18.6	32.1	22.8	27.2	32.1	18.6
8	32.0	37.1	25.4	30.2	29.6	25.5	37.1	25.4
9	20.4	34.9	18.1	25.9	30.8	40.5	40.5	18.1
10	30.8	30.1	27.1	35.3	28.0	31.1	35.3	27.1

（2）计算极差 R。极差 R 是数据中最大值和最小值之差，本例中

$$x_{\max}=40.5，x_{\min}=18.1，R=x_{\max}-x_{\min}=22.4$$

（3）确定组数 k。数据组数应根据数据多少来确定。组数过少，会掩盖数据的分布规律；组数过多，使数据过于零乱分散，也不能显示出质量分布状况。确定组数的原则是分组的结果能正确地反映数据的分布规律。迄今为止，尚无准确的计算公式用来确定 k 值，一般可参考表 5 - 13 的经验数值。本例中取 $k=8$。

表 5 - 13 分组数与数据个数的关系

数据数 n	<50	50~100	100~250	>250
分组数 k	5~7	6~10	7~12	10~20

（4）确定组距 h。分组数 k 确定后，组距 h 也就随之确定，即

$$h=\frac{R}{k}=\frac{x_{\max}-x_{\min}}{k}$$

组数、组距的确定应结合极差综合考虑，使分组结果能包括全部变量值，同时也便于计算分析。本例中，$h=\dfrac{22.4}{8}=2.8$。

（5）确定组的边界值。组的边界值是指组的上界值和下界值的统称。为了避免数据的最小值落在第一组的下界值上，第一组的下界值应比 $x_{\min}$ 小；同理，最后一组的上界值应比 $x_{\max}$ 大。各组上、下界值的计算如下：

第一组下界值

$$x_{\text{下}}^{(1)} = x_{\min} - \frac{1}{2}h$$

第一组上界值

$$x_{\text{上}}^{(1)} = x_{\min} + \frac{1}{2}h = x_{\text{下}}^{(1)} + h$$

第二组下界值

$$x_{\text{下}}^{(2)} = x_{\text{上}}^{(1)}$$

第二组上界值

$$x_{\text{上}}^{(2)} = x_{\text{下}}^{(2)} + h$$

依次类推，即可得到各组的边界值。本例各组的边界值见表 5－14。

（6）编制数据频数统计表。按上述分组范围，统计数据落入各组的频数并计算相应的频率，填入表内。本例频数统计结果见表 5－14。

（7）绘制频数分布直方图。根据频数分布表中的统计数据可作出直方图，图 5－14 是本例的频数直方图。

表 5－14　频 数 分 布 表

组号	组界值	频数	频率/％
1	16.71～19.51	3	5.0
2	19.51～22.31	5	8.3
3	22.31～25.11	2	3.3
4	25.11～27.91	13	21.7
5	27.91～30.71	13	21.7
6	30.71～33.51	10	6.7
7	33.51～36.31	5	8.3
8	36.31～39.11	6	10
9	39.11～41.91	3	5.0
合计		60	100

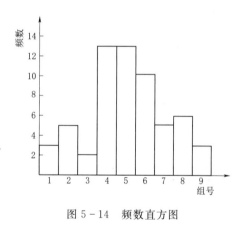

图 5－14　频数直方图

2. 直方图的观察与分析

（1）观察直方图的形状，判断生产过程是否稳定。绘完直方图后，要认真观察直方图的总体形状，看其是否属于正常型直方图。正常型直方图呈现中间高，两侧低，左右近似对称的特点，如图 5－15（a）所示。正常型直方图说明生产过程处于稳定状态。

异常型直方图表明生产过程异常或数据的收集有问题，这就要求进一步分析判断，找出原因，从而采取措施加以纠正。异常型直方图一般有 6 种类型，如图 5－15（b）～（g）所示。

1）孤岛型，这是由于原材料发生变化，或者他人临时顶班作业造成的。

2）双峰型，这是由于观测值来自两个总体，不同分布的数据混合在一起造成的。

3）偏向型，指图的顶峰有时偏向左侧、有时偏向右侧。由于某种原因使下限受到限制时，容易发生偏左型。由于某种原因使上限受到限制时，容易发生偏右型。

4）平顶型，这是由于生产过程中某种缓慢的倾向在起作用，如工具的磨损、操作者的疲劳等。

5）陡壁型，当用剔除了不合格品的产品数据作频数直方图时容易产生这种形状。

6）锯齿型，这是由于作图时数据分组太多，或测量仪器误差过大或观测数据不准确等造成的。

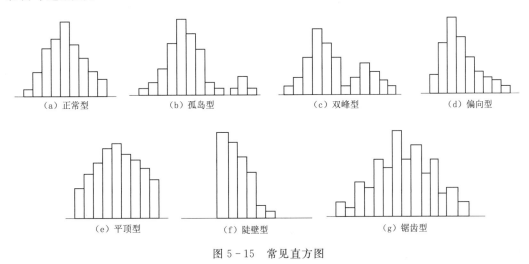

图 5-15　常见直方图

（2）将直方图与质量标准比较，判断生产过程的能力。正常型的直方图，并不意味质量分布就完全合理，还必须与规定的质量标准比较，从而判断生产过程能力。其主要是分析直方图的平均值 $\bar{x}$ 与质量标准中心 M 的重合程度以及分析直方图的分布范围 B 同质量标准范围 T 的关系。正常型直方图与质量标准相比较，一般有如图 5-16 所示的 6 种情况。

1）理想型，如图 5-16（a）所示。B 在 T 中间，实际数据分布中心 $\bar{x}$ 与质量标准中心 M 重合，实际数据分布范围与质量标准范围相比较两边还有一定余地。这样的生产过程质量是很理想的，说明生产过程处于正常的稳定状态。在这种情况下生产出来的产品可认为全都是合格品。

2）偏向型，如图 5-16（b）所示。B 虽然落在 T 内，但实际数据分布中心 $\bar{x}$ 与质量标准中心 M 不重合而偏向一边。如果生产状态一旦发生变化，实际数据就可能超出质量标准下限而出现不合格品。出现这种情况时应迅速采取措施，使直方图移到中间来。

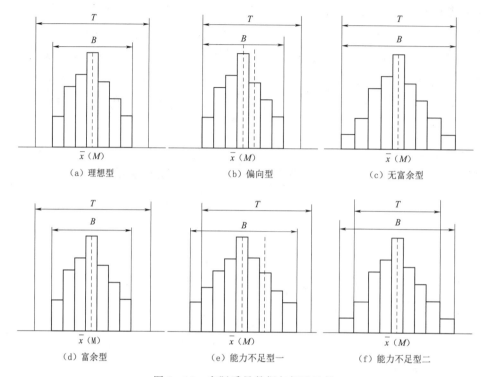

图 5-16　实际质量数据与标准比较

3）无富余型，如图 5-16（c）所示。B 在 T 中间，且 B 的范围接近 T 的范围，没有余地，生产过程一旦发生小的变化，实际数据就可能超出质量标准。出现这种情况时，必须立即采取措施，以缩小实际数据分布范围。

4）富余型，如图 5-16（d）所示。B 在 T 中间，但两边余地太大，说明控制过于精细，不经济。在这种情况下，可以对原材料、设备、工艺、操作等控制要求适当放宽些，有目的地使 B 扩大，从而有利于降低成本。

5）能力不足型，如图 5-16（e）、（f）所示。质量分布范围 B 已超出质量标准上下限之外，说明已出现不合格品，生产过程能力不足，此时必须采取措施进行调整，使数据分布位于标准范围之内。

5.5.2.2　排列图

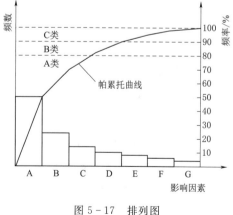

图 5-17　排列图

排列图法，又称主次因素分析法、帕累托图法，它是找出影响产品质量主要因素的一种简单而有效的图表方法。排列图是由一个横坐标，两个纵坐标，若干个矩形和一条折线组成，如图 5-17 所示。图中横坐标表示影响质量的各种因素，按出现的次数多少从左到右排列；左边纵坐标表示频数，即影响质量的因素重复发生或出现的次数（或件数、个数、点数）；右边的纵坐标表示频率；矩形的高度表示该因素频数的高低；折线表示各因素依次的累计频率，也称为巴雷特曲线。

1. 排列图的绘制步骤

（1）确定要进行质量分析的对象，可以是不良品、损失金额等。

（2）根据调查的数据，列出影响对象质量的各种因素。

（3）统计各种因素的频数，计算频率和累计频率。

（4）画排列图。

下面结合实例具体介绍排列图的绘制步骤。

【案例 5-7】 某混凝土预制构件厂对其生产的 138 件不合格产品进行了原因调查，调查结果如表 5-15 所示，试用排列图分析影响质量问题的主要因素。

表 5-15 不合格品原因调查表

序号	不合格原因	不合格件数	不合格率/%	累计不合格率/%
1	构件强度不足	78	56.5	56.5
2	表面有麻面	30	21.7	78.2
3	局部有露筋	15	10.9	89.1
4	振捣不密实	10	7.2	96.3
5	养护不良早期脱水	5	3.7	100
	合　计	138	100.0	

为了找出产生不合格品的主要原因，需要通过排列图进行分析，具体步骤如下：

1）建立坐标。右边的频率坐标从 0 到 100% 划分刻度；左边的频数坐标从 0 到 138 划分刻度，频数为 138 的刻度与频率坐标上的 100% 刻度连成的水平线须与横坐标线平行；横坐标按影响因素划分刻度，并按照影响因素频数的大小依次排列。

2）画直方图形。根据各因素的频数，依照频数坐标画出矩形。

3）画巴雷特曲线。根据各因素的累计频率，按照频率坐标上的刻度描点，连接各点即为巴雷特曲线。如图 5-18 所示。

2. 排列图的分析

按巴雷特曲线对各影响因素进行分类，一般分为 A、B、C 三类。

（1）累计频率在 0～80% 为 A 类因素，

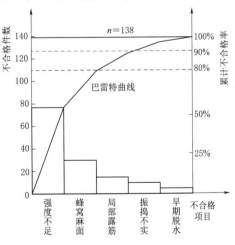

图 5-18 预制构件不合格原因排列图

是影响质量的主要因素。

（2）累计频率在 80%～90% 为 B 类因素，是影响质量的次要因素。

（3）累计频率在 90%～100% 为 C 类因素，是影响质量的一般因素。

本例中，A 类因素有两个，B 类因素有 1 个，C 类因素有 2 个。强度不足与表面麻面是影响这批产品质量的主要因素，局部露筋为次要因素，振捣不实与早期脱水为一般因素。

5.5.2.3　控制图

控制图又叫管理图，是对生产过程质量特性进行测定、记录、评估，从而判断生产过程是否处于控制状态的一种图形。图上有三条平行于横轴的直线：中心线（Central Line，CL）、上控制线（Upper Control Line ，UCL）和下控制线（Lower

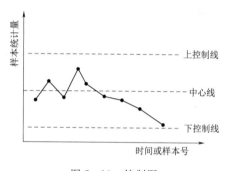

图 5-19　控制图

Control Line，LCL），并有按时间顺序抽取的样本统计量数值的描点折线。中心线是样本统计量的平均值；上下控制界限与中心线相距数倍标准差，通常设定在正负 3 倍标准差的位置（$\pm 3\sigma$）。若控制图中的描点落在上控制线与下控制线之外或描点在上控制线和下控制线之间的排列不随机，则表明生产过程异常。如图 5-19 所示。

控制图有多种类型，按用途不同分类，可以分为分析用管理图和控制用管理图；按控制对象不同分类，可以分为计量值管理图和计数值管理图。不同类型的控制图，其控制界限值的计算公式也不同。下面结合实例，重点介绍平均值—极差控制图的绘制步骤。

1. 平均值—极差控制图的绘制

【案例 5-8】　某工程浇筑混凝土时拟采用平均值与极差（$\overline{x}-R$）管理图进行分析和管理，试绘制 $\overline{x}-R$ 管理图。

（1）收集数据。绘制 $\overline{x}-R$ 管理图时，原则上要收集 50～100 个数据。本例共收集到 100 个实测数据，如表 5-16 所示。

表 5-16　混凝土强度 $\overline{x}-R$ 管理图计算表

组号	混凝土抗压强度数据/MPa					$\overline{x}$	R
	X_1	X_2	X_3	X_4	X_5		
1	29.4	27.3	28.2	27.1	28.3	28.06	2.3
2	28.5	28.9	28.3	29.9	28.0	28.72	1.9
3	28.9	27.9	28.1	28.3	28.9	28.42	1.0
4	28.3	27.8	27.5	28.4	27.9	27.98	0.9

续表

组号	混凝土抗压强度数据/MPa					$\overline{x}$	R
	X_1	X_2	X_3	X_4	X_5		
5	28.8	27.1	27.1	27.9	28.0	27.78	1.6
6	28.5	28.6	28.3	28.9	28.8	28.62	0.6
7	28.5	29.1	28.4	29.0	28.6	28.72	0.7
8	28.9	27.9	27.8	28.6	28.4	28.32	1.0
9	28.5	29.2	29.0	29.1	28.0	28.76	1.2
10	28.5	28.9	27.7	27.9	27.7	28.14	1.3
11	29.1	29.0	28.7	27.6	28.3	28.54	1.5
12	28.3	28.6	28.0	28.3	28.5	28.34	0.6
13	28.5	28.7	28.3	28.3	28.7	28.50	0.4
14	28.3	29.1	28.5	27.7	29.3	28.58	1.6
15	28.8	28.3	27.8	28.1	28.4	28.28	1.0
16	28.9	28.1	27.3	27.5	28.4	28.04	1.6
17	28.4	29.0	28.9	28.3	28.6	28.64	0.7
18	27.7	28.7	27.7	29.0	29.4	28.50	1.7
19	29.3	28.1	29.7	28.5	28.9	28.90	1.6
20	27.0	28.8	28.1	29.4	27.9	28.64	1.5

（2）数据分组。把所有数据按时间顺序分组排列，按每组 4～5 个数据分组。本例将 100 个数据分为 20 组，每组 5 个数据，把全部数据逐次填入表 5-16 中。

（3）计算每组的平均值 $\overline{x}$ 和极差 R。根据 $\overline{x}$ 和 R 的计算公式，分别计算出各组的 $\overline{x}$ 和 R，计算结果如表 5-16 所示。

（4）计算各组平均值的平均值 $\overline{\overline{x}}$ 和各组极差的平均值 $\overline{R}$，即

$$\overline{\overline{x}} = \frac{1}{20} \sum_{i=1}^{20} x_i = \frac{568.48}{20} = 28.42$$

$$\overline{R} = \frac{1}{20} \sum_{i=1}^{20} R_i = \frac{24.6}{20} = 1.23$$

（5）计算中心线和控制界限。

对于 $\overline{x}$ 图，$CL = \overline{\overline{x}}$；$UCL = \overline{\overline{x}} + A_2 \times \overline{R}$；$LCL = \overline{\overline{x}} - A_2 \times \overline{R}$。

对于 R 图，$CL = \overline{R}$；$UCL = D_4 \times \overline{R}$；$LCL = D_3 \times \overline{R}$（$n \leqslant 6$ 时可不考虑）。

上述公式中的系数 A_2、D_3 和 D_4 可参考表 5-17 取值。

本例中，对于 $\overline{x}$ 图，$CL = 28.42$，$UCL = 30.23$，$LCL = 26.61$

对于 R 图，$CL = 1.23$，$UCL = 2.60$。

表 5-17　A_2、D_3、D_4 参考取值表

组内数据个数	2	3	4	5	6	7	8	9	10
A_2	1.88	1.02	0.73	0.58	0.48	0.42	0.37	0.34	0.31
D_3	—	—	—	—	—	—	0.08	0.14	0.18
D_4	3.27	2.57	2.28	2.12	2.00	1.92	1.86	1.82	1.78

（6）绘制管理图。通常把 $\overline{x}$ 图和 R 图画在同一个坐标系上，以便于观察对比。一般横坐标代表子样组号或时间，$\overline{x}$ 和 R 图共用；$\overline{x}$ 和 R 共用一根纵轴，但各自标上自己的单位。一般 $\overline{x}$ 图在上，R 图在下。根据表 5-17 的数据和控制线的计算结果，绘制控制图，如图 5-20 所示。

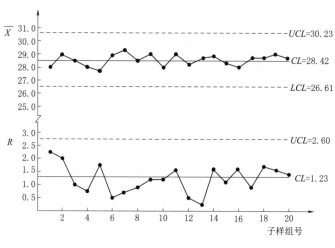

图 5-20　控制图

$\overline{x}-R$ 图同时反映质量数据平均值的变化和质量数据的离散程度。这种控制图提供的信息量较大，是研究生产过程的有效方法，在项目质量控制中应用十分广泛。

2. 控制图的观察和分析

用控制图识别生产过程的状态，主要是根据样本数据形成的样本点位置以及变化趋势进行分析和判断。

（1）处于稳定状态的管理图，主要遵循以下判断标准：

1）样本点没有超出上、下界限。

2）样本点是按随机分布的。

（2）处于非稳定状态的管理图，情况复杂多样，一般有以下特征：

1）样本点超出上、下界限，说明工序发生了异常变化，应及时查明原因，采取有效措施，改变工序生产的异常状况。

2）样本点在控制界限内，但排列异常。排列异常主要指出现以下情况：

a）连续七个以上的样本点在中心线上方或下方，如图 5-21 所示。

b）连续三个样本点中的两个点进入警戒区域（指离中心线 $2\sigma \sim 3\sigma$ 之间的区域），如图 5-22 所示。

c）有连续 7 个以上样本点呈上升或下降趋势，如图 5-23 所示。

d）样本点的排列状态呈周期性变化，如图 5-24 所示。

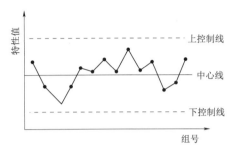

图 5-21　在中心线同侧连续出现 7 次以上

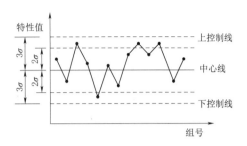

图 5-22　连续 3 点有 2 点在警戒区内

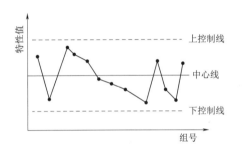

图 5-23　连续 7 个点以上呈上升或下降趋势

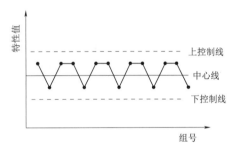

图 5-24　点子呈周期变化

第6章 风电场项目安全生产计划与控制

安全生产（施工）是国家的一项重大政策，也是企业管理的重要原则之一。做好安全生产工作，对于保证劳动者在生产中的安全健康，搞好企业的经营管理，促进经济发展和维护社会稳定具有十分重要的意义。

6.1 概　　述

6.1.1 影响安全生产的因素

可对人造成伤亡、影响人的身体健康甚至导致疾病的因素称为危险和有害因素。国家标准《生产过程危险和有害因素分类与代码》（GB/T 13861—2009）将生产过程中的危险和有害因素分为 4 个大类，分别指人的因素、物的因素、环境因素和管理因素。

1. 人的因素

人的因素分为心理、生理性危险和有害因素以及行为性危险和有害因素，具体划分情况如表 6-1 所示。

表 6-1　人 的 因 素

代码	名　　称	说　　明
1	**人的因素**	
11	心理、生理性危险和有害因素	
1101	负荷超限	指体力、听力等负荷
1102	健康状况异常	
1103	从事禁忌作业	
1104	心理异常	指过度紧张等
1105	辨识功能缺陷	
12	行为性危险和有害因素	
1201	指挥错误	
1202	操作错误	
1203	监护失误	
1299	其他行为性危险和有害因素	

2. 物的因素

物的因素分为物理性危险和有害因素、化学性危险和有害因素、生物性危险和有害因素，具体划分情况如表 6-2 所示。

表 6-2 物的因素

代码	名　称	说　明
2	**物的因素**	
21	物理性危险和有害因素	
2101	设备、设施、工具、附件缺陷	指强度、刚度等
2102	防护缺陷	指防护距离不够等
2103	电伤害	
2104	噪声	
2105	振动危害	
2106	电离辐射	
2107	非电离辐射	指激光、紫外等
2108	运动物伤害	
2109	明火	
2110	高温物质	指高温气体等
2111	低温物质	
2112	信号缺陷	指信号不清等
2113	标志缺陷	指标志不清晰等
2114	有害光照	
2199	其他物理性危险和有害因素	
22	化学性危险和有害因素	
2201	爆炸品	
2202	压缩气体和液化气体	
2203	易燃液体	
2204	易燃固体、自燃物品和遇湿易燃物品	
2205	氧化剂和有机过氧化物	
2206	有毒物品	
2207	放射性物品	
2208	腐蚀品	
2209	粉尘与气溶胶	
2299	其他化学性危险和有害因素	
23	生物性危险和有害因素	
2301	致病微生物	指细菌、病毒等
2302	传染病媒介物	
2303	致害动物	
2304	致害植物	
2399	其他生物性危险和有害因素	

3. 环境因素

环境因素分为室内作业场所环境不良、室外作业场地环境不良、地下（含水下）作业环境不良、其他作业环境不良，具体划分情况如表 6-3 所示。

表 6-3 环 境 因 素

代码	名　称	说　明
3	**环境因素**	
31	室内作业场所环境不良	
3101	室内地面湿滑	
3102	室内作业场所狭窄	
3103	室内作业场所杂乱	
3104	室内地面不平	
3105	室内楼梯缺陷	
3106	地面、墙和天花板上的开口缺陷	
3107	房屋基础下沉	
3108	室内安全通道缺陷	
3109	房屋安全出口缺陷	
3110	采光不良	
3111	作业场所空气不良	
3112	室内温度、湿度、气压不适	
3113	室内给水、排水不良	
3114	室内涌水	
3199	其他室内作业场所环境不良	
32	室外作业场地环境不良	
3201	恶劣气候与环境	
3202	作业场地和交通设施湿滑	
3203	作业场地狭窄	
3204	作业场地杂乱	
3205	作业场地不平	
3206	巷道狭窄，有暗礁或险滩	
3207	脚手架、阶梯或活动梯架缺陷	
3208	地面开口缺陷	
3209	建筑物和其他结构缺陷	
3210	门和围栏缺陷	
3211	作业场地基础下沉	
3212	作业场地安全通道缺陷	
3213	作业场地安全出口缺陷	
3214	作业场地光照不足	
3215	作业场地空气不良	
3216	作业场地温度、湿度、气压不适	

续表

代码	名　　称	说　　明
3217	作业场地涌水	
3299	其他室外作业场地环境不良	
33	地下（含水下）作业环境不良	
3301	隧道/矿井顶面缺陷	
3302	隧道/矿井正面或侧壁缺陷	
3303	隧道/矿井地面缺陷	
3304	地下作业面空气不良	
3305	地下火	
3306	冲击地压	
3307	地下水	
3308	水下作业供氧不足	
3399	其他地下（水下）作业环境不良	
39	其他作业环境不良	
3901	强迫体位	
3902	综合性作业环境不良	
3999	以上未包括的其他作业环境不良	

4. 管理因素

管理因素包括职业安全卫生组织机构不健全、职业安全卫生责任制未落实、职业安全卫生管理规章制度不完善、职业安全卫生投入不足、职业健康管理不完善、其他管理因素缺陷，具体划分情况如表6-4所示。

表6-4　管　理　因　素

代码	名　　称	说　　明
4	**管理因素**	
41	职业安全卫生组织机构不健全	
42	职业安全卫生责任制未落实	
43	职业安全卫生管理规章制度不完善	
4301	建设项目"三同时"制度未落实	
4302	操作规程不规范	
4303	事故应急预案及响应缺陷	
4304	培训制度不完善	
4399	其他职业安全卫生管理规章制度不健全	
44	职业安全卫生投入不足	
45	职业健康管理不完善	
49	其他管理因素缺陷	

6.1.2　事故及事故致因理论

6.1.2.1　事故的原因

在生产实际中，事故发生的原因是多方面的，但归纳起来有两个原因：一是直接原因，主要指人的不安全行为和物的不安全状态；二是间接原因，主要指管理的缺陷。

1. 人的不安全行为

由于人的行为具有多变性特点，因此，人的不安全行为的表现也呈现出多样性。人的不安全行为的表现大致包括以下方面：

（1）操作错误。

（2）使用不安全设备。

（3）冒险进入危险场所。

（4）注意力不集中。

（5）不戴个人防护用品等。

2. 物的不安全状态

物的不安全状态指机械设备的不安全状态和环境的不安全条件。机械设备的不安全状态常指设备有缺陷、设备的保险装置有缺陷等，环境的不安全条件常指照明不好、通风不良、场地狭窄、环境温度较高等。

3. 管理缺陷

管理缺陷常指劳动组织不合理（例如工序交叉干扰）、规章制度不健全、隐患整改不及时、操作方法有缺陷等。

6.1.2.2　事故的分类

按事故的属性，将事故分为生产事故和非生产事故。非生产事故指人们在非生产活动过程中发生的事故，例如人们在旅行中发生的事故。生产事故指人们在生产活动过程中发生的事故，事故发生后会引起人员伤亡和（或）财产损失。

1. 按事故原因划分

《企业职工伤亡事故分类》（GB 6441—86）将企业职工伤亡事故按原因分为 20 类，分别是：①物体打击；②车辆伤害；③机械伤害；④起重伤害；⑤触电；⑥淹溺；⑦灼烫；⑧火灾；⑨高处坠落；⑩坍塌；⑪冒顶片帮；⑫透水；⑬放炮；⑭火药爆炸；⑮瓦斯爆炸；⑯锅炉爆炸；⑰容器爆炸；⑱其他爆炸；⑲中毒和窒息；⑳其他伤害。

2. 按事故伤害程度划分

《企业职工伤亡事故分类》（GB 6441—86）将企业职工伤亡事故按伤害程度分为 3 类，分别是：①轻伤事故，指只有轻伤（指损失工作日低于 105 日的失能伤害）的事故；②重伤事故，指有重伤（指损失工作日等于和超过 105 日的失能伤害）无死亡的事故；③死亡事故，包括重大伤亡事故（一次事故死亡 1～2 人的事故）和特大伤亡事故（一次事故死亡 3 人及以上的事故）。

3. 按人员伤亡或直接经济损失划分

《生产安全事故报告和调查处理条例》（国务院令第 493 号）根据人员伤亡或直接经济损失将事故分为如下等级：

（1）特别重大事故，是指造成 30 人以上死亡，或者 100 人以上重伤（包括急性工业中毒，下同），或者 1 亿元以上直接经济损失的事故。

（2）重大事故，是指造成 10 人以上 30 人以下死亡，或者 50 人以上 100 人以下重伤，或者 5000 万元以上 1 亿元以下直接经济损失的事故。

（3）较大事故，是指造成 3 人以上 10 人以下死亡，或者 10 人以上 50 人以下重伤，或者 1000 万元以上 5000 万元以下直接经济损失的事故。

（4）一般事故，是指造成 3 人以下死亡，或者 10 人以下重伤，或者 1000 万元以下直接经济损失的事故。

注：上文中所称的"以上"包括本数，"以下"不包括本数。

6.1.2.3　事故的特征

事故如同其他事物一样，是具有自己的特性的。只有了解了事故的特性，才能预防事故，减少事故损失。事故主要具有五个特性，即因果性、偶然性和必然性、潜伏性、规律性、复杂性。同一般事故一样，建筑事故也具有这样的基本特性。

1. 事故的因果性

事故的发生是有原因的，事故和导致事故发生的各种原因之间存在有一定的因果关系。导致事故发生的各种原因称为危险因素。危险因素是原因，事故是结果，事故的发生往往是由多种因素综合作用的结果。因此，在对事故进行调查处理的过程中，需要弄清楚导致事故发生的各种原因，然后针对根源寻找有效的对策和措施。

2. 事故的偶然性和必然性

事故是一种随机现象，其发生后果往往具有一定的偶然性和随机性。同样的危险因素，在某一条件下不会引发事故，而在另一条件下则会引发事故；同样类型的事故，在不同的场合会导致完全不同的后果，这是事故偶然性的一面。同时，事故又表现出其必然性的一面，即从概率角度讲，危险因素的不断重复出现，必然会导致事故的发生。

3. 事故的潜伏性

事故尚未发生和造成损失之前，似乎一切处于"正常"和"平静"状态，但是并不是不会发生事故。相反，此时事故正处于孕育状态和生长状态，这就是事故的潜伏性。

4. 事故的规律性

事故虽然具有随机性，但事故的发生也具有一定的规律性，表现在事故的发生具有一定的统计规律以及事故的发生受客观自然规律的制约。承认事故的规律性是我们研究事故规律的前提，事故的规律性也使我们预测事故发生并通过采取措施预防和控制同类事故成为可能。

5. 事故的复杂性

事故的复杂性表现在导致事故发生的原因往往是错综复杂的；各种原因对事故发生的影响及在事故形成中的地位是复杂的；事故的形成过程及规律也是复杂的。事实上，现有的研究成果已表明事故本身就是一种复杂现象。

6.1.2.4　事故致因理论

安全工作者在实际工作中，对事故发生规律进行了多方面的探索研究，形成了许多描述事故机理的理论，下面对几种有影响的事故致因理论予以阐述。

1. 因果链锁理论

美国著名安全工程师海因里希（W. H. Heinrich）在其《工业事故预防》一书中，最早提出了事故因果链锁理论（也称为多米诺骨牌理论），用以阐明导致伤害事故发生的各种因素之间以及这些因素与事故之间的关系。该理论的核心思想是：伤害事故的发生并不是一个孤立的事件，而是由一系列互为因果的事件相继发生所导致的结果。根据海因里希的理论，伤害事故的因果链锁过程主要包括以下五种因素。

（1）遗传及社会环境（M）。遗传可能使人具有鲁莽、固执、粗心等不良性格；社会环境可能妨碍人的安全素质培养，助长不良性格的发展。该因素是事故因果链上最基本的因素，是造成人的缺点的原因。

（2）人的缺点（P）。人的缺点既包括诸如鲁莽、固执、易过激、神经质、轻率等性格上的先天缺陷，也包括诸如缺乏安全生产知识和技能的后天不足。人的缺点是使人产生不安全行为或造成物的不安全状态的原因。

（3）人的不安全行为和物的不安全状态（H）。这二者是造成事故的直接原因，其中人的不安全行为是由于人的缺点而产生的，是造成事故的主要原因。

（4）事故（D）。事故是一种由于物体、物质和放射线等对人体发生作用，使人身受到或可能受到伤害的、出乎意料的、失去控制的事件。

（5）人员的伤害（A）。人员的伤害是指直接由事故产生的人身伤害。

上述事故因果链上的5个因素，可以用5块多米诺骨牌来形象地描述，如图6-1所示。如果第一块骨牌倒下，即第一个原因出现，则会发生连锁反应，后面的骨牌会相继被碰倒。如果该链条中的一块骨牌被移去，则连锁反应会中断，不会引起后面的骨牌倒下，也即事故过程不能连续进行。W. H. Heinrich 认为，企业安全工作的中心就是移去中间的骨牌 H，防止人的不安全行为和物的不安全状态的出现，从而中断事故连锁进程，避免伤害发生。

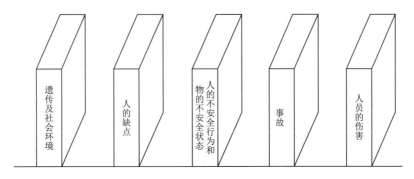

图 6-1 多米诺事故致因理论

然而事实上，各骨牌（因素）之间的联系并不是单一的，而是具有随机性、复杂性的特征。海因里希事故因果链锁理论的不足之处就在于把事故因果链描述得过于绝对化和简单化，而且过多地考虑了人的因素。尽管如此，该理论模型由于其形象化和在事故致因理论研究中的先导作用，因而有着重要的历史地位。

2. 能量转移理论

人类在生产生活中经常遇到各种形式的能量，如机械能、热能、电能、化学能、电离及非电离辐射、声能、生物能等，如果由于某种原因，导致上述各种能量失去控制而发生意外释放，就有可能导致事故。例如，处于高处的人体具有的势能意外释放时，发生坠落或跌落事故；处在高处的物体具有的势能意外释放时，发生物体打击事故；岩体或结构的一部分具有的势能意外释放时，会发生冒顶、坍塌等事故。运动中的车辆、设备或机械的运动部件以及被抛掷的物体等具有较大的动能，意外释放的动能作用于人体或物体，则可能发生车辆伤害、机械伤害、物体打击等事故。

从能量的观点出发，美国安全专家哈登（Haddon）等人把事故的本质定义为：事故是能量的不正常转移。如果意外释放的能量作用于人体，并超过了人体的承受能力，则人体将受到伤害；如果意外释放的能量作用于设备或建筑物，并且超过了它们的抵抗能力，则将造成设备或建筑物的损坏。

与其他事故模式理论相比，能量转移理论的优点在于：一是把伤亡事故的直接原因归结于各种能量对人体的伤害，从而确立了将对能量源及能量传送装置的控制作为防止或减少伤害事故发生的最佳手段这一原则；二是依据该理论建立的伤亡事故统计分类方法，可以对伤亡事故的类型和性质等作出全面、系统的概括和阐述。

防止能量或危险物质意外释放、防止人员伤害或财产损失的工程技术措施有以下五种。①用安全能源代替不安全能源。例如，在容易发生触电的作业场所，用压缩空气动力代替电力，可以防止发生触电事故。②限制能量。例如利用低电压设备可以防止电击，限制设备运转速度以防止机械伤害，限制露天爆破装药量可以防止个别飞石伤人等。③缓慢地释放能量。例如各种减振装置可以吸收冲击能量，防止人员受到伤害。④采取防护措施。防护设施可以设置在能量源上，例如安装在机械转动部分外面的防护罩，也可以设置在人员身上，例如人员佩戴的个体防护用品。⑤在时间和空间上把人与能量隔离，例如变压器周边的安全围栏。

3. 轨迹交叉理论

斯奇巴（Skiba）提出，生产操作人员与机械设备两种因素都对事故的发生有影响，并且机械设备的危险状态对事故的发生作用更大些，只有当两种因素同时出现，才能发生事故，如图 6-2 所示。上述理论被称为轨迹交叉理论，该理论的主要观点是，在事故发展进程中，人的因素运动轨迹与物的因素运动轨迹的交点就是事故发生的时间和空间，即人的不安全行为和物的不安全状态发生于同一时间、同一空间，或者说人的不安全行为与物的不安全状态相通，则将在此时间、此空间发生事故。

轨迹交叉理论作为一种事故致因理论，强调人的因素和物的因素在事故致因中占有同样重要的地位。按照该理论，可以通过避免人与物两种因素运动轨迹交叉，即避免人的不安全行为和物的不安全状态同时、同地出现，来预防事故的发生。

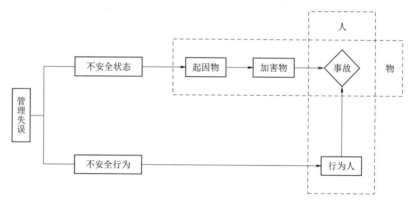

图 6-2　轨迹交叉理论

4. 人机环理论

研究者在 Heinrich 事故致因原理的基础上，综合考虑了其他因素，提出了在人—机—环系统中，事故发生的因果关系，如图 6-3 所示。该理论指出，在人机协调作业的建设工程施工过程中，人与机器在一定的管理和环境条件下，为完成一定的任务既各自发挥自己的作用，又必须相互联系，相互配合。这一系统的安全性和可靠性不仅取决于人的行为，还取决于物的状态。一般来说，大部分安全事故发生在人和机械的交互界面上，人的不安全行为和机械的不安全状态是导致意外伤害事故发生的直接原因。因此，建设工程中存在的风险不仅取决于物的可靠性，还取决于人的"可靠性"，根据统计数据，由于人的不安全行为导致的事故占事故总数的 88%～90%。预防和避免事故发生的关键是从建立该生产系统的伊始，就应用安全人机工程学的原理和方法，通过正确的管理，努力消除各种不安全因素，建立一个"人—机—环"协调工作、操作可靠的生产系统。

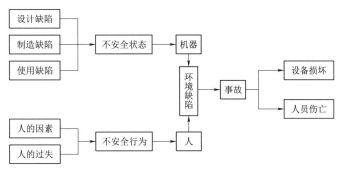

图 6-3　人机环理论

6.1.3　安全生产管理的原则

1. 预防为主原则

安全管理工作应该以预防为主，即通过有效的管理和技术手段，防止人的不安全行为和物的不安全状态出现，从而使事故发生的概率降到最低，这就是预防为主原则。

由于预防是事前工作，因此其正确性和有效性就十分重要，生产系统一般是较复杂的系统，事故的发生既有物方面的原因，又有人方面的原因，事先很难估计充分。有时，重点预防的问题没有发生，但未被重视的问题却酿成大祸。为了使预防工作真正起到作用，一方面要重视经验的积累，对既成事故和大量的未遂事故进行统计分析，从中发现规律，做到有的放矢；另一方面要采用科学的安全分析、评价技术，对生产中人和物的不安全因素及其后果做出准确判断，从而实施有效的对策，预防事故的发生。

实际上，要预防全部的事故发生是十分困难的，也就是说不可能让事故发生的概率降为零。因此，为防备万一，采取充分的善后处理对策也是必要的，安全管理必须坚持"预防为主，善后为辅"的科学管理原则。

2. 强制性原则

采取强制管理的手段控制人的意愿和行动，使个人的活动、行为等受到安全管理要求的约束，从而实现有效的安全管理，这就是强制性原则。安全管理需要具有强制性，这主要是基于以下方面的原因：

（1）事故损失的偶然性。企业不重视安全工作，存在人的不安全行为和物的不安全状态时，由于事故发生的偶然性，并不一定会产生具有灾难性的后果，这样会使人觉得安全工作并不重要，可有可无，从而进一步忽视安全工作，使得不安全行为和不安全状态继续存在，直至发生事故。

（2）人的冒险心理。这里所谓的冒险是指某些人为了获得某种利益而甘愿冒受到伤害的风险。持有这种心理的人不恰当地估计了事故潜在的可能性，心存侥幸，在避免风险和利益之间做出了错误的选择。这里利益的含义包括省事、省时、图舒服、提高金钱收益等，冒险心理往往会使人产生有意识的不安全行为。

（3）事故损失的不可挽回性。这一原因可以说是安全管理需要强制性的根本原因。事故一旦发生，往往会造成永久性的损害，尤其是人的生命和健康，更是无法弥补。

6.1.4　安全生产管理制度

由于建设工程规模大、周期长、参与人数多、环境复杂多变，安全生产的难度很大。为了规范政府部门、有关企业及相关人员的建设工程安全生产和管理行为，国家建立了一系列建设工程安全生产管理制度。现阶段正在执行的主要安全生产管理制度包括安全生产责任制度、安全生产许可证制度、安全生产监督检查制度、安全生产教育培训制度、安全措施计划制度、特种作业人员持证上岗制度、生产安全事故报告和调查处理制度等。

1. 安全生产责任制度

安全生产责任制度是最基本的安全生产管理制度，是所有安全生产管理制度的核心。安全生产责任制是按照安全生产管理方针和"管生产的同时必须管安全"的原则，将企业中各级领导、各个部门、各类人员在安全生产方面应承担的责任予以明确的一种制度。例如，《中华人民共和国安全生产法》第二十一条规定：生产经营单位的主要负责人对本单位安全生产工作负有下列职责：①建立、健全本单位全员安全生产责任制；②组织制定并实施本单位安全生产规章制度和操作规程；③组织制定并实施本单位安全生产教育和培训计划；④保证本单位安全生产投入的有效实施；⑤组织建立并落实安全风险分级管控和隐患排查治理双重预防工作机制，督促、检查本单位的安全生产工作，及时消除生产安全事故隐患；⑥组织制定并实施本单位的生产安全事故应急救援预案；⑦及时、如实地报告生产安全事故。

2. 安全生产许可证制度

国家对建筑施工企业实行安全生产许可证制度。建筑施工企业未取得安全生产许可证的，不得从事生产活动。建筑施工企业申请领取安全生产许可证，需具备规定的安全生产条件。国务院建设主管部门负责中央管理的建筑施工企业安全生产许可证的颁发和管理；省、自治区、直辖市人民政府建设主管部门负责前述规定以外的建筑施工企业安全生产许可证的颁发和管理，并接受国务院建设主管部门的指导和监督。

3. 安全生产监督检查制度

县级以上人民政府负有建设工程安全生产监督管理职责的部门应在各自的职责范

围内履行安全生产监督检查职责，其有权纠正施工中违反安全生产要求的行为，责令立即排除检查中发现的安全事故隐患，对重大事故隐患可以责令暂时停止施工。

4. 安全生产教育培训制度

安全生产教育培训制度是指对从业人员进行安全生产的教育和安全生产技能的培训，并将这种教育和培训制度化、规范化，以提高全体人员的安全意识和安全生产的管理水平，减少、防止生产安全事故的发生。企业安全生产教育培训一般包括对管理人员、特种作业人员和企业员工的安全教育。

5. 三类人员考核任职制度

三类人员是指施工单位的主要负责人、项目负责人、专职安全生产管理人员，三类人员应经建设行政主管部门考核合格后方可任职，考核内容主要是安全生产知识和安全管理能力，对不具备安全生产知识和安全管理能力的管理者取消其任职资格。

6. 特种作业人员持证上岗制度

垂直运输机械作业人员、起重机械安装拆卸工、爆破作业人员、起重信号工、登高架设作业人员等特种作业人员，必须按照国家有关规定经过专门的安全作业业务培训，并取得特种作业操作资格证书后，方可上岗作业。

7. 施工起重机械使用登记制度

施工单位应当自施工起重机械和整体提升脚手架、模板等自升式架设设施验收合格之日起 30 日内，向建设行政主管部门或者其他有关部门登记。

8. 危及施工安全的工艺、设备、材料淘汰制度

国家对严重危及施工安全的工艺、设备、材料实行淘汰制度。该项制度既保障了安全生产，又能促进生产经营单位及时进行设备更新，提高工艺水平。

9. 安全措施计划制度

安全措施计划制度是指企业进行生产活动时，必须编制安全措施计划，它是企业有计划地改善劳动条件和安全卫生设施，防止工伤事故和职业病的重要措施之一，对企业加强劳动保护、改善劳动条件、保障职工的安全和健康、促进企业生产经营的发展都起着积极作用。

10. 安全生产事故报告制度

施工单位发生生产安全事故，要及时、如实地向当地安全生产监督部门和建设行政管理部门报告。实行总承包的由总承包单位负责上报。

11. 意外伤害保险制度

意外伤害保险是法定的强制性保险，由施工单位作为投保人与保险公司订立保险合同，支付保险费，以本单位从事危险作业的人员作为被保险人。当被保险人在施工作业中发生意外伤害事故时，由保险公司依照合同约定向被保险人或者受益人支付保险金。

6.2　风电场项目安全生产计划

6.2.1　安全生产计划的内容

安全生产计划应在项目开工前制定，在项目实施中不断加以调整完善。

1. 项目及施工特点分析

简要介绍项目的名称、建设地点、建设工期、质量要求、建设投资等基本信息；详细说明本项目施工中的难点问题、容易出现安全事故的工艺和部位、施工人员的基本素质等。

2. 危险源辨识

危险源辨识就是识别危险源并确定其特性的过程。国内外已经开发出的危险源辨识方法有几十种之多，如安全检查表、预危险性分析、危险和操作性研究、故障类型和影响性分析、事件树分析、故障树分析、LEC 法、储存量比对法等。

3. 安全管理目标

安全管理目标要具体，根据实际情况可以设置若干个，但是目标不宜太多，以免力量过于分散。各个目标要尽可能量化，以便考核和衡量。常用的安全目标包括：①重大事故次数；②死亡人数；③伤害发生的频率；④事故造成的经济损失；⑤全员安全教育率等。

4. 安全管理组织及职责与权限

生产经营单位应当设置"横向到边、纵向到底"的组织结构，明确各部门、各层次乃至各工作岗位的安全责任，并授予相应的权利。根据安全工作组织内不同部门、不同层次、不同岗位的责任情况，选择和配备人员，特别是安全技术人员和安全管理人员。

5. 安全教育和培训

生产经营单位应当按照安全生产法和有关法律、行政法规的规定，建立健全安全培训工作制度。生产经营单位应当进行安全培训的从业人员包括主要负责人、安全生产管理人员、特种作业人员和其他从业人员。生产经营单位的主要负责人负责组织制定并实施本单位的安全培训计划。

6. 安全生产管理制度

企业安全生产管理制度是国家安全生产方针、政策和安全法规在企业中的延伸和具体化，是企业规章制度的重要组成部分。企业有了科学的、健全的安全生产管理制度，才能有序地、协调地实现安全生产的目标。企业应当建立安全生产责任制度、安全生产监督检查制度、安全生产教育培训制度、安全措施计划制度、安全生产事故报告制度等。

7. 安全技术措施计划

安全技术措施计划是生产经营单位综合计划的重要组成部分，安全技术措施计划包括以改善企业劳动条件、防止工伤事故和职业病为目的的一切技术措施。大致可分为6类：①安全技术措施，如各种设备设施的安全防护装置；②工业卫生技术措施，如防尘、防毒、防噪声的措施；③辅助房屋及设施，如为职工设置的淋浴、盥洗设施；④宣传教育设施，如安全宣传教育所需的设施、教材、仪器；⑤安全科学研究与试验设备仪器；⑥减轻劳动强度等其他技术措施。

8. 应急救援预案与组织计划

生产经营单位主要负责人负责组织编制和实施本单位的应急预案，并对应急预案的真实性和实用性负责。应急预案的编制应当遵循以人为本、依法依规、符合实际、注重实效的原则，以应急处置为核心，明确应急职责、规范应急程序、细化保障措施。各分管负责人应当按照职责分工落实应急预案规定的职责。

【案例 6-1】 某新建风电场项目施工安全计划（节选）。

（1）安全方针。坚持"安全第一、预防为主"的安全工作方针，不断提高施工安全管理水平，做到安全管理标准化、规范化、科学化、制度化。

（2）安全目标。创建一流安全文明施工工地，努力实现以下目标：

1）不发生人身轻伤事故。

2）不发生直接经济损失超过2000元以上的设备、施工机具损坏事故。

3）不发生直接经济损失超过1000元以上的火灾事故。

（3）安全管理组织机构。现场安全管理组织机构如图6-4所示。

项目部专职安全员职责包括：

1）监督、检查工地施工场所的安全文明施工状况和职工的作业行为。有权制止和处罚违章作业及违章指挥行为；有权根据现场情况决定采取安全措施或设施；对严重危及人身安全的施工，有权指令先行停止施工，并立即报告领导研究处理。

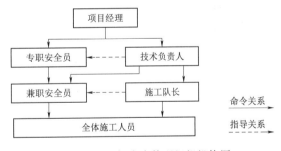

图 6-4 现场安全管理组织机构图

2）参加本工地重要施工项目和危险性作业项目开工前的安全交底，并检查开工安全文明施工条件，监督安全施工措施的执行。

3）参加工地安全工作例会和生产调度会，协助工地领导布置、检查、总结安全文明施工工作。

（4）安全培训计划。项目现场安全培训的内容、培训时间、负责人及培训的对象如表6-5所示。

表 6-5 项目现场安全培训计划

序号	培 训 内 容	培训时间	负责人	接受者
1	安全规程、安全施工管理规定、安全管理制度	工程开工前	项目经理	全员
2	危险源辨识清单、重大危险源控制清单	工程开工前	专职安全员	全员
3	安全防护用具的使用方法	工序开工前	施工队长	使用者
4	新技术、新工艺、新机具操作规程	推广使用前	项目总工	使用者
	……			

（5）安全检查计划。项目现场安全检查的名称、检查内容、检查手段与方法及组织者如表 6-6 所示。

表 6-6 安 全 检 查 计 划

序号	检查名称	检查内容	检查手段与方法	组织者
1	定期检查（每月一次）	查管理、查隐患、查制度、查事故处理	管理工作对照表	项目经理
2	春季及秋冬季安全检查	春季着重检查防火，秋冬季着重检查设备防冻、防滑等	安全检查表	项目副经理
3	安全用电检查	全面检查	专业安全检查表	专职安全员
4	施工机械例检	全面检查	对照使用说明书	责任操作人
	……			

（6）施工中的薄弱环节及应对措施。项目现场施工中的薄弱环节及应对措施如表 6-7 所示。

表 6-7 现场施工中的薄弱环节及安全技术措施

序号	薄弱环节	技 术 措 施	负责人
1	运输车辆超重，物件绑扎不牢	严格按规则运输，物件绑扎牢固，超长物件应设标志	驾驶员
2	基坑开挖施工	基坑开挖时，应随时监视土质情况，坑边堆土要及时清理，任何人不得在坑内休息，防止塌方伤人	施工队长
3	高空作业人员	高空作业前经体检合格，并经安全考试合格，持有高空作业许可证	施工队长
4	起吊超重	施工前仔细核对吊装重量及吊车参数，严格按《专项安全措施》规定进行吊装	技术员
	……		

6.2.2 危险源辨识与评价技术

6.2.2.1 危险源分类

危险源是安全管理的主要对象，在实际生活和生产过程中的危险源是以多种多样的形式存在的。虽然危险源的表现形式不同，但从本质上说，能够造成危害后果的

（如伤亡事故、人身健康受损害、物体受破坏和环境污染等）危险源，均可归结为能量的意外释放或约束、限制能量和危险物质措施失控的结果。在系统安全研究中，根据危险源在事故发生发展中的作用，把危险源分为以下两大类。

1. 第一类危险源

能量和危险物质的存在是危害产生的最根本原因，通常把可能发生意外释放的能量（能源或能量载体）或危险物质称作第一类危险源。例如运动中的车辆、带电的导体、可燃粉尘等。第一类危险源是事故发生的物理本质，危险性主要表现为导致事故后果的严重程度方面。第一类危险源危险性的大小主要取决于以下方面：①能量或危险物质的量；②能量或危险物质意外释放的强度；③意外释放的能量或危险物质的影响范围。

2. 第二类危险源

造成约束、限制能量和危险物质措施失控的各种不安全因素称作第二类危险源。第二类危险源主要体现在设备故障或缺陷（物的不安全状态）、人为失误（人的不安全行为）和管理缺陷等几个方面。这是导致事故的必要条件，决定事故发生的可能性。例如，电线绝缘损坏、带电修理电线等。

事故的发生是两类危险源共同作用的结果，第一类危险源是事故发生的前提，第二类危险源的出现是第一类危险源导致事故发生的必要条件。在事故的发生和发展过程中，两类危险源相互依存，相辅相成。第一类危险源是事故的主体，决定事故的严重程度，第二类危险源出现的难易，决定事故发生的可能性大小。

6.2.2.2 危险源辨识方法

危险源辨识的方法有询问交谈、现场观察、查阅有关记录、获取外部信息、工作任务分析、过程分析方法、安全检查表、危险与操作性研究、事件树分析、故障树分析等方法。这些方法各有特点和局限性，往往采用两种或两种以上的方法识别危险源。

1. 事件树分析法

事件树分析法（Event Tree Analysis，ETA）是安全系统工程中常用的一种演绎推理分析方法，起源于决策树分析（Decision Tree Analysis，DTA），它是一种按事故发展的时间顺序由初始事件开始推论可能的后果，从而进行危险源辨识的方法。这种方法将系统可能发生的某种事故与导致事故发生的各种原因之间的逻辑关系用一种称为事件树的树形图表示出来（图6-5，图中数字指事件发生的概率），通过对事件树的定性与定量分析，找出事故发生的主要原因，为确定安全对策提供可靠依据，以达到预测与预防事故发生的目的。

事件树的每条路径代表着该路径内各种事项发生的可能性，鉴于各种事项都是独立的，结果的概率可用单个条件概率与初因事项频率的乘积来表示。

初因事件　　发生火灾　　洒水系统工作　火警激活　结果　　　　　　　　频率

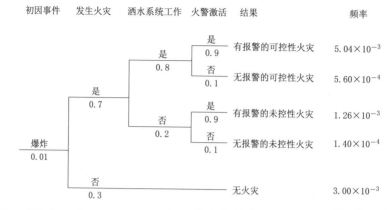

有报警的可控性火灾	$5.04×10^{-3}$
无报警的可控性火灾	$5.60×10^{-4}$
有报警的未控性火灾	$1.26×10^{-3}$
无报警的未控性火灾	$1.40×10^{-4}$
无火灾	$3.00×10^{-3}$

图 6-5　事件树示例

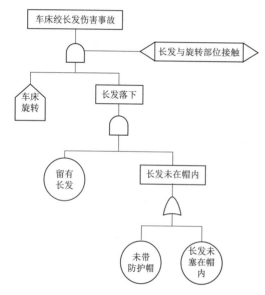

图 6-6　车床绞长发伤害事故的故障树

目前，事件树分析法的应用已从宇航、核工业拓展到电力、化工、机械、交通等领域。

2. 故障树分析法

故障树分析法（Fault Tree Analysis, FTA）是用来识别并分析造成事故（称作顶事件）的原因因素的一项技术。原因因素可通过归纳法进行识别，也可以按合乎逻辑的方式进行编排并用故障树进行表示，如图 6-6 所示。故障树描述了原因因素及其与事故的逻辑关系。故障树可以用来对事故（顶事件）的潜在原因及途径进行定性分析，也可以在掌握因果事项可能性的知识之后，定量计算顶事件的发生概率。

（1）常用符号。故障树分析借鉴了图论中"树"的概念，在故障树中，常用的符号主要有以下几种。

1）事件符号。常用的事件符号包括矩形、圆形、屋形和菱形 4 种符号，如表 6-8 所示。

表 6-8　常用事件符号及说明

事件符号	说　　明
▭	表示需进一步分析的顶事件或中间事件
◯	表示不能再往下分析的基本事件

续表

事件符号	说　　明
⬠	表示系统在正常状态下发生的正常事件
◇	表示目前不能再分析下去的一类事件，按基本事件处理

2）逻辑门符号。逻辑门符号指用来连接各个事件，并表示特定逻辑关系的符号。其中常用的主要有：

a. 与门。如图 6-7（a）所示，表示只有当输入事件 B1 和事件 B2 同时都发生时，事件 A 才能发生。

b. 或门。如图 6-7（b）所示，表示当输入事件 B1 或事件 B2 中任何一个事件的发生，都可以导致事件 A 的发生。

c. 条件与门。如图 6-7（c）所示，表示只有当输入事件 Bl 和事件 B2 同时都发生，并且还必须满足条件 α 时，事件 A 才能发生，相当于三个输入事件的与门。

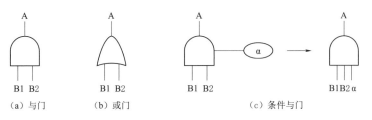

(a) 与门　　　　(b) 或门　　　　　　(c) 条件与门

图 6-7　与门、或门、条件与门符号

d. 条件或门。如图 6-8 所示，表示当输入事件 B1 或事件 B2 中任何一个事件发生，并且同时满足条件 α 时，都可以导致事件 A 的发生。相当于两个输入事件的或门，再和条件 α 的与门。

（2）编制故障树的程序。有了上述一些基本符号之后，就可以进行故障树的编制工作了，编制故障树的一般程序如下：

1）确定顶事件。顶事件通常就是所要分析的特定事故。选取顶事件，一定要在详细分析事故发生的可能性以及事故的严重程度等资料的情况下进行。根据事故的发生概率和严重程度来确定所要分析的顶事件，将其简明扼要地填写入矩形框内。

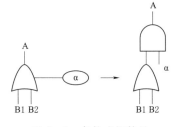

图 6-8　条件或门符号

2）调查或分析造成顶事件的各种原因事件。确定顶事件之后，接下来就需要通过实地调查、召开有关人员座谈会等方式，或者根据一些经验进行分析，将造成顶事件的所有直接原因事件都找出来，并且尽可能地不要漏掉。直接原因事件可以是机械故障、人的原因或者环境的原因等。

3）绘制故障树。在确定顶事件并找出造成顶事件的各种原因之后，就可以用相应的事件符号和适当的逻辑门符号把它们从上到下分层次地连接起来，直到最基本的原因事件，这样就构成了故障树。

4）认真审定故障树。在编制故障树的过程中，一般要经过反复推敲和修改。除局部更改外，有的甚至可能要推倒重来，有时还可能需要重复进行数次，直至与实际情况比较相符为止。

根据上述编制程序，某风电场项目施工中边坡落石伤人事故的故障树如图 6-9 所示。

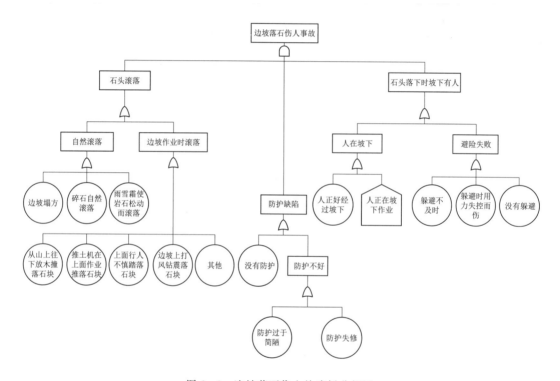

图 6-9　边坡落石伤人故障树分析图

6.2.2.3　危险源的评价方法

危险源评价是指根据危险源辨识的结果，评估危险源造成事故的可能性和大小，并对危险源进行分级。

1. 危险源评价的依据

（1）相关法律、法规及行业标准的要求。

（2）危险、危害影响的程度和规模（如人员伤亡、设施破坏、财产损失等）。

（3）危险、危害因素发生的频次。

2. 危险源评价的方法

常用的评价方法包括专家评估法、作业条件危险性评价法、矩阵法、预先危险性分析等。

（1）作业条件危险性评价法（LEC法）。作业条件的危险性既与该作业环境本身引发事故的概率大小有关，还与作业人员暴露于该环境中的具体状况有关。因此，影响作业条件危险性大小的因素包括：

1）危险作业条件与环境下发生事故的可能性（L）。

2）作业人员暴露于危险作业条件与环境的频率（E）。

3）事故一旦发生可能产生的后果（C）。

如果作业条件的危险性用 D 来表示，则作业条件危险性的计算公式为

$$D = LEC \qquad (6-1)$$

式中　D——作业条件的危险性；

　　　L——事故发生的可能性；

　　　E——作业人员暴露于危险环境的频率；

　　　C——发生事故的可能结果。

事故发生的可能性可参考表6-9所示的分级标准，由专家打分确定。

表6-9　事故发生的可能性分数值

分 数 值	事故发生的可能性	分 数 值	事故发生的可能性
10	完全会被预料到	0.5	可以设想，但绝少可能
6	相当可能	0.2	极不可能
3	不经常，但可能	0.1	实际上不可能
1	完全意外，很少可能		

作业人员暴露于危险作业条件与环境的频率可根据实际情况并结合表6-10所示的分级标准，由专家打分确定。

表6-10　暴露于危险条件或环境的频率分数值

分 数 值	暴露于危险环境中的频率	分 数 值	暴露于危险环境中的频率
10	连续暴露	2	每月暴露一次
6	每天工作时间内暴露	1	每年几次暴露
3	每周一次或偶然暴露	0.5	非常罕见的暴露

发生事故的可能结果可根据实际情况并结合表6-11所示的分级标准，由专家打分确定。

确定了上述3个因素的分数值之后，按式（6-1）进行计算，即可得到作业条件危险性的分数值，然后按照表6-12所示标准对其危险性程度进行评定。

表 6 - 11　事故造成的后果分数值

分　数　值	事故造成的后果	分　数　值	事故造成的后果
100	10 人以上死亡	7	严重伤残
40	数人死亡	3	有伤残
15	1 人死亡	1	轻伤需救护

表 6 - 12　危险性等级划分标准

作业条件的危险性分数值 D	危险程度	作业条件的危险性分数值 D	危险程度
≥320	极度危险	20≤D<70	可能危险
160≤D<320	高度危险	<20	稍有危险
70≤D<160	显著危险		

【**案例 6 - 2**】　某风电场项目采取专家调查表进行危险源辨识调查，采用作业条件危险性评价法进行危险性程度分析，部分结果如表 6 - 13 所示。

表 6 - 13　部分危险源评价结果

类别	工作	L	E	C	D	危险等级
土建	基坑开挖	6	6	2	72	显著危险
	支模板	3	6	1	18	稍有危险
	混凝土浇筑	1	6	1	6	稍有危险
	搭脚手架	3	6	1	18	稍有危险
安装	吊装	6	6	3	108	显著危险

（2）预先危险性分析。预先危险性分析（Preliminary Hazard Analysis，PHA）是一种用于对系统内存在的危险因素及其危险程度进行定性分析和评价的方法。对于建设项目来说，就是在其实施前，对项目存在的危险性类型、出现条件、导致事故的后果以及有关对策措施等，作出概略性的分析，目的在于防止操作人员直接接触对人体有害的原材料、半成品、成品和生产废弃物，防止使用具有危险性的生产工艺、装置、工具和采用不安全的技术路线。如果必须使用时，也应从工艺上或设备上采取相应的安全措施，以保证这些危险因素不至于发展成为事故。

通过预先危险性分析，力求达到以下基本目标：

1）大体识别与系统有关的一切主要危险性因素。在初始识别中暂不考虑事故发生的概率。

2）鉴别产生危险性的原因。

3）假设危险性确实出现，估计和鉴别其对系统的影响。

4）将系统中已经识别的危险性进行等级划分。

预先危险性分析常采用表 6 - 14 的形式进行分析，包括主要危险（事故）及其产生原因、可能的后果、危险等级及应采取的措施。

表 6-14　预先危险性分析

主要危险（事故）	产生原因	可能的后果	危险等级	应采取的措施

为了衡量危险性的大小及其对系统的破坏程度，通常将各类危险性划分为 4 个等级，如表 6-15 所示。

表 6-15　危险性等级划分

危险性等级	危险程度	说　　　明
Ⅰ	可忽略的	不会造成人员伤害和系统损害
Ⅱ	临界的	处于事故的边缘状态，暂时不会造成人员伤害和系统损坏，但应予以排除或采取控制措施
Ⅲ	危险的	会造成人员伤害和系统的损坏，需立即采取措施
Ⅳ	灾难性的	会造成重大伤亡及系统严重损坏，必须予以果断排除并进行重点防范

某风电场项目施工中噪声污染的预先危险性分析结果如表 6-16 所示。

表 6-16　噪声污染的预先危险性分析

危险	原　　　因	结　　果	危险等级	措　　　施
噪声污染	（1）设备噪声过大； （2）个体防护缺乏	听力损伤	Ⅱ	（1）采取吸声等降噪措施； （2）佩戴适宜的护耳器具

6.2.3　风电场项目施工安全技术措施

6.2.3.1　编制依据

风电场项目施工组织设计或施工方案中必须有针对性的安全技术措施，特殊和危险性大的工程必须单独编制安全施工方案或安全技术措施。安全技术措施或安全施工方案的编制依据主要如下：

（1）国家和政府有关安全生产的法律、法规和有关规定。

（2）建筑安装工程安全技术操作规程、技术规范、标准、规章制度。

（3）企业的安全管理规章制度。

6.2.3.2　编制要求

1. 及时性

（1）安全技术措施在施工前必须编制好，并且经过审核批准后正式下达施工单位以指导施工。

（2）在施工过程中，设计发生变更时，安全技术措施必须及时变更或作补充，否则不能施工。

（3）施工条件发生变化时，必须变更安全技术措施内容，并及时经原编制、审批人员办理变更手续，不得擅自变更。

2. 针对性

（1）针对不同工程的结构特点，凡在施工生产中可能出现的危险因素，必须从技术上采取措施，消除危险，保证施工安全。

（2）针对不同的施工方法和施工工艺，如立体交叉作业、滑模、网架整体提升吊装、大模板施工等，可能给施工带来不安全因素，应从技术上采取措施，保证安全施工。

（3）针对使用的各种机械设备、用电设备可能给施工人员带来的危险因素，从安全保险装置、限位装置等方面采取安全技术措施。

（4）针对施工中有毒、有害、易燃、易爆等作业可能给施工人员造成的危害，从技术上制定相应的防范措施。

（5）针对施工现场及周围环境中可能给施工人员及周围居民带来危险的因素，以及材料、设备运输的困难和不安全因素，制定相应的安全技术措施，给予保护。

3. 具体性

（1）安全技术措施必须贯彻于全部施工工序之中，力求细致、全面、具体，能指导施工。

（2）安全技术措施中必须有施工总平面图，在图中必须对危险的油库、易燃材料库、变电设备以及材料、构件的堆放位置，塔式起重机、井字架或龙门架、搅拌台的位置等按照施工需要和安全堆积的要求明确定位，并提出具体要求。

6.2.3.3　编制内容

（1）进入施工现场的安全规定。

（2）地面及深槽作业的防护。

（3）高处及立体交叉作业的防护。

（4）施工用电安全。

（5）施工机械设备的安全使用。

（6）在采取"四新"技术时，采用有针对性的专门安全技术措施。

（7）有针对自然灾害预防的安全措施。

（8）预防有毒、有害、易燃、易爆等作业造成危害的安全技术措施。

（9）现场消防措施。

（10）其他。

【案例6-3】 高处作业安全技术基本规定。

高处作业指在坠落高度基准面2m及以上有可能坠落的高处进行的作业。

（1）高处作业施工前应按类别对安全防护设施进行检查、验收，验收合格后方可进行作业。

（2）高处作业施工前，应对作业人员进行安全技术交底，并应记录。应对初次作业人员进行培训。

（3）应根据要求将各类安全警示标志悬挂于施工现场各相应部位，夜间应设红灯警示。高处作业施工前，应检查高处作业的安全标志、工具、仪表、电气设施和设备，确认其完好后，方可进行施工。

（4）高处作业人员应根据作业的实际情况配备相应的高处作业安全防护用品，并应按规定正确佩戴和使用相应的安全防护用品、用具。

（5）对施工作业现场可能坠落的物料，应及时拆除或采取固定措施。高处作业所用的物料应堆放平稳，不得妨碍通行和装卸。工具应随手放入工具袋；作业中的走道、通道板和登高用具，应随时清理干净；拆卸下的物料、余料和废料应及时清理运走，不得随意放置或向下丢弃。传递物料时不得抛掷。

（6）高处作业应按现行国家标准的规定，采取防火措施。

（7）在雨、霜、雾、雪等天气进行高处作业时，应采取防滑、防冻和防雷措施，并应及时清除作业面上的水、冰、雪、霜。当遇有6级及以上强风、浓雾、沙尘暴等恶劣气候时，不得进行露天攀登与悬空高处作业。雨雪天气后，应对高处作业安全设施进行检查，当发现有松动、变形、损坏或脱落等现象时，应立即修理完善，维修合格后方可使用。

（8）对需临时拆除或变动的安全防护设施，应采取可靠措施，作业后应立即恢复。

（9）应有专人对各类安全防护设施进行检查和维修保养，发现隐患应及时采取整改措施。

（10）安全防护设施宜采用定型化、工具化设施，防护栏应为黑黄或红白相间的条纹标示，盖件应为黄色或红色标示。

6.2.4 风电场项目应急预案编制

按照《生产安全事故应急预案管理办法》的规定：生产经营单位主要负责人负责组织编制和实施本单位的应急预案，并对应急预案的真实性和实用性负责。

6.2.4.1 应急预案的分类

生产经营单位应急预案分为综合应急预案、专项应急预案和现场处置方案。

1．综合应急预案

综合应急预案，是指生产经营单位为应对各种生产安全事故而制定的综合性工作方案，是本单位应对生产安全事故的总体工作程序、措施和应急预案体系的总纲。

2．专项应急预案

专项应急预案，是指生产经营单位为应对某一种或者多种类型的生产安全事故，或者针对重要生产设施、重大危险源、重大活动，防止生产安全事故发生而制定的专项性工作方案。

3．现场处置方案

现场处置方案，是指生产经营单位根据不同生产安全事故类型，针对具体场所、装置或者设施所制定的应急处置措施。

6.2.4.2　应急预案的编制

1．编制准备

（1）成立编制工作小组，由本单位有关负责人任组长，吸收与应急预案有关的职能部门和单位的人员，以及有现场处置经验的人员参加。

（2）编制应急预案前，编制单位应当进行事故风险辨识、评估和应急资源调查。

1）事故风险辨识、评估，是指针对不同事故种类及特点，识别存在的危险危害因素，分析事故可能产生的直接后果以及次生、衍生后果，评估各种后果的危害程度和影响范围，提出防范和控制事故风险措施的过程。

2）应急资源调查，是指全面调查本地区、本单位第一时间可以调用的应急资源状况和合作区域内可以请求援助的应急资源状况，并结合事故风险辨识评估结论制定应急措施的过程。

2．编制要求

应急预案的编制应当符合下列基本要求：

（1）有关法律、法规、规章和标准的规定。

（2）本地区、本部门、本单位的安全生产实际情况。

（3）本地区、本部门、本单位的危险性分析情况。

（4）应急组织和人员的职责分工明确，并有具体的落实措施。

（5）有明确、具体的应急程序和处置措施，并与其应急能力相适应。

（6）有明确的应急保障措施，满足本地区、本部门、本单位的应急工作需要。

（7）应急预案基本要素齐全、完整，应急预案附件提供的信息准确。

（8）应急预案内容与相关应急预案相互衔接。

3．综合应急预案的主要内容

（1）总则。说明应急预案适用的范围；简述本单位应急预案体系构成分级情况，明确与地方政府等其他相关应急预案的衔接关系；说明本单位应急处置工作的原则。

（2）应急组织机构及职责。明确生产经营单位的应急组织形式及组成单位（部门）或人员，明确构成单位（部门）的应急处置职责。

（3）预警及信息报告。对于可以预警的生产安全事故，明确预警分级条件，预警信息发布、预警行动以及预警级别调整和解除的程序及内容，明确事故及事故险情信息报告程序。

（4）应急响应。结合事故可能危及人员的数量、影响范围以及单位处置层级等因素综合划定本单位的应急响应级别，可分为Ⅰ级、Ⅱ级、Ⅲ级，一般不超过Ⅳ级。

明确应急响应启动的程序和方式；明确应急响应启动后的程序性工作，包括紧急会商、信息上报、应急资源协调、后勤保障、信息公开等工作。

明确事故现场的警戒疏散、医疗救治、现场监测、技术支持、工程抢险、环境保护及人员防护等工作要求。

明确当事态无法控制情况下，向外部力量请求支援的程序及要求。

明确应急响应结束的基本条件和要求。

（5）后期处置。明确污染物处理、生产秩序恢复、医疗救治、人员安置、应急处置评估等内容。

（6）应急保障。明确可为本单位提供应急保障的相关单位及人员通信联系方式、联系方法，以及备用方案。同时，制定信息通信系统及维护方案，确保应急期间信息通畅。

1）明确相关的应急人力资源，包括应急专家、专业应急队伍、兼职应急队伍等。

2）明确本单位的应急物资和装备的类型、数量、性能、存放位置、运输及使用条件、更新及补充时限、管理责任人及其联系方式等内容，并建立档案。

3）根据应急工作需求而确定的其他相关保障措施，如经费保障、交通运输保障、治安保障、技术保障、医疗保障、后勤保障等。

（7）预案管理。预案管理需主要明确以下内容：①明确生产经营单位应急预案宣传培训计划、方式和要求；②明确生产经营单位应急预案演练的计划、类型和频次等要求；③明确应急预案评估的期限、修订的程序；④明确应急预案的报备部门。

4. 专项应急预案的主要内容

（1）适用范围。说明专项应急预案适用的范围，以及与综合应急预案的关系。

（2）应急组织机构及职责。根据事故类型，明确应急组织机构以及各成员单位或人员的具体职责。应急指挥机构可以设置相应的应急工作小组，明确各小组的工作任务及主要负责人职责。

（3）处置措施。针对可能发生的事故风险、危害程度和影响范围，明确应急处置指导原则，制定相应的应急处置措施。

5. 现场处置方案的主要内容

（1）事故风险描述。事故风险描述主要包括：①事故类型；②事故发生的区域、地点或装置的名称；③事故发生的可能时间、危害程度及其影响范围；④事故发生前可能出现的征兆；⑤可能引发的次生、衍生事故。

（2）应急工作职责。针对具体场所、装置或者设施，明确应急组织分工和职责。

（3）应急处置。应急处置主要包括以下内容：①事故应急响应程序，结合现场实际，明确事故报警、自救互救、初期处置、警戒疏散、人员引导、扩大应急等程序；②现场初期处置措施，针对可能的事故风险，制定人员救援、工艺操作、事故控制、消防等方面的初期处置措施，以及现场恢复、现场证据保护等方面的工作方案。

（4）注意事项。注意事项主要包括：①个人防护方面的注意事项；②现场先期处置方面的注意事项；③自救和互救方面的注意事项；④其他需要特别警示的事项。

6.2.4.3　应急预案的评审、公布及备案

1. 应急预案的评审与公布

（1）矿山、金属冶炼企业和易燃易爆物品、危险化学品的生产、经营、储存、运输企业，以及使用危险化学品达到国家规定数量的化工企业、烟花爆竹生产、批发经营企业和中型规模以上的其他生产经营单位，应当对本单位编制的应急预案进行评审，并形成书面评审纪要。上述规定以外的其他生产经营单位可以根据自身需要，对本单位编制的应急预案进行论证。

（2）参加应急预案评审的人员应当包括有关安全生产及应急管理方面的专家。

（3）应急预案的评审或者论证应当注重基本要素的完整性、组织体系的合理性、应急处置程序和措施的针对性、应急保障措施的可行性、应急预案的衔接性等内容。

（4）生产经营单位的应急预案经评审或者论证后，由本单位主要负责人签署，向本单位从业人员公布，并及时发放到本单位有关部门、岗位和相关应急救援队伍。

2. 应急预案的备案

（1）易燃易爆物品、危险化学品等危险物品的生产、经营、储存、运输单位，矿山、金属冶炼、城市轨道交通运营、建筑施工单位，以及宾馆、商场、娱乐场所、旅游景区等人员密集场所经营单位，应当在应急预案公布之日起 20 个工作日内，按照分级属地原则，向县级以上人民政府应急管理部门和其他负有安全生产监督管理职责的部门进行备案，并依法向社会公布。

（2）生产经营单位申报应急预案备案，应当提交下列材料：

1）应急预案备案申报表。

2）应急预案评审意见（如有）。

3）应急预案电子文档。

4）风险评估结果和应急资源调查清单。

6.2.4.4 综合应急预案实例

1. 总则

（1）编制目的。为了不断提高公司处置突发事件的能力，最大限度地预防和减少突发事件的发生及其造成的损害，保障人身、设备和财产安全，制定本预案。

（2）编制依据。《中华人民共和国安全生产法》《生产安全事故报告和调查处理条例》《电力企业应急预案管理办法》《电力企业应急预案评审和备案细则》等。

（3）适用范围。本预案适用于企业针对突发自然灾害、生产事故灾难、公共卫生、社会安全突发事件应急救援和现场事故处置工作。

（4）工作原则。

1）以人为本，减少危害，保障员工生命安全和身体健康。最大限度地预防、减少、消除突发事件，最大限度地降低人员伤亡、财产损失、社会影响，切实加强突发事件管理工作。

2）统一领导，分级负责。在企业应急指挥机构的统一组织协调下，各应急处置工作组按照各自的职责和权限，负责突发事件的应急处置工作，健全完善应急预案和应急预案管理机制。

3）依靠科学，依法规范。采用先进的救援装备和技术，增强应急救援能力。依法规范应急救援工作，确保应急预案的科学性、权威性和可操作性。

4）预防为主，平战结合。贯彻落实"安全第一，预防为主，综合治理"的方针，坚持突发事件的应急与预防相结合。做好预防、预测、预警和预报工作，做好常态下的风险评估、物资储备、队伍建设、完善装备、预案演练等工作。

2. 风险分析

（1）危险源与风险。

1）事故灾难方面。事故灾难方面主要有人身事故（包括触电、高处坠落、机械伤害、物体打击、起重伤害、车辆伤害、灼烫、中毒和窒息、火灾、交通、误操作造成等），设备事故（包括设备损坏、爆炸、坍塌、倾倒、各种火灾、建筑物和设施倒塌、误操作造成的设备损坏等）。

2）自然灾害方面。自然灾害方面主要是气象、地震、地质灾害带来的危害；部分风电场地理位置，部分设备在雷电天气下，有发生地质灾害的可能性。

3）公共卫生方面。公共卫生方面主要有传染病、中毒等对人员造成的危害。

4）社会安全方面。社会安全方面主要有社会突发事件对国家和社会、企业及人员造成的各种影响、危害。

（2）突发事件分级。突发事件的分级标准依据《生产安全事故报告和调查处理条例》《电力安全事故应急处置和调查处理条例》《国家突发公共事件总体应急预案》及其他相关部委的应急预案等国家有关条例、预案、规定，各类突发事件按照其性质、严重程度、可控性和影响范围等因素，一般分为四级，即Ⅰ级（特别重大）、Ⅱ级（重大）、Ⅲ级（较大）和Ⅳ级（一般）。

1）事故灾难类四级划分。

a. Ⅰ级。造成或可能造成 30 人及以上死亡，或者 100 人及以上重伤（包括急性工业中毒），或者 1 亿元及以上直接经济损失的，且对公司产生严重负面影响的各类突发事件。

b. Ⅱ级。造成或可能造成 10 人及以上 30 人以下死亡，或者 50 人及以上 100 人以下重伤（包括急性工业中毒），或者 5000 万元及以上 1 亿元以下直接经济损失的，且对公司产生较大负面影响的各类突发事件。

c. Ⅲ级。造成或可能造成 3 人及以上 10 人以下死亡，或者 10 人及以上 50 人以下重伤（包括急性工业中毒），或者 1000 万元及以上 5000 万元以下直接经济损失的各类突发事件。

d. Ⅳ级。造成或可能造成 3 人以下死亡，或者 10 人以下重伤（包括急性工业中毒），或者 1000 万元以下直接经济损失的各类突发事件。

2）公共卫生事件四级划分。

a. Ⅰ级。特别重大公共卫生事件，发现鼠疫、非典型性肺炎、禽流感、霍乱等病例。发现其他乙类、丙类传染病，严重影响生产、生活和社会秩序的；一次食物中毒发病人数 100 例以上，并出现死亡病例；发生急性职业中毒人数 50 人以上或死亡人数 30 人以上。

b. Ⅱ级。重大公共卫生事件，1 周内发现 10～29 例霍乱病例和带菌者；一次食物中毒发病人数 30～99 人；发生急性职业中毒人数 30～49 人，或者死亡 29 人及以下。

c. Ⅲ级。较大公共卫生事件，一次食物中毒发病人数 10～29 人，或造成 3 人以上 9 人以下死亡；发生急性职业中毒人数 10～29 人，或造成 3 人以上 9 人以下死亡。

d. Ⅳ级。一般公共卫生事件，一次食物中毒发病人数在 10 人以下事件；发生急性职业中毒人数在 10 人以下事件；短时间出现 1 例原因不明的疾病。

3）群体性突发社会安全事件四级划分。

a. Ⅰ级。特别重大突发性事件，参与上访人数在 500 人及以上的事件。

b. Ⅱ级。重大突发事件，参与上访人数在 100 人及以上、500 人以下的事件。

c. Ⅲ级。较大突发事件，参与上访人数在 15 人及以上、100 人以下的事件。

d. Ⅳ级。一般突发事件，参与上访人数在 5 人及以上、15 人以下的事件。

4）新闻突发事件四级划分。

a. Ⅰ级特大突发新闻媒体事件：国家或中央新闻媒体报道的事件。

b. Ⅱ级重大新闻媒体事件：省级新闻媒体报道的事件。

c. Ⅲ级较大新闻媒体事件：市级新闻媒体报道的事件。

d. Ⅳ级一般新闻媒体事件：县级新闻媒体报道的事件。

3. 组织机构及职责

（1）应急组织体系。企业建立突发事件应急领导小组，下设应急管理办公室和6个应急处置工作组，负责突发事件的应急管理工作。

（2）应急领导小组职责。

1）贯彻落实国家有关突发事件应急管理工作的法律、法规、制度，执行上级公司和政府有关部门关于突发事件处理的重大部署。

2）监督应急管理责任制的落实情况，协调各部门职责的划分，并监督各部门专业应急预案的编写、学习、演练和修订完善。

3）负责总体指挥，协调突发事件的处理，负责出现突发事件时应急预案的启动和应急预案的终结。

4）部署重大突发事件发生后的善后处理及生产、生活恢复工作。

5）及时向政府应急管理部门、上级公司管理部门报告重大突发事件发生及处置情况。

6）负责监督、指导各职能机构对各类突发事件进行调查分析，并对相关部门或人员落实考核。

7）签发审核论证后的应急预案。

（3）应急管理办公室职责。

1）应急管理办公室是突发事件应急管理的常设机构，负责应急领导指挥机构的日常工作。

2）及时向应急领导小组报告突发事件。

3）组织落实应急领导小组提出的各项措施、要求，监督各单位的落实。

4）监督检查各单位突发事件的应急预案、日常应急准备工作、组织演练的情况；指导、协调突发事件的处理工作。

5）突发事件处理完毕后，认真分析突发事件的发生原因，总结突发事件处理过程中的经验教训，进一步完善相应的应急预案。

6）对公司突发事件管理工作进行考核。

7）指导相关部门做好善后工作。

（4）危险源控制、抢险救援组职责。按照保人身、保电网、保设备的原则，做好应急抢险救援工作。抢险救援时首先抢救受伤人员，然后按其职责开展其他救援处置工作。

1）负责事故运行方式调整和安全措施落实。

2）负责风电场电气设备保护及自动装置的应急处理。

3）负责所辖区域内的公用系统突发事件的处理。

4）负责伤员的第一救护，报告紧急医疗救护部门。

（5）安全保卫组职责。

1）维持现场秩序、现场警戒，划定警戒区域，负责监督应急情况处理时各项安全措施的执行，防止救援时人身事故的发生。

2）控制现场人员，无关人员不准出入现场，确保抢险、救灾人员疏散时的人身安全，做好安置、维持现场秩序、安全警戒装置的设置工作。

3）负责抢险现场安全隔离措施的检查，并督促相关部门执行到位。

4）组织实施事故恢复所必须采取的临时性措施。

5）协助完成事故（发生原因、处理经过）调查报告的编写和上报工作。

（6）交通医疗后勤保障组职责。

1）负责车辆管理部门。

a. 平时加强车辆维护、检查，确保应急抢险救援时所需车辆正常使用。

b. 应急时提供紧急救护车辆，提供应急救援抢险和应急物资、设备设施运送所需车辆。

2）负责通信管理部门。

a. 固定电话、移动电话、载波通信、应急呼叫通信等通信设施完好。

b. 应急时确保生产调度和现场应急通信畅通。

3）负责医疗后勤保障部门。

a. 接警后及时赶赴事发地，对受伤人员采取现场紧急救治，及时抢救伤员。

b. 及时联系市 120 急救中心或市医院，将伤员转送医院进行治疗。

c. 做好日常相关医疗药品和器材的维护和储备工作。

d. 做好食物、卫生、环境方面的防范工作，防止灾后发生疫情，做好生活区异常情况的处理。

（7）新闻发布工作组职责。

1）在应急领导小组的指导下将突发事件情况汇总，做好对外信息发布工作。

2）根据应急领导小组的决定对突发事件情况向政府新闻主管部门、上级单位进行报告。

3）负责新闻媒体及当地政府有关部门和上级相关部门的接待工作。

（8）技术保障物资供应组职责。

1）全面提供应急救援时的技术支持。

2）掌握本公司各设备、建筑、装备、器材、工具等专业技术。

3）掌握本公司各设备、设施、建筑在事故灾难情况下的应急处置方法。

4）按照公司要求做好各类突发事件相应物资储备和供给工作。

5）应急时，负责应急物资、各种器材、设备的供给。

6）负责与其他外部救援力量进行沟通联络，及时做好应急物资的补给工作。

（9）善后处理组职责。

1）负责伤亡家属接待、安抚、慰问和补偿等善后工作。

2）负责人员伤亡、设备、财产损失统计理赔工作。

3）负责事故、灾难调查、处理、报告填写和上报工作。

4. 预防与预警

（1）危险源监控。结合公司周边自然情况，对设备状态、人员情况，开展风险评估和隐患排查、季节性安全检查、专项安全检查及安全性评价等。同时积极利用试验、监测、监控、检验及各类报警装置，发现和监控危险源，做到早发现、早报告、早处置。任何部门获得突发事件信息应立即向应急管理办公室汇报，应急管理办公室汇总信息后应立即上报应急领导小组。

（2）预警行动。

1）预警信息发布的条件。预警级别依据突发事件可能造成的紧急程度和发展势态，一般划分为四级，即Ⅰ级（特别严重）、Ⅱ级（严重）、Ⅲ级（较重）和Ⅳ级（一般），依次用红色、橙色、黄色和蓝色表示。

2）预警信息发布的对象。针对自然灾害、事故灾难、公共卫生、社会安全突发事件实施预警。

3）预警信息发布的程序。突发事件信息经应急领导小组审批后，由应急管理办公室对可能发生和可以预警的突发事件进行预警。预警信息的发布一般通过短信、电话、通知等方式进行。预警信息包括突发事件的类别、预警级别、起始时间、可能影响范围、警示事项、应采取的措施和发布单位等。

5. 应急响应

（1）应急响应分级。按突发事件的可控性、严重程度和影响范围，结合本公司实际情况，突发事件的应急响应一般分为特别重大（Ⅰ级响应）、重大（Ⅱ级响应）、较大（Ⅲ级响应）、一般（Ⅳ级响应）四级。

Ⅰ级响应：由公司总经理组织启动响应，所有部门进行联动。

Ⅱ级响应：由公司总经理组织启动响应，所有部门进行联动。

Ⅲ级响应：由副总经理组织启动响应，相关部门进行联动。

Ⅳ级响应：由项目公司总经理组织启动响应。

（2）响应程序。

1）响应启动条件。

Ⅰ级响应：造成3人以上死亡4人以上重伤、10人以上轻伤，或者造成1000万元以上直接经济损失的事故。

Ⅱ级响应：造成 3 人以下死亡、2～3 人重伤、4～9 人轻伤，或者造成 300 万元以上 1000 万元以下直接经济损失的事故。

Ⅲ级响应：造成 1 人重伤、2～3 人轻伤，或者造成 100 万元以上 300 万元以下直接经济损失事故。

Ⅳ级响应：造成 1 人轻伤，或者造成 100 万元以下直接经济损失的事故。

其中，"以上"包括本数，"以下"不包括本数。

2）突发事件应急响应程序和要求。

a. 应急管理办公室接到报告后，立即与突发事件的发生单位取得联系，掌握事件进展情况，及时将信息报告给应急领导小组，启动应急预案，控制事态影响防止扩大。

b. 立即由应急领导小组组织现场应急救援工作。

c. 及时向上级公司和地方政府应急管理部门报告突发事件基本情况和应急救援的进展情况，根据地方政府的要求开展应急救援工作。

d. 组织专家组分析情况，根据专家的建议，通知相关应急救援力量随时待命，为政府应急指挥机构提供技术支持。

e. 派出相关应急救援力量和专家赶赴现场，参加、指导现场应急救援，必要时调集事发地周边地区专业应急力量（医疗、消防、公安、交通等）实施增援。需要有关应急力量支援时，应及时向地方政府应急管理部门汇报请求支援。

3）应急指挥。由应急领导小组统一指挥应急救援、处置各项工作。

4）应急处置。

a. 先期处置。突发事件发生后，事发单位在做好信息报告的同时，要立即按照现场处置方案，组织应急救援工作，抢救受伤人员，疏散、撤离、安置受到威胁的人员；控制危险源；标明危险区域；封锁危险场所，落实应急救援各项安全技术措施，按规定及时向所在地政府及有关部门报告。对因本单位的问题引发的社会安全事件，相关单位要迅速派出负责人赶赴现场进行疏导工作。

b. 应急处置。对应本预案的响应级别，应急响应启动后，应急指挥机构要坚持专项预案的应急响应程序及处置原则，并按对应的现场处置方案组织好应急救援工作。

c. 应急响应调整。应急领导小组要根据现场处置的事态发展变化，及时研究和判断提高或降低应急响应级别，同时请求行业和外部各方面的应急救援力量及资源参与应急救援工作。

（3）应急结束。

1）应急终止条件。

a. 事件现场得到控制，事件条件已经消除。

b. 环境符合有关标准。

c. 事件所造成的危害已经彻底消除，无次生、衍生事故隐患继发可能。

d. 事件现场的各种专业应急处置行动已无继续的必要。

e. 采取了必要的防护措施以保护公众免受再次危害。

f. 经应急领导小组批准。

2）由原应急响应发布部门宣布应急响应结束。

3）应急结束后善后处理组要向上级主管单位上报突发事件应急救援工作总结。

6. 信息发布

（1）信息发布的原则和责任部门。在发生破坏性地震等自然灾害、较大传染病疫情、较大食物和职业中毒以及其他比较影响职工健康的公共卫生事件、较大生产和人员安全事故、涉外突发事件、群体性上访等较重影响企业形象和稳定的事件、较大网络安全事故和其他较大突发事件后，要做好对外新闻报道和舆论引导等工作，统一对外进行信息发布。

公司应急管理办公室是对外信息发布的归口管理部门，其他相关部门应积极配合，保证信息发布的一致性。

（2）信息发布程序。由信息发布责任部门负责组织信息发布稿件，报应急领导小组审批后，按要求时限进行发布。

7. 后期处置

应急结束后，要对设备和设施状况进行针对性的检查。必要时，应开展技术鉴定工作，认真查找设备和设施在危急事件后可能存在的安全隐患，积极采取措施尽快恢复生产、生活秩序。

应急结束后应妥善处理相关损失的善后理赔工作，对整体应急能力进行评估总结并记录在案。

8. 应急保障

（1）队伍保障。

1）内部队伍保障。

a. 专职应急队伍：运行、保卫、维护人员及专家组等。

b. 兼职应急队伍（群众性救援队伍）：义务消防队员等。

2）外部队伍保障。企业及所辖项目公司要掌握本单位周围地区的外部救援力量，要与通信、设备制造厂、供应商及技术服务人员等外部救援力量签订应急协议，要与当地政府应急管理部门（医疗、消防、公安、交通等）建立快速联系通道，保障在应急状态下及时获得外部应急救援力量的支持。

（2）物资保障。做好应急装备与备品备件的储备和配置，包括应急救援的机械设备、监测仪器仪表、交通工具、个人防护、医疗设施、药品及其他保障物资。做好应急物资的管理工作，进行定期的检查、维护、更新，使其始终处于良好状态。

（3）通信与信息保障。突发事件应急管理必须依靠健全、畅通的通信网络，通信网络包括有线电话系统、无线移动通信系统、对讲机、计算机网络等。

9. 培训与演练

（1）培训。

1）将应急管理培训工作纳入年度培训计划，有针对性地对应急救援和管理人员进行培训，提高其专业技能。要求生产一线人员100％经过心肺复苏法培训，100％经过消防器材使用的培训，电气人员100％经过触电急救培训及相关专业信息报告（报警）程序的培训。

2）每年至少组织一次应急管理培训，培训的主要内容应该包括：本单位的应急预案体系构成，应急组织机构及职责、应急程序、应急资源保障情况和针对不同类型突发事件的预防和处置措施等。

（2）预案演练。

1）演练频度。应急预案的演练方式可以选择实战演练、桌面演练两者中的一种，每年年初制定演练计划，专项应急预案演练每年不少于1次，现场处置演练每年不少于2次，其中消防类、防全站停电类、防汛类应急预案必须采取实战演练。

2）演练的范围和内容。全体应急管理人员、专兼职应急救援人员参加，主要内容为综合应急预案、专项应急预案。

10. 奖惩

（1）突发事件应急处置工作实行责任追究制。

（2）对突发事件应急管理工作中做出突出贡献的先进集体和个人要给予表彰和奖励。

（3）对迟报、谎报、瞒报和漏报突发事件重要情况或者应急管理工作中有其他失职、渎职行为的，依法对有关责任人给予行政处分；构成犯罪的，依法追究刑事责任。

6.3　风电场项目安全生产控制

安全生产控制是安全管理的一项重要职能，在项目实施过程中，通过采用技术、组织和管理等手段控制人的不安全行为和物的不安全状态，达到减少和消除生产过程中的事故，保证人员健康安全和财产免受损失以及改善生产环境和保护自然环境的目标。项目实施过程中安全生产控制的重点包括建立项目安全组织系统、进行安全教育和培训、采取安全技术和应急措施消除不安全因素、安全检查和评价、安全生产预测以及事故处理等。

6.3.1 安全教育

安全教育是安全管理工作的重要环节。安全教育的目的是提高全员的安全意识、安全管理水平，防止事故，实现安全生产。

6.3.1.1 安全教育培训对象

安全教育应根据教育对象的不同特点有针对性地组织安全生产教育和培训，保证从业人员具备必要的安全生产知识，熟悉有关的安全生产规章制度和安全操作规程，掌握本岗位的安全操作技能。未经安全生产教育和培训不合格的从业人员，不得上岗作业。建设项目安全教育培训的对象包括以下五类人员。

（1）工程项目经理、项目执行经理、项目技术负责人。必须经过当地政府或上级主管部门组织的安全生产专项培训，经考核合格后持证上岗。

（2）工程项目基层管理人员。每年必须接受公司安全生产年审，经考试合格后，持证上岗。

（3）分包负责人、分包队伍管理人员。必须接受政府主管部门或总包单位的安全培训，经考试合格后持证上岗。

（4）特种作业人员。必须经过专门的安全理论培训和安全技术实际训练，经理论和实际操作双项考核合格者，持《特种作业操作证》上岗作业。

（5）操作工人。新入场工人必须经过三级安全教育（公司、项目、作业班组），考试合格后持"上岗证"上岗作业。对于新转入施工现场的工人必须针对该施工现场的具体情况，进行具有针对性的转场安全教育。凡改变工种或调换工作岗位的工人必须进行变换工种安全教育，考核合格后方准上岗。

6.3.1.2 安全教育的内容

安全教育主要包括安全生产思想教育、安全知识教育、安全技能教育和法制教育四个方面的内容。

1. 安全生产思想教育

安全生产思想教育的目的是为安全生产奠定思想基础，通常从加强思想认识、方针政策和劳动纪律教育等方面进行。

（1）思想认识和方针政策的教育。一是提高各级管理人员和广大职工群众对安全生产重要意义的认识。从思想上、理论上认识搞好安全生产的重要意义，以增强关心人、保护人的责任感，树立牢固的群众观点。二是通过安全生产方针、政策教育，提高各级技术、管理人员和广大职工的政策水平，使他们正确全面地理解国家的安全生产方针、政策，严肃认真地执行安全生产方针、政策和法规。

（2）劳动纪律教育。劳动纪律教育主要是使广大职工懂得严格执行劳动纪律对实现安全生产的重要性，企业的劳动纪律是劳动者进行共同劳动时必须遵守的法则和秩序。反对违章指挥，反对违章作业，严格执行安全操作规程，遵守劳动纪律是贯彻安全生产方针、减少伤害事故、实现安全生产的重要保证。

2. 安全知识教育

企业所有职工必须具备安全基本知识。因此，全体职工都必须接受安全知识教育，每年按规定学时进行安全培训。安全基本知识教育的主要内容是：企业的基本生产概况；施工（生产）流程、方法；企业施工（生产）危险区域及其安全防护的基本知识和注意事项；机械设备、厂（场）内运输的有关安全知识；有关电气设备（动力照明）的基本安全知识；高处作业安全知识；生产（施工）中使用的有毒、有害物质的安全防护基本知识；消防制度及灭火器材应用的基本知识；个人防护用品的正确使用知识等。

3. 安全技能教育

安全技能教育就是结合本工种专业特点，实现安全操作、安全防护所必须具备的基本技术知识要求。每个职工都要熟悉本工种、本岗位专业安全技术知识。安全技能知识是比较专门、细致和深入的知识。它包括安全技术、劳动卫生和安全操作规程。国家规定建筑登高架设、起重、焊接、电气、爆破、压力容器、锅炉等特种作业人员必须进行专门的安全技术培训。宣传先进经验，既是教育职工找差距的过程，又是学、赶先进的过程；事故教育，可以从事故教训中吸取有益的东西，防止今后类似事故的重复发生。

4. 法制教育

法制教育就是要采取各种有效的形式，对全体职工进行安全生产法规和法制教育，提高职工遵纪、守法的自觉性，以达到安全生产的目的。

6.3.2　安全检查

建设工程安全检查的目的是为了清除隐患、防止事故、改善劳动条件及提高员工安全生产意识，是安全控制工作的一项重要内容。通过安全检查可以发现工程中的危险因素，以便有计划地采取措施，保证安全生产。施工项目的安全检查应由项目经理组织，定期进行。

6.3.2.1　安全检查的类型

1. 全面安全检查

全面安全检查应包括职业健康安全管理方针、管理组织机构及其安全管理的职责、安全设施、操作环境、防护用品、卫生条件、运输管理、危险品管理、火灾预防、安全教育和安全检查制度等内容。对全面检查的结果必须进行汇总分析，详细探讨所出现的问题及相应对策。

2. 经常性安全检查

工程项目和班组应开展经常性安全检查，及时排除事故隐患。工作人员必须在工作前，对所用的机械设备和工具进行仔细的检查，发现问题立即上报。下班前，还必须进行班后检查，做好设备的维修保养和清整场地等工作，保证交接安全。

3. 专业或专职安全管理人员的专业安全检查

由于操作人员在进行设备的检查时，往往是根据其自身的安全知识和经验进行主观判断，因而有很大的局限性，不能反映出客观情况，流于形式。而专业或专职安全管理人员则有较丰富的安全知识和经验，通过其认真检查就能够得到较为理想的效果。专业或专职安全管理人员在进行安全检查时，必须不徇私情，按章检查，发现违章操作情况要立即纠正，发现隐患及时指出并提出相应的防护措施，并及时上报检查结果。

4. 季节性安全检查

要对防风防沙、防涝抗旱、防雷电、防暑防害等工作进行季节性的检查，根据各个季节自然灾害的发生规律，及时采取相应的防护措施。

5. 节假日检查

在节假日，坚持上班的人员较少，往往放松思想警惕，容易发生意外，而且一旦发生意外事故，也难以进行有效的救援和控制。因此，节假日必须安排专业安全管理人员进行安全检查，对重点部位要进行巡视。同时配备一定数量的安全保卫人员，搞好安全保卫工作，绝不能麻痹大意。

6. 要害部门重点安全检查

对于企业要害部门和重要设备必须进行重点检查。由于其重要性和特殊性，一旦发生意外，会造成大的伤害，给企业的经济效益和社会效益带来不良的影响。为了确保安全，对设备的运转和零件的状况要定时进行检查，发现损伤立刻更换，决不能"带病"作业；一过有效年限即使没有故障，也应该予以更新，不能因小失大。

6.3.2.2 安全检查的内容

1. 查思想

检查企业领导和员工对安全生产方针的认识程度，对建立健全安全生产管理和安全生产规章制度的重视程度，对安全检查中发现的安全问题或安全隐患的处理态度等。

2. 查制度

为了实施安全生产管理制度，工程承包企业应结合本身的实际情况，建立健全一整套本企业的安全生产规章制度，并落实到具体的工程项目施工任务中。在安全检查时，应对企业的施工安全生产规章制度进行检查。施工安全生产规章制度一般应包括以下内容：

（1）安全生产责任制度。

（2）安全生产许可证制度。

（3）安全生产教育培训制度。

（4）安全措施计划制度。

（5）特种作业人员持证上岗制度。

（6）专项施工方案专家论证制度。

（7）危及施工安全的工艺、设备、材料的淘汰制度。

（8）施工起重机械使用登记制度。

（9）生产安全事故报告和调查处理制度。

（10）各种安全技术操作规程。

（11）危险作业管理审批制度。

（12）易燃、易爆、剧毒、放射性、腐蚀性等危险物品生产、储运、使用的安全管理制度。

（13）防护物品的发放和使用制度。

（14）安全用电制度。

（15）危险场所动火作业审批制度。

（16）防火、防爆、防雷、防静电制度。

（17）危险岗位巡回检查制度。

（18）安全标志管理制度。

3.查管理

查管理主要检查安全生产管理是否有效，安全生产管理和规章制度是否真正得到落实。

4.查隐患

查隐患主要检查生产作业现场是否符合安全生产要求，检查人员应深入作业现场，检查工人的劳动条件、卫生设施、安全通道，零部件的存放，防护设施状况，电气设备、压力容器、化学用品的储存，粉尘及有毒有害作业部位点的达标情况，车间内的通风照明设施，个人劳动防护用品的使用是否符合规定等。要特别注意对一些要害部位和设备加强检查，如锅炉房、变电所，各种剧毒、易燃、易爆等场所。

5.查整改

查整改主要检查对过去提出的安全问题和发生安全生产事故及安全隐患后是否采取了安全技术措施和安全管理措施，进行整改的效果如何。

6.查事故处理

检查对伤亡事故是否及时报告，对责任人是否已经作出严肃处理。在安全检查中必须成立一个适应安全检查工作需要的检查组，配备适当的人力、物力。检查结束后应编写安全检查报告，说明已达标项目、未达标项目、存在问题、原因分析，给出纠正和预防措施的建议。

6.3.2.3 安全检查的方法

（1）看，主要查看管理记录、持证上岗、现场标示、交接验收资料、"三宝"（安全帽、安全带、安全网）使用情况、"洞口""临边"防护情况、设备防护装置等。

（2）量，主要是用尺子进行实测实量。例如，脚手架各种杆件间距、塔吊导轨距离、电器开关箱安装高度、在建工程邻近高压线距离等。

（3）测，用仪器、仪表实地进行测量。例如，用水平仪测量导轨纵、横向倾斜度，用地阻仪遥测地阻等。

（4）现场操作，由司机对各种限位装置进行实际动作，检验其灵敏度。例如，塔吊的力矩限制器、行走限位、龙门架的超高限位装置、翻斗车制动装置等。总之，能测量的数据或操作试验，不能用目测、步量或"差不多"等来代替，要尽量采用定量方法检查。

6.3.2.4 安全检查的要求

（1）各种安全检查都应根据检查要求配备足够的资源，应明确检查负责人，选调专业人员，并明确分工、检查内容、标准等要求。

（2）每种安全检查都应有明确的检查目的、检查项目、内容及标准。特殊过程、关键部位应重点检查。检查时应尽量采用检测工具，用数据说话。要检查现场管理人员和操作人员是否有违章指挥和违章作业的行为，还应进行应知应会的抽查，以便了解管理人员及操作人员的安全素质。

（3）检查记录是安全评价的依据，要做到认真详细，真实可靠，特别是对隐患的检查记录要具体，包括隐患的部位、危险程度及处理意见等。采用安全检查评分表的，应记录每项扣分的原因。

（4）对安全检查记录要用定性定量的方法，认真进行系统分析，做出安全评价。例如，哪些方面需要进行改进的，哪些问题需要进行整改的，受检部门或班组应根据安全检查评价及时制定改进的对策和措施。

（5）整改是安全检查工作的重要组成部分，也是检查结果的归宿，但往往也是容易被忽略的地方。安全检查是否完毕，应根据整改是否到位来决定。不能检查完毕，发一张整改通知书就算了事，而应对整改的执行情况进行跟踪检查并予以落实。

6.3.3 安全生产预测与决策

6.3.3.1 安全生产预测

1. 预测的原理

（1）可测性原理。从理论上说，世界上一切事物的运动、变化都是有规律的，因而是可预测的。人类不但可以认识预测对象的过去和现在，而且可以通过它的过去和现在推知其未来。

（2）连续性原理。预测对象的发展总是呈现出随时间的推移而变化的趋势，可以根据这一趋势预测事物下一阶段的变化规律，这就是预测的连续性原理。

（3）类推性原理。世界上的事物都有类似之处，可以根据已出现的某一事物的变化规律来预测即将出现的类似事物的变化规律。

（4）反馈性原理。预测某种事物的结果，是为了现在对其作出相应的决策，即预测未来的目的在于指导当前，预先调整关系，以利未来的行动。

（5）系统性原理。任何一个预测对象都处在社会大系统中，因而要强调预测对象内在与外在的系统性。缺乏系统观点的预测，必将导致顾此失彼的决策。

2. 预测的方法

预测的方法较多，限于篇幅，仅介绍一元线性和非线性回归分析方法。

（1）一元线性回归。一元线性回归法是比较典型的回归分析法之一。它根据自变量（x）与因变量（y）的相互关系，用自变量的变动来推测因变量变动的方向和程度，其基本方程式为

$$y = a + bx \qquad (6-2)$$

式中　a 和 b——回归系数，其值可根据统计数据，通过式（6-3）、式（6-4）来计算。

$$a = \frac{\sum\limits_{i=1}^{n} x_i \sum\limits_{i=1}^{n} x_i y_i - \sum\limits_{i=1}^{n} x_i^2 \sum\limits_{i=1}^{n} y_i}{(\sum\limits_{i=1}^{n} x_i)^2 - n \sum\limits_{i=1}^{n} x_i^2} \qquad (6-3)$$

$$b = \frac{\sum\limits_{i=1}^{n} x_i \sum\limits_{i=1}^{n} y_i - n \sum\limits_{i=1}^{n} x_i y_i}{(\sum\limits_{i=1}^{n} x_i)^2 - n \sum\limits_{i=1}^{n} x_i^2} \qquad (6-4)$$

式中　n——数据的个数。

回归系数 a 和 b 确定之后，就可以在坐标系中画出回归直线。在回归分析中，为了解回归直线对实际数据变化趋势的符合程度，通常还应求出相关系数 r，其计算公式为

$$r = \frac{L_{xy}}{\sqrt{L_{xx} L_{yy}}} \qquad (6-5)$$

其中

$$L_{xx} = \sum_{i=1}^{n} (x_i - \overline{x})^2 = \sum_{i=1}^{n} x_i^2 - \frac{1}{n} (\sum_{i=1}^{n} x_i)^2 \qquad (6-6)$$

$$L_{yy} = \sum_{i=1}^{n} (y_i - \overline{y})^2 = \sum_{i=1}^{n} y_i^2 - \frac{1}{n} \left(\sum_{i=1}^{n} y_i \right)^2 \tag{6-7}$$

$$L_{xy} = \sum_{i=1}^{n} (x_i - \overline{x})(y_i - \overline{y}) = \sum_{i=1}^{n} x_i y_i - \frac{1}{n} \left(\sum_{i=1}^{n} x_i \right) \left(\sum_{i=1}^{n} y_i \right) \tag{6-8}$$

相关系数 r 取不同数值时，表示实际数据和回归直线之间的不同情况：

1）当 $|r|=1$ 时，表明变量 x 和变量 y 之间完全线性相关，即回归直线与实际数据的变化趋势完全相符。

2）当 $|r|=0$ 时，表明变量 x 和变量 y 之间线性无关，即回归直线与实际数据的变化趋势完全不符。

3）当 $0<|r|<1$ 时，需要判别变量 x 和变量 y 之间有无密切的线性相关关系。一般来说，r 越接近 1，说明变量 x 和变量 y 之间的线性关系越强，利用回归方程求得的预测值越可靠。

回归方程确定后，给定自变量的未来值 x_0，就可以利用回归方程求出因变量的估计值 y_0：$y_0 = a + b x_0$。

【案例 6-4】 某企业在 2004—2011 年工伤事故死亡人数的统计数据如表 6-17 所示，现用一元线性回归方法预测 2012 年的死亡人数。

表 6-17 某企业 2004—2011 年工伤事故死亡人数统计表

年份	时间顺序 x	死亡人数 y	x^2	xy	y^2
2004	1	21	1	21	441
2005	2	19	4	38	361
2006	3	23	9	69	529
2007	4	7	16	28	49
2008	5	11	25	55	121
2009	6	16	36	96	256
2010	7	13	49	91	169
2011	8	6	64	48	36
合计	$\sum_{i=1}^{n} x_i = 36$	$\sum_{i=1}^{n} y_i = 116$	$\sum_{i=1}^{n} x_i^2 = 204$	$\sum_{i=1}^{n} x_i y_i = 446$	$\sum_{i=1}^{n} y_i^2 = 1962$

解：1）将表中数据代入式（6-3）和式（6-4）便可求出 a 和 b 的值，即

$$a = \frac{\sum_{i=1}^{n} x_i \sum_{i=1}^{n} x_i y_i - \sum_{i=1}^{n} x_i^2 \sum_{i=1}^{n} y_i}{\left(\sum_{i=1}^{n} x_i \right)^2 - n \sum_{i=1}^{n} x_i^2} = \frac{36 \times 446 - 204 \times 116}{36^2 - 8 \times 204} = 22.64$$

$$b = \frac{\sum_{i=1}^{n} x_i \sum_{i=1}^{n} y_i - n \sum_{i=1}^{n} x_i y_i}{\left(\sum_{i=1}^{n} x_i\right)^2 - n \sum_{i=1}^{n} x_i^2} \frac{36 \times 116 - 8 \times 446}{36^2 - 8 \times 204}$$

$$= -1.81$$

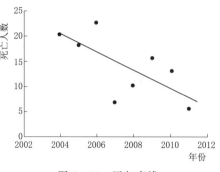

图 6-10　回归直线

则回归直线方程为

$$y = 22.64 - 1.81x$$

2）在坐标系中画出回归直线，如图 6-10 所示。

3）将表 6-17 中相关数据代入式（6-6）～式（6-8），可得

$$L_{xx} = \sum_{i=1}^{n} (x_i - \overline{x})^2 = \sum_{i=1}^{n} x_i^2 - \frac{1}{n}\left(\sum_{i=1}^{n} x_i\right)^2 = 204 - \frac{1}{8} \times 36^2 = 42$$

$$L_{yy} = \sum_{i=1}^{n} (y_i - \overline{y})^2 = \sum_{i=1}^{n} y^2 - \frac{1}{n}\left(\sum_{i=1}^{n} y_i\right)^2 = 1962 - \frac{1}{8} \times 116^2 = 280$$

$$L_{xy} = \sum_{i=1}^{n} (x_i - \overline{x})(y_i - \overline{y}) = \sum_{i=1}^{n} x_i y_i - \frac{1}{n}\left(\sum_{i=1}^{n} x_i\right)\left(\sum_{i=1}^{n} y_i\right)$$

$$= 446 - \frac{1}{8} \times 36 \times 116 = -76$$

4）根据式（6-5），可得

$$r = \frac{L_{xy}}{\sqrt{L_{xx} \cdot L_{yy}}} = \frac{-76}{\sqrt{42 \times 280}} = -0.7$$

$|r| = 0.7 > 0.6$，说明回归直线与实际数据的变化趋势相符合，达到了预测的要求。

5）预测 2012 年的死亡人数。令 $x = 9$，将其代入回归方程，就可求出 $y = 22.64 - 1.81 \times 9 = 6.35$，即 2012 年的死亡人数大约为 7 人。

（2）一元非线性回归。非线性回归分析是通过一定的变换，将非线性问题转化为线性问题，然后利用线性回归的方法进行回归分析。

非线性回归曲线有很多种，选用哪一种曲线作为回归曲线则要根据实际数据在坐标系中的变化情况，或者根据专业知识来确定回归曲线。常用的非线性回归曲线主要如下：

1）双曲线：$\frac{1}{y} = a + \frac{b}{x}$。令 $y' = \frac{1}{y}$，$x' = \frac{1}{x}$，则有 $y' = a + bx'$。

2）指数函数：$y = a e^{bx}$。令 $y' = \ln y$，$a' = \ln a$，则有 $y' = a' + bx$。

3）对数函数：$y = a + b\ln x$。令 $x' = \ln x$，则有 $y = a + bx'$

下面以指数函数 $y = a e^{bx}$ 为例，说明非线性曲线的回归方法。

【案例 6-5】 某建筑企业在某年度 1—10 月发生的轻伤人数如表 6-18 所示，试用指数函数进行回归分析并预测 11 月的轻伤人数。

表 6-18　某建筑企业上一年度的轻伤人数

月份	顺序号	轻伤人数	y'	x^2	xy'	y'^2
1	1	15	2.708	1	2.708	7.334
2	2	12	2.485	4	4.970	6.175
3	3	9	2.197	9	6.592	4.828
4	4	8	2.079	16	8.318	4.324
5	5	6	1.792	25	8.959	3.210
6	6	5	1.609	36	9.657	2.590
7	7	4	1.386	49	9.704	1.922
8	8	4	1.386	64	11.090	1.922
9	9	3	1.099	81	9.888	1.207
10	10	2	0.693	100	6.931	0.480
合计	55	68	17.435	385	78.816	33.992

解： 令 $y'=\ln y$，$a'=\ln a$，则有 $y'=a'+bx$。

用一元线性回归方程计算可得：$a'=2.882$，$b=-0.207$。

由 $a'=\ln a$，可得 $a=e^{a'}=e^{2.882}=17.850$。

故指数回归曲线方程为 $y=17.850\,e^{-0.207x}$，回归曲线如图 6-11 所示。

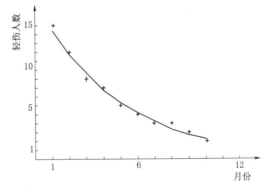

图 6-11　回归曲线图

计算相关系数 r，即

$L_{xx}=82.5$，$L_{y'y'}=3.593$，$L_{xy'}=-17.077$，则

$$r=\frac{L_{xy'}}{\sqrt{L_{xx}L_{y'y'}}}=-0.992$$

$|r|=0.992>0.6$，说明回归直线与实际数据的变化趋势相符合，达到了预测的要求。

根据指数回归方程预测 11 月的轻伤人数为

$$y_{11}=17.850\,e^{-0.207\times11}=1.831$$

6.3.3.2　安全生产决策

安全生产决策就是针对生产活动中要解决的特定安全问题，根据安全法律法规、标准、规范等的要求，运用现代科学技术知识和安全科学的理论与方法，提出各种安全措施方案，经过分析、论证与评价，从中选择最优方案并予以实施的过程。

1. 决策的基本程序

决策程序包括以下四个基本步骤，具体如下：

（1）提出问题，确定目标。决策工作是从发现问题开始的。目标是指在一定的环境和条件下，决策者所要达到的结果。决策目标首先是具体、准确的；其次，尽可能将目标数量化，并明确目标的时间约束条件；最后，目标应有实现的可能性，并富有一定的挑战性。

（2）拟定可行性方案。拟定可行性方案，即寻找实现目标的途径，应注意以下问题：①方案的可行性；②方案的完备性；③方案间的互斥性。

（3）分析评估，方案择优。所谓分析评估，是指根据预定的决策目标，确定方案的评估标准和分析评估方法，然后对各种备选方案进行计算、分析和比较。经过分析评估之后，就可以进行最终的选优。

（4）慎重实施，反馈调节。进入实施阶段后，应建立信息反馈系统，对实施情况进行追踪验证，对偏离决策目标的情况，应及时取得信息，以便采取措施加以解决，最终实现决策的预定目标。

2. 决策的基本方法

决策的方法较多，限于篇幅，仅介绍综合评分法和决策树分析法。

（1）综合评分法。综合评分法是根据预先设定的评分标准对各个方案的评价指标进行计算和比较，从而选出最优方案的方法。

1）评分标准。一般分为五个等级：优、良、中、差、极差。对应的分值为 5 分、4 分、3 分、2 分和 1 分。

2）指标体系。对于安全生产决策问题，评价指标一般包括三个方面：技术指标、经济指标和社会指标。技术指标大致包括技术的先进性、可靠性、可操作性等；经济指标大致包括成本、质量和时间等；社会指标大致包括劳动条件、习惯、环境等。指标不宜过多，并且要求指标之间的关联性少。

3）指标权重。各个指标的权重可由经验确定或者采用两两比较，通过计算比较矩阵的特征向量来确定指标的权重。

4）评分并计算方案的总分。通过专家打分的方式，获取各个方案的指标分值，并汇总计算方案的总得分。总分最高者为最优方案。

（2）决策树分析法。决策树分析法是一种运用概率与图论中的树形图对决策中的不同方案进行比较，从而获得最优方案的风险型决策方法。决策树的结构如图 6-12 所示，图中方块表示决策点，从它引出的枝叫方案枝；图中圆圈表示方案节点，从它引出的枝叫概率分枝，概率分枝上应注明状态及概率；图中三角表示结果节点，它旁边的数值表示受益。通过对各种方案在各种状态条件下损益值的计算比较，为决策者提供决策依据。

【案例 6-6】 某厂因安全生产需要，研制了一套安全装置，此套安全装置可以由本厂独立加工完成，加工费为 2.5 万元，但成功的概率只有 0.7；也可委托外厂加工完成，加工费为 4 万元，成功的概率为 0.9。安全装置应用于生产后，能减少防护费用 6 万元。问究竟应选择哪种加工方案？

解： 1）画出决策树，如图 6-12 所示。

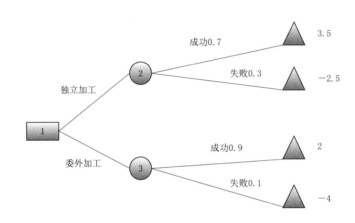

图 6-12 决策树图（单位：万元）

2）计算各个节点的受益（受益＝效益－费用）

a. 独立加工并成功的受益：6－2.5＝3.5（万元）。

b. 独立加工未成功的受益：0－2.5＝－2.5（万元）。

c. 委外加工并成功的受益：6－4＝2（万元）。

d. 委外加工未成功的受益：0－4＝－4（万元）。

3）计算方案的期望收益。

a. 独立加工方案：0.7×3.5－0.3×2.5＝1.7（万元）。

b. 委外加工方案：0.9×2－0.1×4＝1.4（万元）。

4）选择最优方案。根据期望值决策准则，独立加工方案的受益要大于委外加工方案的受益，故选择独立加工方案。

6.3.4 风电场项目安全事故管理

6.3.4.1 生产安全事故的报告

1. 事故上报程序

事故发生后，事故现场有关人员应当立即向本单位负责人报告；单位负责人接到报告后，应当在规定时间内向事故发生地县级以上人民政府安全生产监督管理部门和负有安全生产监督管理职责的有关部门报告。情况紧急时，事故现场有关人员可以直接向事故发生地县级以上人民政府安全生产监督管理部门和负有安全生产监督管理职责的有关部门报告。

安全生产监督管理部门和负有安全生产监督管理职责的有关部门接到事故报告后，应当依照下列规定上报事故情况，并通知公安机关、劳动保障行政部门、工会和人民检察院：

（1）特别重大事故、重大事故逐级上报至国务院安全生产监督管理部门和负有安全生产监督管理职责的有关部门。

（2）较大事故逐级上报至省、自治区、直辖市人民政府安全生产监督管理部门和负有安全生产监督管理职责的有关部门。

（3）一般事故上报至设区的市级人民政府安全生产监督管理部门和负有安全生产监督管理职责的有关部门。

安全生产监督管理部门和负有安全生产监督管理职责的有关部门依照前款规定上报事故情况时，应当同时报告本级人民政府。国务院安全生产监督管理部门和负有安全生产监督管理职责的有关部门以及省级人民政府接到发生特别重大事故、重大事故的报告后，应当立即报告国务院。必要时，安全生产监督管理部门和负有安全生产监督管理职责的有关部门可以越级上报事故情况。

2. 事故上报内容

事故报告应当包括下列内容：

（1）事故发生单位概况。

（2）事故发生的时间、地点以及事故现场情况。

（3）事故的简要经过。

（4）事故已经造成或者可能造成的伤亡人数（包括下落不明的人数）和初步估计的直接经济损失。

（5）已经采取的措施。

（6）其他应当报告的情况。

事故报告后出现新情况的，应当及时补报。

6.3.4.2　事故的调查与处理

1. 事故的调查

特别重大事故由国务院或者国务院授权有关部门组织事故调查组进行调查。重大事故、较大事故、一般事故分别由事故发生地省级人民政府、设区的市级人民政府、县级人民政府负责调查。省级人民政府、设区的市级人民政府、县级人民政府可以直接组织事故调查组进行调查，也可以授权或者委托有关部门组织事故调查组进行调查。

根据事故的具体情况，事故调查组由有关人民政府、安全生产监督管理部门、负有安全生产监督管理职责的有关部门、监察机关、公安机关以及工会派人组成，并应当邀请人民检察院派人参加。事故调查组可以聘请有关专家参与调查。

事故调查组有权向有关单位和个人了解与事故有关的情况，并要求其提供相关文件、资料，有关单位和个人不得拒绝。事故调查组应当自事故发生之日起 60 日内提交事故调查报告；特殊情况下，经负责事故调查的人民政府批准，提交事故调查报告的期限可以适当延长，但延长的期限最长不超过 60 日。

事故调查报告应当包括下列内容：

(1) 事故发生单位概况。

(2) 事故发生经过和事故救援情况。

(3) 事故造成的人员伤亡和直接经济损失。

(4) 事故发生的原因和事故性质。

(5) 事故责任的认定以及对事故责任者的处理建议。

(6) 事故防范和整改措施。

事故调查报告应当附具有关证据材料。事故调查组成员应当在事故调查报告上签名。事故调查报告报送负责事故调查的人民政府后，事故调查工作即告结束。事故调查的有关资料应当归档保存。

2. 事故的处理

重大事故、较大事故、一般事故，负责事故调查的人民政府应当自收到事故调查报告之日起 15 日内做出批复；特别重大事故，30 日内做出批复，特殊情况下批复时间可以适当延长，但延长的时间最长不超过 30 日。

安全事故调查处理，要坚持"四不放过"的原则：①事故原因调查不清不放过；②事故责任者、群众没有受到教育不放过；③整改防范措施没有到位、落实不放过；④事故责任者没有受到处理不放过。

【案例 6-7】 起重机倾倒事故分析。

2011 年 10 月 10 日晚 22 时 50 分，酒泉工业园区华锐风电设备生产厂区施工现场，承包方的 1 台 1000t 履带式起重机在作业过程中突然倾倒，5 人当场被砸身亡，1 人受伤。

事故发生后，肃州区立即启动安全生产事故灾难应急预案，专业救援人员赶赴现场开展了救援，酒泉市政府和国家质量监督检验检疫总局、国家安全生产监督管理局等权威部门随后组成调查组，开展事故调查工作。

事故调查组经过认真细致的调查取证，形成事故调查报告，并经省安全生产委员会办公室审核、酒泉市政府常务会议研究通过。认定此起事故是一起发生在作业场所、作业期间，由作业人员违章操作引发的较大安全生产责任事故。

1. 事故的原因分析

事故的直接原因是起重机路基板倾斜度超标，导致吊臂倾斜，在起吊过程中产生侧向屈曲变形。

事故的间接原因包括：①生产经营单位安全管理制度落实不到位；②生产经营单位现场安全管理不规范；③生产经营单位主体安全责任落实不到位；④生产经营单位人员安全管理不严格。

2. 对事故责任者的处理

该起事故共有涉案单位 5 家，涉案人员 12 人。依据《生产安全事故报告和调查处理条例》规定，按照事故调查处理"四不放过"原则，分别做出了相应的处理。

3. 整改措施

（1）坚决禁止夜间或能见度不足的情况下进行风机的吊装工作。

（2）工程施工严格按照进度要求执行，杜绝各种非正常赶工现象。

（3）特种设备作业，一定要有安全技术措施作业指导书，并在过程中逐项检查。

（4）严格按照规程进行吊车的静态试验操作。

（5）吊装时非工作人员严禁进入吊装工作区域。

第7章　风电场项目风险计划与控制

风电场项目由于建设周期长、施工条件复杂多变，因此存在较大的风险。正确识别项目风险因素，找出关键风险并制定相应的对策措施，及时进行风险监控确保对策措施持续有效，这些做法可以防止和减少风险损失，从而有利于项目目标的顺利实现。

7.1　风险与项目风险

7.1.1　风险的内涵

风险无处不在，是一种普遍的社会现象。人们对风险的理解是"可能会发生的问题"。风险与事件有关联，如在高速旋转的车床旁工作、从事高空作业等。关于风险的定义，不同领域的学者尚未取得一致公认的认识，目前关于风险的定义主要有以下几种代表性观点。

美国学者 A. H. 威雷特认为："风险是关于不愿发生的事件发生的不确定性的客观体现。"

美国经济学家 F. H. 奈特认为："风险是可测定的不确定性。"

日本学者武井勋认为："风险是在特定环境中和特定期间内自然存在的导致经济损失的变化。"

还有学者认为，风险是有害后果发生的可能性，是对潜在的、未来可能发生损害的一种度量。例如我国的杜端甫教授认为，风险是指损失发生的不确定性，并用公式 $R = f(P, C)$ 衡量风险的大小，该公式表明风险是事件发生的概率及后果的函数。

综上所述，风险包括了两方面的内涵：①风险发生意味着出现了损失，或者是未实现预期的目标；②这种损失出现与否是不确定的，可以用概率表示出现的可能程度。

7.1.2　风险的特征

（1）客观性。风险的客观性是指不管人们是否意识到风险，只要导致风险的各种因素和条件出现了，风险就会出现，它是不以人们的主观意志为转移的。因此，要减少和避免风险，就必须及时发现可能导致风险的各种因素和条件，并进行有效管理。

（2）多变性。风险的多变性是指导致风险的各种因素和条件会随着时间的推移而发生变化，从而引起风险发生的概率和破坏程度呈现动态变化的特征。因此，要减少和避免风险，就必须实施动态、柔性的风险管理。

（3）相对性。人们对于风险都有一定的承受能力，这种能力往往因活动、人和时间而异，一般而言，人们的风险承受能力受到收益的大小、投入的多少、拥有财富状况等因素的影响，如个人拥有的财富越多，其风险的承受能力越强。另外，风险的大小与收益的大小一般呈正相关关系，因此，收益越大，人们愿意承担的风险也越大。

（4）多样性。风险因素的多样性，决定了风险的多样性，如政治风险、经济风险、技术风险、社会风险、组织风险等，而且这些风险之间存在着错综复杂的内在联系，它们相互影响，交互作用，因此必须对风险进行系统识别和综合考虑。

7.1.3　项目风险的分类

不同项目有不同的风险，项目的不同阶段存在不同的风险。从不同的角度，以不同的标准分析，项目风险有不同的分类。

1. 按风险后果划分

按照风险后果的不同，风险可划分为纯粹风险和投机风险。不能带来机会、无获利可能的风险，称为纯粹风险，如风电场项目建设过程中，存放物质的仓库失火，该事件只能带来损失，不能带来利益。既可能带来利益，也可能造成损失的风险，称为投机风险，如投资人投资建设房地产项目，既可能赚钱，也有可能亏本。

2. 按风险来源划分

按项目风险来源，可分为自然风险和人为风险。由于自然力的作用，造成财产毁损或人员伤亡的风险属于自然风险，如海上风电场项目施工过程中因遇到超强台风而造成的工程损害、设备毁损等。人为风险是指由于人的活动而带来的风险，如由于经营管理不善、市场预测失误而招致的经济损失等。

3. 按风险的可预测性划分

按项目风险的可预测性，可分为已知风险、可预测风险和不可预测风险。对于发生概率和产生的后果基本知晓的风险，称为已知风险。根据经验，可以知道发生概率，但不可预见其后果的风险，称为可预测风险。不知道发生概率，也不能预见其后果的风险，称为不可预测风险，如战争、地震等。

4. 按风险是否可管理划分

按项目风险是否可管理，可分为可管理风险和不可管理风险。可管理风险是指可以预测并可采取相应措施加以控制的风险；反之，则为不可管理风险。

5．按风险后果的承担者划分

按项目风险后果的承担者，可分为政府方风险、投资方风险、项目业主风险、承包商风险、设计单位风险、监理单位风险、供应商风险、担保方风险等。

7.1.4 项目风险管理过程

对于项目风险管理过程的认识，不同的组织或个人的划分方法是不一样的，美国系统工程研究所把项目风险管理的过程分成六个环节：风险识别、风险分析、风险计划、风险跟踪、风险控制和风险管理沟通。美国项目管理协会在其制定的 PMBOK（第六版）中将风险管理的过程划分为：规划风险管理、风险识别、实施定性风险分析、实施定量风险分析、规划风险应对、实施风险应对、监督风险 7

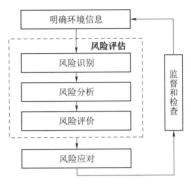

图 7-1 风险管理过程

个部分。我国毕星、翟丽主编的《项目管理》把项目风险管理的阶段划分为风险识别、风险分析与评估、风险处理、风险监视 4 个阶段。《风险管理——原则与实施指南》（GB/T 24353—2009）将风险管理过程划分为明确环境信息、风险评估、风险应对、监督和检查，如图 7-1 所示。其中，风险评估包括风险识别、风险分析和风险评价三个步骤。

7.2 风电场项目风险识别

7.2.1 项目风险识别的含义

项目风险识别就是确定何种风险事件可能影响项目，并将这些风险进行合理分类的过程。通过风险识别，可以将那些可能给项目带来危害和机遇的风险因素识别出来。风险识别是风险管理的基础，是制定风险应对计划的主要依据。

风险识别是项目组织识别风险来源、确定风险发生条件、描述风险特征并评价风险影响的过程。风险识别需要确定以下三个相互关联的因素：

（1）风险来源：时间、费用、技术、法律等。

（2）风险事件：给项目带来积极或消极影响的事件。

（3）风险征兆：风险征兆又称为触发器，是指风险事件的间接表现。

7.2.2 项目风险识别的特点

（1）全员性。项目风险识别不只是项目经理或项目组个别人的工作，而是项目组全体成员参与并共同完成的任务。因为每个项目组成员的工作都会有风险，每个项目组成员都有各自的项目风险认识和管理经验。

（2）系统性。项目风险无处不在，无时不有，决定了风险识别的系统性。项目寿命期过程中的风险都属于风险识别的范围。

（3）动态性。风险识别并不是一次性的，在项目计划、实施甚至收尾阶段都要进行风险识别。项目组织应根据项目内部条件、外部环境以及项目范围的变化情况适时、定期地进行项目风险识别。

（4）信息依赖性。风险识别需要收集许多相关的项目信息，信息的全面性、及时性、准确性决定了项目风险识别结果的可靠性和精确性，因此，项目风险识别具有信息依赖性。

（5）复杂性。风险识别需要综合应用各种风险识别的技术和工具，需要从不同角度进行分类，需要反复进行风险后果和原因的分析确认，因此风险识别具有复杂性的特点。

7.2.3　风险识别技术和工具

1. 检查表

检查表是管理中用来记录和整理数据的常用工具。用它进行风险识别时，将项目可能发生的许多潜在风险列于一个表上，供识别人员进行检查核对，用来判别某项目是否存在表中所列或类似的风险。检查表中所列风险都是历史上类似项目曾发生过的风险，是项目风险管理经验的结晶。检查表的形式如表 7 - 1 所示。

表 7 - 1　项目管理成功与失败原因检查表

项目管理成功的原因	项目管理失败的原因
项目目标清楚，风险措施切实可行： （1）与项目各参与方共同决策 （2）项目各方的责任和承担的风险明确划定 （3）项目所有的采购和设计、实施都进行了多方案比较论证 （4）对项目规划阶段进行了潜在问题分析 （5）委派了非常敬业的项目经理并给予了充分的授权 （6）项目团队精心组织，沟通和协作良好，集体讨论项目重大风险问题 （7）制定了针对外部环境变化的预案并及时采取了行动 （8）进行了项目组织建设，表彰和奖励及时、有度 （9）对项目组成员进行了有计划和针对性的培训	项目决策前未进行可行性研究或论证： （1）项目的提出未采取正常程序，从而导致项目业主缺乏动力 （2）沟通不够，决策者远离项目现场，项目各有关方责任界定不清 （3）规划工作做得不细，计划无弹性或缺少灵活性 （4）项目分包层次太多 （5）把工作交给了不称职的人的同时又缺少检查、指导 （6）变更不规范、无程序，或负责人、职责、项目范围或项目计划频繁变更 （7）决策前的沟通和信息收集不够，未征求各方意见 （8）未能对经验教训进行总结分析 （9）其他错误

2. 头脑风暴法

头脑风暴法又叫集思广益法，它是通过营造一个无批评的自由的会议环境，使与会者畅所欲言，充分交流、互相启迪，产生出大量创造性意见的过程。

头脑风暴法包括收集意见和对意见进行评价两个阶段的五个过程。

（1）人员选择。参加头脑风暴会议的人员主要由风险管理专家、相关专业领域的专家以及主持人组成。主持人是一个非常重要的角色，通过他（她）的引导、启发可以充分发挥每个与会者的经验和智慧。

（2）明确中心议题。各位专家在会议中应集中讨论的议题主要有：项目实施过程中会遇到哪些风险？这些风险的危害程度如何等。

（3）轮流发言并记录。无条件接纳任何意见，不加以评论。一般可以将每条意见用大号字写在白板或大白纸上。

（4）发言终止。轮流发言的过程可以循环进行，直到每个人都想不出意见时，发言即可停止。

（5）对意见进行评价。组员在轮流发言停止之后，共同评价每一条意见。最后由主持人总结出几条重要结论。

应用头脑风暴法要遵循一个原则：即在发言过程中没有讨论，不进行判断性评论。

3. 情景分析法

情景分析法是指通过假设、预测、模拟等手段，对未来可能发生的各种情景以及各种情景可能产生的影响进行分析的方法。换句话说，情景分析法是类似"如果－怎样"的分析方法。未来总是不确定的，而情景分析使我们能够"预见"将来，对未来的不确定性有一个直观的认识。情景分析法的必要前提是要构建一支专家团队，其成员具备相关领域的知识和经验，同时需要具备丰富的想象力，可以有效预见未来发展。同时，掌握充分的文献和数据也很有必要。

情景分析法在识别项目的风险时，侧重于说明风险的因素、产生风险的条件和风险结果之间的关系，并且还要说明当某些因素和条件发生变化时，会产生什么新的风险，又会产生什么新的后果。

情景分析法也有一些缺点：一是无法预测未来各类情景发生的可能性；二是当项目具有较大的不确定性时，预先设置的情景可能与现实不符或者遗漏某些极有可能发生的情景。

此外，在项目风险识别过程中，还可以应用决策树分析法、流程图、SWOT 分析法、德尔菲法等技术方法。

7.2.4 项目风险识别的结果

项目风险识别的结果就是形成项目风险清单。某风电场项目施工阶段环境风险清单及解释说明如表 7-2 所示；某风电场项目运行阶段风险清单及解释说明如表 7-3 所示。

表 7-2　某风电场项目施工阶段环境风险清单及解释说明

序　号	风险因素	解　释　说　明
1	工程机械尾气排放	工程机械在使用时，排放含有固体悬浮微粒、一氧化碳、二氧化碳等废气
2	废弃物焚烧	焚烧木材、塑料等废弃物
3	施工扬尘	土方作业中，产生的扬尘
4	施工机械油类泄漏	机械设备在使用、维护过程中产生的泄漏
5	施工泥浆废水排放	施工过程中排放的泥浆废水
6	生活污水排放	施工现场厨房、卫生间排放的废水
7	破坏植被	塔基开挖、施工道路铺设、变电站基础开挖等引起的植被破坏
8	施工噪声	在施工过程中产生的干扰周围生活环境的声音

表 7-3　某风电场项目运行阶段风险清单及解释说明

序号	风险因素	解　释　说　明
1	电价风险	若风电项目采取竞价上网模式，并且传统的火电、水电项目随着技术的进步使得电价进一步下降的话，将会使风电项目无法达到预期投资收益
2	政策风险	国家或地方的经济政策、产业政策等的调整变化会影响风电项目的经济性，例如补贴政策的变化，势必对风电项目产生严重的冲击
3	设备维修风险	影响风电场设备正常运行的因素众多，如企业未能掌握风电机组维修技术、相关的零部件采购不到位、维修工作拖延等，会造成设备停运甚至发生损坏，影响发电收益
4	运行管理风险	规章制度缺失、不按操作规程办事、员工缺乏安全意识等，有可能给企业带来较严重的经济损失
5	自然灾害风险	大风、冰冻、沙尘暴等恶劣气候，会给机组运行带来一定的风险，严重时甚至需要停机，造成发电损失

7.3　风电场项目风险分析

7.3.1　项目风险分析的定义

项目风险分析是在项目风险识别的基础上，对单个风险事件通过定性和定量方法量测其发生的可能性和破坏程度的过程。风险分析的主要内容包括：①风险事件发生的可能性；②风险事件发生后可能的后果。

1. 风险事件发生的可能性

风险事件发生的可能性与概率密切相关。概率可分为客观概率、主观概率。通常，称由随机试验确定的概率及分布被称为客观概率，客观概率反映了事物的客观属性，它不因决策者的因素不同而不同。而主观概率反映的是决策者主观心理对事件发生所抱有的"信念程度"。例如投掷硬币，如已进行过 6 次，并有下列结果：THHH-HH（H 为正面，T 为反面），则第 7 次出现 T 的概率是多少呢？客观概率认为第 7 次出现的结果应独立于之前各次试验结果，因此，第 7 次出现 T 的概率仍然为 0.5。但参与该游戏的人却往往认为由于前 5 次未出现过 T，那么第 7 次出现 T 的概率应大于 0.5，这种概率称作主观概率。在信息不够充分的条件下，决策者需要根据主观判断来确定概率，并用极低、低、中等、高和极高五种等级来描述概率大小。

2. 风险事件发生后可能的后果

风险事件发生后，其产生的后果也具有不确定性。例如，项目实施过程中假如发生了火灾事件，在应对得力的情况下，损失可能只有 1 万元，如果应对不力，也许会产生 20 万元的损失。为了分析火灾事件的后果，决策者首先需要对是否应对得力进行概率估计，然后还要对损失的价值进行估计。在信息不够充分的条件下，此种概率估计和价值估计很难实现，因此现实当中，决策者常采用极轻微的、轻微的、中等的、重大的和灾难性的五种等级来描述后果的严重性。

7.3.2 项目风险分析的方法

风险的大小是由两个方面决定的，一是风险发生的可能性，另一个是风险发生后对项目所造成的危害程度，对这两个方面，可以作一些定性的描述如非常高的、高的、适度的、低的和非常低的等，也可作一些定量的分析如用损失金额来描述风险事件发生的后果。表 7-4 和表 7-5 分别列出了风险发生的可能性以及风险后果的定性、定量标准及相互关系，供实际操作中参考。

表 7-4 风险发生的可能性分析

分析方法		评分	1	2	3	4	5
	定量分析	发生概率	10% 以下	10%～30%	30%～70%	70%～90%	90% 以上
	定性分析	等级	极低	低	中等	高	极高
		发生概率	一般情况下不会发生	极少情况下才发生	某些情况下发生	较多情况下发生	常常会发生

表 7-5 风险后果的分析

分析方法		评分	1	2	3	4	5
	定量分析	损失占利润比例	1% 以下	1%～5%	6%～10%	11%～20%	20% 以上
	定性分析	等级	极低	低	中等	高	极高
		经济损失	较低的经济损失	轻微的经济损失	中等的经济损失	重大的经济损失	极大的经济损失

对风险发生的可能性和风险后果进行定性或定量评价后，依据评价结果绘制风险矩阵图，如图 7-2 所示，最后根据位置确定风险等级。

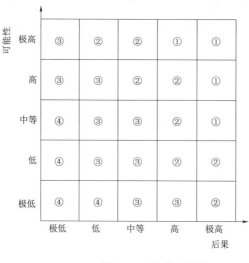

图 7-2　风险矩阵图

7.4　风电场项目风险评价与决策

项目风险评价是在对单个风险分析的基础上，对项目风险进行系统和整体的评价，以确定项目的关键风险及整体风险等级的过程，为后续风险应对和监控提供依据。

7.4.1　确定项目关键风险

单个风险事件等级确定以后，可将所有的重大风险事件确定为关键风险，或者从所有的重大风险事件中挑选出一定数量的风险事件确定为关键风险。可通过构造两两比较矩阵，计算矩阵的特征向量，并根据特征向量的值来挑选出关键风险。其具体步骤如下：

（1）构造两两比较矩阵。假定重大风险事件有 n 个，记为 A_1、A_2，…，A_n。根据任意两个风险事件 A_i、A_j 对项目目标的相对影响程度构造一个 $n \times n$ 的比较矩阵，记为 B。相对影响程度的判断尺度如表 7-6 所示。$n \times n$ 的比较矩阵如表 7-7 所示。

表 7-6　两两比较的判断尺度

定　义	标　度	定　义	标　度
A_i 跟 A_j 比，其对目标的影响绝对大	5	A_i 跟 A_j 比，其对目标的影响稍微大一些	2
A_i 跟 A_j 比，其对目标的影响大很多	4	A_i 跟 A_j 比，其对目标的影响一样多	1
A_i 跟 A_j 比，其对目标的影响大一些	3		

表 7-7 n 阶比较矩阵

风险事件	A_1	A_2	...	A_n
A_1	b_{11}	b_{12}		b_{1n}
A_2	b_{21}	b_{22}		b_{2n}
...				
A_n	b_{n1}	b_{n2}		b_{nn}

（2）计算比较矩阵的特征值和特征向量。

1）将比较矩阵的列向量归一化，即

$$\widetilde{B}_{ij} = \left(\frac{b_{ij}}{\sum\limits_{i=1}^{n} b_{ij}} \right)$$

2）将 $\widetilde{B}_{ij}$ 按行求和，即

$$\widetilde{W} = \left(\sum_{j=1}^{n} \frac{b_{1j}}{\sum\limits_{i=1}^{n} b_{ij}}, \ \sum_{j=1}^{n} \frac{b_{2j}}{\sum\limits_{i=1}^{n} b_{ij}}, \ \cdots, \ \sum_{j=1}^{n} \frac{b_{nj}}{\sum\limits_{i=1}^{n} b_{ij}} \right)^{T}$$

3）将 $\widetilde{W}$ 归一化后得，$W = (W_1, W_2, \cdots, W_n)^T$。

4）计算最大特征值，$\lambda = \frac{1}{n} \sum\limits_{i=1}^{n} \frac{(BW)_i}{W_i}$。

【案例 7-1】 求下列比较矩阵的最大特征值和特征向量。

$$B = \begin{pmatrix} 1 & 3 & 5 \\ 1/3 & 1 & 4 \\ 1/5 & 1/4 & 1 \end{pmatrix}$$

解：

$$B = \begin{pmatrix} 1 & 3 & 5 \\ 1/3 & 1 & 4 \\ 1/5 & 1/4 & 1 \end{pmatrix} \xrightarrow{\text{列归一}} \begin{pmatrix} 0.65 & 0.71 & 0.50 \\ 0.20 & 0.24 & 0.40 \\ 0.13 & 0.06 & 0.10 \end{pmatrix} \xrightarrow{\text{行求和}}$$

$$\begin{pmatrix} 1.86 \\ 0.85 \\ 0.29 \end{pmatrix} \xrightarrow{\text{列归一}} \begin{pmatrix} 0.62 \\ 0.28 \\ 0.10 \end{pmatrix}, \ 即 \ W = \begin{pmatrix} 0.62 \\ 0.28 \\ 0.10 \end{pmatrix}, \ 此为比较矩阵的特征向量。$$

$$BW = \begin{pmatrix} 1 & 3 & 5 \\ 1/3 & 1 & 4 \\ 1/5 & 1/4 & 1 \end{pmatrix} \begin{pmatrix} 0.62 \\ 0.28 \\ 0.10 \end{pmatrix} = \begin{pmatrix} 1.95 \\ 0.88 \\ 0.29 \end{pmatrix}$$

$$\lambda_{\max} = \frac{1}{3} \times \left(\frac{1.95}{0.62} + \frac{0.88}{0.28} + \frac{0.29}{0.10} \right) = 3.09, \ 此为比较矩阵的最大特征根。$$

（3）比较矩阵的一致性检验。由于客观事物的复杂性，会使我们的判断带有主观

性和片面性，完全要求每次比较判断的思维标准一致是不大可能的。但一个混乱的、经不起推敲的比较矩阵有可能导致决策的失误，因此希望在判断时应大体一致。

设 B 为 n 阶正互反矩阵，令

$$CI = \frac{\lambda_{\max} - n}{n - 1}$$

其中，$\lambda_{\max}$ 为 B 的最大特征值，称 CI 为一致性指标。令

$$CR = \frac{CI}{RI}$$

其中，称 RI 为平均随机一致性指标，其取值如表 7-8 所示。

表 7-8　平均随机一致性指标取值表

n	1	2	3	4	5	6	7	8	9
RI	0	0	0.58	0.94	1.12	1.24	1.32	1.41	1.45

称 CR 为一致性比例，当 $CR < 0.1$ 时，认为比较矩阵的一致性可以接受，否则应对比较矩阵作适当的修正。

[案例 7-1] 中，$CI = \dfrac{3.09 - 3}{2} = 0.045$，$CR = \dfrac{CI}{RI} = \dfrac{0.045}{0.58} = 0.078 < 0.1$，说明比较矩阵满足一致性要求。

（4）根据特征向量的值来挑选出关键风险。特征向量值越大，说明该风险事件对项目目标的影响越大，也就意味着风险越大。[案例 7-1] 中，比较矩阵的特征向量为 $W = (0.62，0.28，0.10)^{\mathrm{T}}$，说明第一个风险事件对项目目标的影响最大，可确定为关键风险。

7.4.2　项目整体风险等级

单个事件风险等级及权重确定后，可以采用主观评分法确定项目整体风险水平。然后与接受标准进行比较，确定风险是否可以接受。

【案例 7-2】　某风电场项目建设过程中可能的风险事件、权重和等级见表 7-9，试评价项目整体风险。

表 7-9　项目整体风险评价表

风险事件	权重	风险等级及分值				小计
		重大（4）	中等（3）	轻微（2）	可接受（1）	
政策风险	0.08			√		0.16
物价上涨	0.25	√				1.00
自然灾害	0.24		√			0.72
环境破坏	0.35			√		0.70
工程变更	0.08				√	0.08
合　　计						2.66

理论上讲，项目整体风险最大值为 4 分，最小值为 1 分。假定投资人接受标准是 3 分，因为本项目实际得分为 2.66 分，因此本项目整体风险对于投资人来说，是可以接受的。

7.4.3　项目风险决策分析

1. 随机型风险决策

随机型风险是指风险发生的各种状态已知，而且这些状态发生的概率也已知的风险。随机型风险一般按照期望收益值最大来决策。

【案例 7-3】　某风电场项目存在三种建设方案，假定建设方案 A 需投资 3000 万元，建设方案 B 需投资 2000 万元，建设方案 C 需投资 1500 万元，项目建成后电力销售情况好的概率为 0.5，电力销售情况一般的概率为 0.3，电力销售情况差的概率为 0.2，三种方案的总体收益值如表 7-10 所示，在不考虑资金时间价值的情况下，究竟应该选择哪种建设方案？

表 7-10　三种方案的年度收益值　　　　　　　　　　单位：万元

方案	销售好 (0.5)	销售一般 (0.3)	销售差 (0.2)
A	5000	3000	2000
B	4200	2800	1000
C	3500	2000	800

解：（1）计算三种方案的期望收益

方案 A：$5000 \times 0.5 + 3000 \times 0.3 + 2000 \times 0.2 - 3000 = 800$（万元）

方案 B：$4200 \times 0.5 + 2800 \times 0.3 + 1000 \times 0.2 - 2000 = 1140$（万元）

方案 C：$3500 \times 0.5 + 2000 \times 0.3 + 800 \times 0.2 - 1500 = 1010$（万元）

（2）选择最优方案。若以期望收益值作为决策准则，由上述计算结果可知，建设方案 B 为最优方案。

2. 不确定型风险决策

不确定型风险是指状态发生的概率未知，而且究竟会出现哪些状态也不能完全确定的风险。对于这类风险，一般按等概率准则、乐观准则、悲观准则、折中准则等进行决策。

【案例 7-4】　仍以［案例 7-3］为例，现在假定电力销售好、销售一般和销售差这三种状态的概率未知，问在不考虑资金时间价值的情况下，究竟应该选择哪种建设方案？

解：（1）等概率准则。项目组织认为既然无法判定各种状态出现的概率，因此可视每个状态出现的概率相等。则各方案的期望收益为方案 A：$5000 \times 1/3 + 3000 \times 1/3 + 2000 \times 1/3 - 3000 = 333.33$（万元）

方案 B：$4200 \times 1/3 + 2800 \times 1/3 + 1000 \times 1/3 - 2000 = 666.67$（万元）

方案 C：$3500 \times 1/3 + 2000 \times 1/3 + 800 \times 1/3 - 1500 = 600$（万元）

按照等概率决策准则，应选择建设方案 B。

（2）乐观准则。项目组织认为未来市场前景会很好，因此只需考虑销售好的状态。则各方案的期望收益为

方案 A：$5000 - 3000 = 2000$（万元）

方案 B：$4200 - 2000 = 2200$（万元）

方案 C：$3500 - 1500 = 2000$（万元）

按照乐观决策准则，应选择建设方案 B。

（3）悲观准则。项目组织认为未来市场前景会很差，因此只需考虑销售差的状态。则各方案的期望收益为

方案 A：$2000 - 3000 = -1000$（万元）

方案 B：$1000 - 2000 = -1000$（万元）

方案 C：$800 - 1500 = -700$（万元）

按照悲观决策准则，应选择建设方案 C。

（4）折中准则。项目组织认为未来市场前景会介于好和差之间。引入折中系数 α 来反映此种状态，$\alpha = 1$ 表示市场前景好，$\alpha = 0$ 表示市场前景差。设 $\alpha = 0.2$，则各方案的期望收益为

方案 A：$5000 \times 0.2 + 2000 \times 0.8 - 3000 = -400$（万元）

方案 B：$4200 \times 0.2 + 1000 \times 0.8 - 2000 = -360$（万元）

方案 C：$3500 \times 0.2 + 800 \times 0.8 - 1500 = -160$（万元）

按照折中决策准则，应选择建设方案 C。

7.5　风电场项目风险应对与监控

7.5.1　项目风险应对措施

项目组织可从改变风险后果的性质、风险发生的概率或风险后果大小三个方面，提出多种应对措施。下面重点介绍减轻、预防、转移、回避、接受五种风险应对措施。每一种都有侧重点，具体采取哪一种或几种取决于项目的风险形势。

1. 减轻风险

减轻风险策略，顾名思义是通过缓和等手段来减轻风险，降低风险发生的可能性或减缓风险带来的不利后果以达到减少风险的目的。例如，可以通过增加资源投入、

加班等手段来降低项目延误风险。

2. 预防风险

预防风险是一种主动的风险管理策略，通常采取有形和无形的手段。例如，为了防止山体滑坡危害高速公路过往车辆和公路自身，可采用岩锚技术锚住松动的山体。施工现场若发现各种用电机械和设备日益增多时，及时果断地换用大容量变压器就可以减少烧毁的风险。通过安全教育，提高施工人员的安全意识和安全技能，可以减少安全事故的发生。

3. 回避风险

当项目潜在威胁发生可能性太大，不利后果也很严重，又无其他策略可用时，主动放弃项目从而规避风险，称为回避风险策略。完全放弃是最彻底的回避风险的办法，但也会失去发展的机遇。

4. 转移风险

转移风险是将风险转移至参与该项目的其他人或其他组织，因此又称为分担风险，其目的不是降低风险发生的概率和不利后果的大小，而是借用合同或协议，在风险事故一旦发生时将损失的一部分转移到有能力承受或控制项目风险的个人或组织。实行这种策略要遵循两个原则：①必须让风险承担者得到相应的报酬；②对于各个具体风险，谁最有能力管理就让谁分担。例如施工单位投保建筑工程一切险，就是一种转移风险策略。

5. 接受风险

接受风险也是应对风险的策略之一，它是指项目组织认为自己可以承担风险损失时，不主动采取任何措施，有意识地选择承担风险的后果。当采取其他风险规避方法的费用超过风险事件造成的损失时，也可采取接受风险的措施。

7.5.2　项目风险监控

风险监控就是通过对风险识别、分析、评价、应对等过程的监视和控制，从而保证风险管理能达到预期的目标。风险监控的主要目的是识别新出现的风险，并确保风险应对措施持续有效。

7.6　某海上风电项目风险管理实例

龙源如东潮间带海上风电场，位于江苏如东潮间带海域，项目于 2010 年 12 月获核准，规划总装机容量 150MW。它的开发建设，对我国海上风电场风资源评估选址、规划设计、施工建设、运行维护具有积极的指导示范意义。同时，也为我国实现海上风电设备制造国产化打下坚实的基础。

7.6.1　风险的识别

1. 国家政策风险

风能属于可再生清洁能源，在能源短缺和气候变化的双重压力下，国家对风电发展给予积极的支持和很多优惠政策，如增值税减半征收等。同时，风电项目及产业对于国家宏观政策也有较强的依赖性，能否顺利发展在一定程度上取决于国家政策的支持力度。海上风电项目普遍存在投资较大、回收期较长的特点，项目经营及效益可能受到宏观政策、经营环境变化的影响，如地区电网容量是否饱和，地区风电企业运行是否稳定，利率及汇率的变化等。

通过对南通及如东地区 2014—2020 年的电网电力平衡分析，南通地区电网缺口逐年增大，风电增加装机可满足就地消纳；如东地区风电电能无法在当地全部消纳，根据其外送能力可转入南通电网平衡，风电不存在限电情况。

2. 法律风险

根据风电开发、建设、运营的三个阶段，法律风险可为三种，具体如下：

（1）申请海上风电开发权过程中的法律风险。其主要包括：海上风电开发权的行政许可制度（"招标制"或"审批制"）；参与开发权竞标的未中标企业前期投入的有关费用可依据省级能源主管部门核定的标准要求中标企业补偿，补偿费用需列入中标企业的开发成本中；中标企业不得自行转让开发权。

（2）海上风电场建设过程中的法律风险。风电机组设备质量的可靠性是海上风电项目成功的最关键因素之一。由于风电企业采取增值税抵扣、所得税"三免三减半"税收征收政策，风电场投产早期地方政府入库税收较低。地方政府提出了以资源换产业，以产业换税收方式。即用风换风电场，用风电场换机组制造业，要求风电机组及配套设备使用当地产品，不满足要求的风电场不允许建设。一旦不能及时开工，将引发相关法律风险。

（3）海上风电场运营中的法律风险。风电的不稳定问题是影响风电入网的一个重要技术问题，同时也是一个法律风险的来源。如东海上风电项目采用大量样机，可能因机组低电压穿越功能或电能质量不满足电网并网技术标准而不能及时发电，从而与机组制造商及电网公司之间引起争议。

此外，《海上风电开发建设管理暂行办法》等颁布执行后，用海管理和审批比较严格，而海上风电场工程大，涉及海域面积大，审批程序和环节多，耗费大量时间和精力，影响动工时间，风险增大。

3. 经济风险

企业的财务状况是关乎企业顺利运行和产业顺利发展的关键。对上网电量、电价、投资预算管理、资金筹措、债务偿还等相关风险因素分析至关重要。

（1）上网电量。上网电量是影响风电场经济效益的重要因素，由于电能储存成本较高，因此风电场和电网公司的购售电合同至关重要。

（2）投资预算管理。由于海上风电建设无经验数据和规范，导致项目建设实际投资往往超出投资预算，增加的资金渠道难以落实。建设成本加大，提高了项目固定成本的比例，从而影响到项目的赢利能力和抗风险能力。

（3）资金筹措。海上风电建设资金额度较大，所需资金由自有资金、接受捐赠、借入资金组成，以借入的资金筹措为主。贷款资金能否顺利到账是资金筹措期间的风险。

（4）债务偿还。海上风电项目因不能如期偿还负债融资而带来的风险。该风险可分为收支性风险和现金风险，分别为收不抵支造成企业不能到期偿债和企业某一时段现金流出额超过现金流入额而造成手中没有现金偿还到期债务所带来的风险。

4. 自然风险

海上风电在建设期间容易受台风、风暴潮、寒潮、团雾等自然灾害的影响；运行期间易受台风、雷电、盐雾等恶劣天气影响。对此一定要有足够的防备措施，以尽可能减少损失。

5. 技术风险

海上风电开发刚刚起步，机组主设备、配套设备不成熟，海上风电施工装备正在研制，施工工艺有待探索。因此，技术风险是我国风电项目面临的重要风险因素之一。海上风电项目的技术风险比较广泛，分别从设计、建设和运营三个阶段进行探讨，具体如下：

（1）工程设计技术风险。海上风电项目对风资源环境的依赖性很强，方案设计、风电场选址、设备选型对工期、投产起决定性作用。

（2）建设技术风险。海上风电项目建设技术风险，包括人员及设备安全、工程质量、投入发电工期等方面的风险，技术风险一旦发生，严重时可导致停工，以致延长工期、增加成本。

（3）运营技术风险。海上风电项目运营期的技术风险包括人员安全、设备安全、技术更新及机组利用时间等方面。例如：人员海上交通安全，设备可利用率，海上风电技术更新的速度加快等；机组类型对发电量起较重要的作用，但如东潮间带风电场属于IECⅢ类，国内外适合该风况的海上风电机组处在样机试生产阶段。

6. 人力资源风险

海上风电涉及海洋工程、风电等多个学科，对参建人员的素质要求高，而海上风电开发过程的工作、生活条件艰苦，要耐得住寂寞，如不能稳定及引进足够的管理人才、技术人才和技能人才，将直接影响到项目的投资、建设和运行管理。此外，参建人员缺乏海上风电建设经验，尤其是新员工比例的不断加大，需要花费大量的精力培养新人。

7.6.2　风险的评估

工程项目进行风险评估时，主要采用的是专家经验打分法。专家经验打分法是进行项目风险评估和分析的一种非常有效的方法。

首先，将风险发生的频度，分 5 个层次等级来进行量化，把风险发生的频度分为 0.2（很少发生）、0.4（较少发生）、0.6（中等发生）、0.8（较大发生）、1（一定发生）。其次，将风险发生的后果，也分 5 个层次等级来进行量化，把风险发生的后果分为 0.2（很轻）、0.4（较轻）、0.6（中等）、0.8（严重）、1（非常严重）。最后，采用专家打分法逐个分析如东潮间带海上风电场项目中存在的风险，分析结果如表 7 - 11 所示。

表 7 - 11　海上风电场项目风险等级

序　号	风　险	概率得分	后果得分	风险等级
1	国家政策风险	0.27	0.35	轻微
2	法律风险	0.43	0.32	中等
3	经济风险	0.27	0.24	轻微
4	自然风险	0.36	0.38	轻微
5	技术风险	0.45	0.48	中等

7.6.3　风险的应对措施

根据风险分析，分别确定对应的防范措施，具体如下：

（1）国家政策风险。应预先学习，积极应对。充分熟悉、正确解读国家开发海上风电项目的相关政策，熟悉和掌握经营环境、利率及汇率等的变化动态，最大限度地减少失误，降低风险。

（2）法律风险。采取风险缓解、风险转移的应对措施，弱化风险。加强与海洋部门及相关上级部门的沟通，积极宣传本项目，争取各方支持；做好项目整体规划及项目周围海洋环境论证。如东潮间带海上风电工程涉及紫菜和贝类养殖海域，海域征用风险至关重要。其具体对策有：采用费用包干的形式由当地政府出面处理养殖补偿问题；对已实施风电场做好后评价工作，监测已完工风电场附近海域情况，总结渔业养殖与风电建设和谐兼容的经验，加强"风电项目乃节能减排和惠民公益工程"的宣传力度，以获得群众的理解和支持。

（3）经济风险。海上风电项目主要靠借入资金进行资金筹措。建设期所需资金额度较大，因此在建设期应和银行签订贷款合同，保证贷款资金的顺利到账。海上风电项目建设周期较长，建议尽量采用多种融资方式，以分散风险。同时应加强工期控制，促进投资回收。

（4）自然风险。海上风电建设、运行期间，不可避免地会受到自然灾害、恶劣天气的影响。因而设备设计中通常会加入抗台风性能、防雷击性能、防盐雾湿热性能、抗极端风速性能等，在一定程度上增强海上风电项目抵御自然灾害的能力。

（5）技术风险。为规避技术风险，应注意以下事项：①在可行性研究和设计阶段，需对项目建设条件进行深入细致与长期的调查、勘测、分析和方案比较，海上风电场选址时尤其要注重当地风能资源、极大风速状况、海洋水文、海床冲淤以及自然灾害发生的频率；②海上风电主机选择时，要调研各种潜在投标机型的性能、可靠性，再按照招投标原则，选择可利用率高、风能捕捉能力强、全寿命周期度电成本低、性价比高的风电机组，并确定合适的质保期；③选用合适的船舶及起重装备，起吊作业严格按规范要求操作；④加强方案优化研究，缩短海上作业时间，调整施工作业方式，充分利用露滩时间；⑤优化施工方案，杜绝技术失误，以质量保进度，同时在投资预算中应采取相应的保险转移措施，以降低工程延期竣工所带来的风险。

（6）人力资源风险。加强人才的引进、培训和储备，逐步完善激励制度，加强现有人员在素质、技术、管理等方面能力的培训和培养；同时加强企业文化建设，增强企业的凝聚力，稳定人才队伍。

7.6.4　风险监控

（1）风险监控组织。成立风险管理团队，确定风险管理责任人；制定风险管理规章制度，优化风险管理流程。

（2）风险监控方法。风险监控方法有核对表、挣值分析等。如东潮间带海上风电项目采用核查表法进行风险监控，及时发现风险因素的变化，分析风险防范效果，分析项目目标的实现程度。

参 考 文 献

［1］ 赛云秀. 工程项目控制与协调研究［M］. 北京：科学出版社，2011.

［2］ 王雪青. 工程项目成本规划与控制［M］. 北京：中国建筑工业出版社，2011.

［3］ 中华人民共和国住房和城乡建设部，中华人民共和国国家质量监督检验检疫总局. GB/T 51121—2015 风力发电工程施工与验收规范［S］. 北京：中国计划出版社，2015.

［4］ 国家能源局. NB/T 31011—2019 陆上风电场工程设计概算编制规定及费用标准［S］. 北京：中国水利水电出版社，2019.

［5］ 中华人民共和国应急管理部. AQ/T 9011—2019 生产经营单位生产安全事故应急预案评估指南［S］. 北京：应急管理出版社，2019.

［6］ 中华人民共和国国家质量监督检验检疫总局，中国国家标准化管理委员会. GB/T 29639—2013 生产经营单位生产安全事故应急预案编制导则［S］. 北京：中国标准出版社，2013.

［7］ 中华人民共和国国家质量监督检验检疫总局，中国国家标准化管理委员会. GB/T 27921—2011 风险管理 风险评估技术［S］. 北京：中国标准出版社，2011.

［8］ 徐志胜，姜学鹏. 安全系统工程［M］. 北京：机械工业出版社，2012.

［9］ 景国勋，施式亮，等. 系统安全评价与预测［M］. 徐州：中国矿业大学出版社，2009.

［10］ 郑小平，高金吉，刘梦婷. 事故预测理论与方法［M］. 北京：清华大学出版社，2009.

［11］ 国家能源局. NB/T 31084—2016 风力发电工程建设施工监理规范［S］. 北京：中国电力出版社，2016.

［12］ 王洪德，董四辉，王峰. 安全系统工程［M］. 北京：国防工业出版社，2013.

［13］ 张顺堂，高德华，等. 职业健康与安全工程［M］. 北京：冶金工业出版社，2013.

［14］ 中华人民共和国住房和城乡建设部. JGJ 59—2011 建筑施工安全检查标准［S］. 北京：中国建筑工业出版社，2012.

［15］ 国家市场监督管理总局，国家标准化管理委员会. GB/T 45001—2020 职业健康安全管理体系 要求及使用指南［S］. 北京：中国标准出版社，2020.

［16］ 高向阳，秦淑清. 建筑工程安全管理与技术［M］. 北京：北京大学出版社，2013.

［17］ 全国一级建造师执业资格考试用书编写委员会. 建设工程项目管理［M］. 北京：中国建筑工业出版社，2020.

［18］ Harold Kerzner（哈罗德·科兹纳）. 项目管理：计划、进度和控制的系统方法［M］. 第12版. 北京：电子工业出版社，2018.

［19］ 施骞，胡文发. 工程质量管理教程［M］. 上海：同济大学出版社，2010.

［20］ 赵挺生. 建筑施工过程安全管理手册［M］. 武汉：华中科技大学出版社，2011.

［21］ 沈建明. 项目风险管理［M］. 北京：机械工业出版社，2010.

［22］ Project Management Institute. 项目管理知识体系指南［M］. 6版. 北京：电子工业出版社，2018.

［23］ 卢向南. 项目计划与控制［M］. 3版. 北京：机械工业出版社，2018.

［24］ 张家春. 项目计划与控制［M］. 上海：上海交通大学出版社，2010.

［25］ 何成旗，李宁，等. 工程项目计划与控制［M］. 北京：中国建筑工业出版社，2013.

［26］ 全国造价工程师执业资格考试培训教材编审委员会. 建设工程计价（2014版）［M］. 北京：中国计划出版社，2014.

［27］ 王玉国，等. 风电场建设与管理 ［M］. 北京：中国水利水电出版社，2017.

［28］ 国家能源局. NB/T 31085—2016 风电场项目经济评价规范 ［S］. 北京：中国电力出版社，2016.

［29］ 中国三峡新能源有限公司. 风电场应急预案编制及范例 ［M］. 北京：中国水利水电出版社，2017.

［30］ 国家能源局.DL/T 5745—2021 电力建设工程工程量清单计价规范 ［S］. 北京：中国电力出版社，2021.

［31］ 欧阳红祥，简迎辉，等. 项目计划与控制 ［M］. 北京：中国水利水电出版社，2015.

《风电场建设与管理创新研究》丛书
编辑人员名单

总责任编辑　营幼峰　王　丽
副总责任编辑　王春学　殷海军　李　莉
项目执行人　汤何美子
项目组成员　丁　琪　王　梅　邹　昱　高丽霄　王　惠

《风电场建设与管理创新研究》丛书
出版人员名单

封面设计　李　菲
版式设计　吴建军　郭会东　孙　静
责任校对　梁晓静　黄　梅　张伟娜　王凡娥
责任印制　黄勇忠　崔志强　焦　岩　冯　强
责任排版　吴建军　郭会东　孙　静　丁英玲　聂彦环